高等学校电子信息类"十三五"规划教材
应用型网络与信息安全工程技术人才培养系列教材

面向对象程序设计(Java)

主　编　何林波　昌　燕　索　望
副主编　熊　熙　陈　丁　黄源源　刘　丽

西安电子科技大学出版社

内 容 简 介

本书主要讲述面向对象编程语言 Java。从程序设计语言及 Java 语言产生的背景和发展过程入手，以什么是"面向对象"这一问题引出后续章节，循序渐进地讲述了 Java 基础语法到 Java 网络编程。

本书主编及参编作者有多年的 Java 系列课程教学经验，编撰过程中结合了编者历年来的 Java 教学和信息系统开发经验，比较详细地介绍了 Java 的基础语法知识和相关技术。全书共 13 章，内容包括 Java 概述、面向对象的基本思想、类与对象、Java 语言基础、继承、接口、内部类、异常处理、Java 中的 I/O 系统、Java 多线程、数组和集合类、Java 网络编程、Java 的常用类。由于目前 Java 在视窗方面的应用场景较少，因此本书对 Java 中有关 UI 编程的部分，如 awt、swing 进行了省略，读者可以参考其他教材。

本书内容丰富、注重实用，理论知识点之后一般都给出了示范代码，部分代码有一定的实际设计意义。另外每章都附有思考与练习，引导读者回顾、总结所学知识点并进行进一步的学习。

本书可作为高等院校计算机类、信息类、工程类、电子商务类和管理类各专业本、专科生的教材，也可作为普通程序开发人员的自学教材或参考书。

图书在版编目(CIP)数据

面向对象程序设计：Java/何林波，昌燕，索望主编． —西安：
西安电子科技大学出版社，2016.8
高等学校电子信息类"十三五"规划教材
ISBN 978-7-5606-4159-1

Ⅰ.① 面… Ⅱ.① 何… ② 昌… ③ 索… Ⅲ.① JAVA 语言－程序设计－高等学校－教材 Ⅳ.① TP312

中国版本图书馆 CIP 数据核字(2016)第 157183 号

策　　划	李惠萍
责任编辑	杨璠
出版发行	西安电子科技大学出版社(西安市太白南路2号)
电　　话	(029)88242885　88201467　　邮　编　710071
网　　址	www.xduph.com　　电子邮箱　xdupfxb001@163.com
经　　销	新华书店
印刷单位	陕西天意印务有限责任公司
版　　次	2016年8月第1版　2016年8月第1次印刷
开　　本	787毫米×1092毫米　1/16　印张　17.5
字　　数	408千字
印　　数	1～3000册
定　　价	32.00元

ISBN 978-7-5606-4159-1/TP

XDUP 4451001-1

如有印装问题可调换

进入 21 世纪以来，信息技术迅速改变着人们传统的生产和生活方式，社会的信息化已经成为当今世界发展不可逆转的趋势和潮流。信息作为一种重要的战略资源，与物资、能源、人为一起被视为现代社会生产力的主要因素。目前，围绕着信息的获取、利用和控制，世界各国间的竞争日趋激烈，网络与信息安全问题已成为一个世纪性、全球性的课题。党的十八大报告明确指出，要"高度关注海洋、太空、网络空间安全"。党的十八届三中全会决定设立国家安全委员会，成立中央网络安全和信息化领导小组，并把网络与信息安全列入了国家发展的最高战略方向之一。这为包含网络空间安全在内的非传统安全领域问题的有效治理提供了重要的体制机制保障，是我国国家安全体制机制的一个重大创新性举措，彰显了我国政府治国理政的战略新思维和"大安全观"。

人才资源是确保我国网络与信息安全第一位的资源，信息安全人才培养是国家信息安全保障体系建设的基础和必备条件。随着我国信息化和信息安全产业的快速发展，社会对信息安全人才的需求不断增加。2015 年 6 月 11 日，国务院学位委员会和教育部联合发出"学位[2015]11 号"通知，决定在"工学"门类下增设"网络空间安全"一级学科，代码为"0839"，授予工学学位。这是国家推进专业化教育，在信息安全领域掌握自主权、抢占先机的重要举措。

新中国成立以来，我国高等工科院校一直是培养各类高级应用型专门人才的主力。培养网络与信息安全高级应用型专门人才也是高等院校责无旁贷的责任。目前，许多高等院校和科研院所已经开办了信息安全专业或开设了相关课程。作为国家首批 61 所"卓越工程师教育培养计划"试点院校之一，成都信息工程大学以《国家中长期教育改革和发展规划纲要(2010—2020 年)》、《国家中长期人才发展规划纲要(2010—2020 年)》、《卓越工程师教育培养计划通用标准》为指导，以专业建设和工程技术为主线，始终贯彻"面向工业界、面向未来、面向世界"的工程教育理念，按照"育人为本、崇尚应用""一切为了学生"的教学教育理念和"夯实基础、强化实践、注重创新、突出特色"的人才培养思路，遵循"行业指导、校企合作、分类实施、形式多样"的原则，实施了一系列教育教学改革。令人欣喜的是，该校信息安全工程学院与西安电子科技大学出版社近期联合组织了一系列网络与信息安全专业教育教学改革的研讨活动，共同研讨培养应用型高级网络与信息安全工程技术人才的教育教学方法和课程体系，并在总结近年来该校信息安全专业实施"卓越工程师教育培养计划"教育教学改革成果和经验的基础上，组织编写了"应用型网络与信息安全工程技术人才培养系列教材"。本套教材总结了该校信息安全专业教育教学改革成果和经验，相关课程有配套的课程过程化考核系统，是培养应用型网络与信息安全工程技术人才的一套比较完整、实用的教材，相信可以对我国高等院校网络与信息安全专业的建设起到很好的促进作用。该套教材为中国电子教育学会高教分会推荐教材。

信息安全是相对的，信息安全领域的对抗永无止境。国家对信息安全人才的需求是长期的、旺盛的。衷心希望本套教材在培养我国合格的应用型网络与信息安全工程技术人才的过程中取得成功并不断完善，为我国信息安全事业做出自己的贡献。

高等学校电子信息类"十三五"规划教材
应用型网络与信息安全工程技术人才培养系列教材
名誉主编（中国密码学会常务理事）
何大可
2015 年 12 月

中国电子教育学会高教分会推荐
高等学校电子信息类"十三五"规划教材
应用型网络与信息安全工程技术人才培养系列教材

编审专家委员会名单

名誉主任：何大可（中国密码学会常务理事）

主　　任：张仕斌（成都信息工程大学信息安全学院副院长、教授）

副 主 任：李　飞（成都信息工程大学信息安全学院院长、教授）
　　　　　何明星（西华大学计算机与软件工程学院院长、教授）
　　　　　苗　放（成都大学计算机学院院长、教授）
　　　　　赵　刚（西南石油大学计算机学院院长、教授）
　　　　　李成大（成都工业学院教务处处长、教授）
　　　　　宋文强（重庆邮电大学移通学院计算机科学系主任、教授）
　　　　　梁金明（四川理工学院计算机学院副院长、教授）
　　　　　易　勇（四川大学锦江学院计算机学院副院长、成都大学计算机学院教授）
　　　　　杨瑞良（成都东软学院计算机科学与技术系主任、教授）

编审专家委员：（排名不分先后）

范太华	叶安胜	黄晓芳	黎忠文	张　洪	张　蕾	贾　浩
赵　攀	陈　雁	韩　斌	李享梅	曾令明	何林波	盛志伟
林宏刚	王海春	索　望	吴春旺	韩桂华	赵　军	陈　丁
秦　智	王中科	林春蕃	张金全	王祖俪	蔺　冰	王　敏
万武南	甘　刚	王　燚	闫丽丽	昌　燕	黄源源	张仕斌
李　飞	王海春	何明星	苗　放	李成大	宋文强	梁金明
万国根	易　勇	杨瑞良				

前　言

在计算机刚投入实际使用的20世纪60年代，软件设计往往只是为了一个特定的应用而在指定的计算机上设计和编制，采用密切依赖于计算机的机器代码或汇编语言，而且软件的规模比较小，从设计、使用、操作方面来说都是私人化的生产方式。

20世纪60年代中后期，随着计算机应用范围的迅速扩大，软件开发需求急剧增长。高级语言的出现与操作系统的发展变化引起了软件在设计、开发上的改变。同时软件的需求越来越复杂，软件的可靠性、扩展性方面的问题也越来越突出，原来的个人设计、个人使用的方式已经不再满足大规模生产的要求，迫切需要改变软件生产方式，提高软件生产率，这就是软件开发历史上著名的"软件危机"现象。1968年，北大西洋公约组织(NATO)在联邦德国的国际学术会议上创造"软件危机(Software Crisis)"一词。为解决问题，NATO在1968、1969年连续召开两次著名的NATO会议，并同时提出"软件工程"的概念。软件工程从其他人类工程中吸收了许多成功的经验，通过研究软件生产的客观规律性，建立与系统化软件生产有关的概念、原则、方法、技术和工具，指导和支持软件系统的生产活动。从管理上结合工程化思想，明确提出软件生命周期的模型；从软件开发技术上发展了许多软件开发与维护阶段的适用方法，包括面向过程(PO)或者结构化程序设计、面向对象(OOP)的软件设计与开发方法等。

1967年，挪威计算中心的Kristen Nygaard和Ole Johan Dahl开发了Simula67语言，它提供了比子程序更高一级的抽象和封装，引入了数据抽象和类的概念，被认为是第一个面向对象语言。20世纪70年代初，美国Xerox(施乐)公司Palo Alto研究中心的Alan Kay所在的研究小组开发出Smalltalk语言，之后又开发出Smalltalk-80版本。Smalltalk系列语言被认为是最纯正的面向对象语言，它对后来出现的面向对象语言，如Object-C、C++、Self，Eiffel等都产生了深远的影响。随着这一系列面向对象语言的出现，面向对象程序设计方法也就应运而生且得到快速的发展。面向对象这一方法不断向其他阶段渗透，1980年Grady Booch提出了面向对象设计的概念。从80年代后期开始的面向对象分析(OOA)、面向对象设计(OOD)与面向对象程序编程(OOP)等新的系统开发方式模型的研究被认为是软件发展史上的重要里程碑。在过去的十几年中，Java语言成为了广为应用的面向对象语言，除了与C和C++语法上的近似性，Java的跨平台及可移植性成为了它成功中不可磨灭的重要特性，因为这一特性，吸引了庞大的程序员的加入。尽管目前Java语言所诞生的Sun公司(Sun Microsystems)早在2009年4月20日被Oracle公司(甲骨文)收购，但它已经成为当今推广最快的、最为流行的面向对象编程语言。Java 的出现引起了软件开发的重大变革，成为推动 IT 业蓬勃发展的最新动力，它的出现对整个计算机软件业的发展产生了重大而深远的影响。

　　本书在编写过程中，章节安排参考了一些经典教材，内容、知识点上参考了部分 OCJP(Oracle Certified Java Programmer)的技术资料。全书面向有 C 语言基础的读者，尽量用简单易懂的语言来描述相关的知识点，全部示例程序在 Eclipse 上调试运行，同时编者参考了互联网上一些技术文档和相关资源，在此向这些资料的作者深表谢意。本书在编撰过程中，还得到了很多同事和西安电子科技大学出版社李惠萍编辑的建议、关心和帮助，在此表示深深的感谢。

　　本书第 1、2、9 章为何林波老师编写，第 3、4 章为索望老师编写，第 5、6、7 章为昌燕老师编写，第 8、11 章为熊熙老师编写，第 10 章由陈丁老师编写，第 12、13 章为何林波与黄源源老师合编。全书由黄源源和刘丽老师参与英文资料的翻译和校对工作。

　　由于编者水平有限，书中如有不妥之处，敬请第一时间联系编者，我们将虚心接受您的批评、建议和意见，并请见谅！

编　者

2016 年 4 月

目 录

第1章 Java概述 ... 1
1.1 程序设计语言的发展 ... 1
1.2 Java语言概述 ... 2
1.2.1 Java语言的产生及发展 ... 2
1.2.2 Java语言的特性 ... 3
1.2.3 Java虚拟机及Java的跨平台原理 ... 4
1.2.4 Java的平台版本 ... 6
1.3 JDK的安装与使用 ... 7
1.3.1 JDK的下载与安装 ... 7
1.3.2 Path与classpath环境变量 ... 10
1.3.3 第一个Java程序 ... 12
1.3.4 Java的反编译 ... 17
1.4 集成开发工具介绍 ... 18
思考与练习 ... 28

第2章 面向对象的基本思想 ... 29
2.1 结构化程序设计方法的缺点 ... 29
2.2 面向对象的基本概念 ... 30
2.2.1 对象的基本概念 ... 31
2.2.2 面向对象中的抽象 ... 32
2.3 面向对象核心思想 ... 34
2.3.1 封装与透明 ... 34
2.3.2 消息与服务 ... 36
2.3.3 继承 ... 37
2.3.4 接口 ... 38
2.3.5 多态 ... 39
2.4 类之间的关系 ... 40
2.4.1 UML简介 ... 40
2.4.2 依赖 ... 41
2.4.3 关联 ... 41
2.4.4 聚合与组合 ... 42
2.4.5 泛化 ... 43
2.4.6 实现 ... 43
思考与练习 ... 44

第3章 类与对象 ... 46
3.1 类的基本概念 ... 46
3.1.1 类的定义 ... 46
3.1.2 类与对象的辨析 ... 46
3.2 类与对象 ... 47
3.2.1 类的声明 ... 47
3.2.2 成员变量 ... 49
3.2.3 成员方法 ... 52
3.2.4 构造器(Constructor) ... 55
3.2.5 创建对象 ... 58
3.2.6 访问对象的成员 ... 59
3.2.7 main方法 ... 60
3.2.8 关键字 ... 60
3.2.9 标识符 ... 61
3.2.10 static关键字 ... 61
3.2.11 this关键字 ... 63
3.2.12 package与import ... 65
3.2.13 访问控制修饰符 ... 69
3.2.14 完整的范例程序 ... 70
3.3 Java虚拟机运行数据区 ... 72
思考与练习 ... 74

第4章 Java语言基础 ... 75
4.1 Java的数据类型 ... 75
4.1.1 基本数据类型 ... 75
4.1.2 布尔型 ... 76
4.1.3 整数类型 ... 76
4.1.4 字符型 ... 80
4.1.5 浮点数类型 ... 81
4.1.6 基本数据类型之间的转换 ... 82
4.1.7 引用类型 ... 85
4.2 运算符 ... 86
4.2.1 算术运算符 ... 86
4.2.2 关系运算符 ... 88
4.2.3 位运算符 ... 89
4.2.4 逻辑运算符 ... 93

4.2.5 赋值运算符 ……………………… 94
　　4.2.6 其他运算符 ……………………… 96
　　4.2.7 运算符的优先级 ………………… 99
4.3 表达式与语句 …………………………… 99
　　4.3.1 分支语句 ………………………… 100
　　4.3.2 循环语句 ………………………… 104
　　4.3.3 break 和 continue ……………… 107
思考与练习 …………………………………… 108

第 5 章 继承 …………………………………… 110
5.1 继承的基本概念 ………………………… 110
5.2 Java 继承的语法 ………………………… 110
　　5.2.1 子类与超类 ……………………… 110
　　5.2.2 子类能继承的属性及方法 ……… 111
　　5.2.3 构造方法的继承(super 关键字) … 111
　　5.2.4 方法的重载 ……………………… 113
　　5.2.5 方法的覆盖 ……………………… 114
　　5.2.6 方法覆盖与重载的区别 ………… 116
　　5.2.7 Java 的上下转型 ………………… 118
　　5.2.8 继承的利弊与使用原则 ………… 116
5.3 终止继承 ………………………………… 118
5.4 抽象类 …………………………………… 119
5.5 多态 ……………………………………… 120
5.6 Object 类 ………………………………… 125
思考与练习 …………………………………… 126

第 6 章 接口 …………………………………… 128
6.1 接口的概念与特性 ……………………… 128
6.2 接口的定义与使用 ……………………… 128
　　6.2.1 接口定义的语法 ………………… 128
　　6.2.2 接口实现的语法 ………………… 129
6.3 比较接口与抽象类 ……………………… 131
6.4 基于接口的设计模式 …………………… 135
　　6.4.1 定制服务模式 …………………… 135
　　6.4.2 适配器模式 ……………………… 136
　　6.4.3 默认适配器模式 ………………… 138
　　6.4.4 代理模式 ………………………… 139
思考与练习 …………………………………… 142

第 7 章 内部类 ………………………………… 145
7.1 内部类 …………………………………… 145
　　7.1.1 内部类概述 ……………………… 145
　　7.1.2 成员内部类 ……………………… 145
　　7.1.3 局部内部类 ……………………… 146
　　7.1.4 匿名内部类 ……………………… 146
　　7.1.5 静态内部类 ……………………… 147
7.2 内部类的使用 …………………………… 147
思考与练习 …………………………………… 149

第 8 章 异常处理 ……………………………… 150
8.1 异常处理机制基础 ……………………… 150
　　8.1.1 什么是异常 ……………………… 150
　　8.1.2 Java 异常处理机制的优点 ……… 150
8.2 异常的处理 ……………………………… 153
　　8.2.1 try…catch 捕获异常 …………… 153
　　8.2.2 finally 子语句 …………………… 154
　　8.2.3 throws 和 throw 子语句 ………… 155
　　8.2.4 异常处理语句的语法规则 ……… 155
8.3 Java 的异常类 …………………………… 158
　　8.3.1 异常的分类 ……………………… 158
　　8.3.2 运行时异常与受检查异常的区别
　　　　　　　　　　　　　　　　　　 158
　　8.3.3 异常与错误的区别 ……………… 159
8.4 自定义异常类 …………………………… 159
8.5 异常处理原则 …………………………… 160
思考与练习 …………………………………… 161

第 9 章 Java 中的 I/O 系统 ………………… 162
9.1 认识输入流与输出流 …………………… 162
9.2 输入流 …………………………………… 165
　　9.2.1 字节数组输入流 ………………… 166
　　9.2.2 文件输入流 ……………………… 167
　　9.2.3 文件字符输入流 ………………… 169
　　9.2.4 Java 管道流 ……………………… 170
9.3 过滤器输入流 …………………………… 172
　　9.3.1 DataInputStream 的使用 ………… 174
　　9.3.2 BufferedInputStream 的使用 …… 175
9.4 输出流 …………………………………… 176
　　9.4.1 字节数组输出流 ………………… 176
　　9.4.2 文件输出流 ……………………… 177
9.5 过滤器输出流 …………………………… 178
　　9.5.1 FilterOutputStream ……………… 178
　　9.5.2 DataOutputStream ……………… 178
　　9.5.3 BufferedOutputStream ………… 178
　　9.5.4 PrintStream ……………………… 179
9.6 Reader 与 Writer ………………………… 180
　　9.6.1 InputStreamReader 和 OutputStream-
　　　　　Writer ………………………… 180

9.6.2 BufferedReader 和 BufferedWriter ············· 181	11.3.1 Set 集合概述············· 222
9.7 标准 I/O ············· 182	11.3.2 HashSet ············· 223
9.8 File 处理············· 183	11.3.3 TreeSet ············· 223
9.8.1 创建文件与目录············· 184	11.4 List 列表············· 225
9.8.2 随机文件访问············· 186	11.4.1 List 列表概述············· 225
9.9 对象的序列化与反序列化············· 187	11.4.2 List 的实现类············· 226
思考与练习············· 190	11.4.3 List 的 ListIterator 接口············· 226
	11.5 Map 映射············· 228
第 10 章　Java 多线程············· 192	11.5.1 Map 映射概述············· 228
10.1 线程的基本概念············· 192	11.5.2 Map 的实现类············· 229
10.1.1 进程与线程············· 192	思考与练习············· 232
10.1.2 线程的运行机制············· 193	
10.2 线程的创建与启动············· 194	**第 12 章　Java 网络编程**············· 233
10.2.1 继承 Thread 类············· 194	12.1 网络编程基础············· 233
10.2.2 实现 Runnable 接口············· 195	12.1.1 网络的基本概念············· 233
10.3 线程中常见的方法············· 196	12.1.2 IP 地址与端口············· 233
10.3.1 start()方法············· 197	12.1.3 TCP/IP 的传输层协议············· 234
10.3.2 sleep()方法············· 197	12.2 URL 应用············· 235
10.3.3 yield()方法············· 198	12.2.1 统一资源定位器············· 235
10.3.4 join()方法············· 198	12.2.3 URL 应用示例············· 236
10.4 线程的状态转换············· 201	12.3 TCP 编程············· 238
10.5 线程同步············· 202	12.3.1 Socket 的基本概念············· 238
10.5.1 临界资源问题············· 202	12.3.2 Socket 简单编程应用············· 239
10.5.2 互斥锁············· 202	12.3.3 支持多客户的 Client/Server 应用············· 242
10.5.3 多线程的同步············· 202	12.4 UDP 编程············· 246
10.5.4 同步与并发············· 206	12.4.1 DatagramSocket 类············· 246
10.5.5 对象锁与线程通信············· 206	12.4.2 基于 UDP 的简单的 Client/Server 程序设计············· 247
10.5.6 死锁············· 209	思考与练习············· 251
10.6 Daemon 线程············· 212	
思考与练习············· 214	**第 13 章　Java 的常用类**············· 252
	13.1 String 类和 StringBuffer 类············· 252
第 11 章　数组和集合类············· 215	13.1.1 String 类············· 252
11.1 Java 数组············· 215	13.1.2 StringBuffer 类············· 254
11.1.1 数组的声明、创建与初始化············· 215	13.2 基本数据类型封装类············· 256
11.1.2 多维数组············· 217	13.3 Properties 类············· 260
11.1.3 数组实用类 Arrays ············· 218	13.4 Date 与 Calendar 类············· 261
11.2 Java 集合············· 219	13.4.1 Date 类············· 262
11.2.1 Java 中的集合概述············· 219	13.4.2 Calendar 类············· 263
11.2.2 Collection 接口············· 220	13.5 Math 与 Random 类············· 266
11.2.3 Iterator 接口············· 221	思考与练习············· 267
11.3 Set 集合············· 222	

第 1 章　Java 概述

关于 Java，也许读者的第一个问题就是"Java 是什么，可以用来做什么？"如果读者对计算机编程技术有较多了解的话，那么也许会有类似这样的问题："Java 跟 C++、C♯ 有区别吗，学哪一种更容易，哪一种能更好适应社会的需求？"。

首先来回答第一个问题，Java 是什么，可以用来做什么？Java 如同 C 语言、C++ 语言一样，也是一种编程语言。因此，Java 有自己相关的编程语言规则、程序编译方法以及程序的运行方法。同时，Java 也作为一种开发平台存在，提供了相应的软件开发工具包（SDK，Software Development Kit）供开发者使用，SDK 中有用于辅助开发的相关文档、范例和工具的集合。使用 Java 提供的相关 SDK 及开发工具，并依赖正确的编程及良好的设计，从理论上来说，就可以利用 Java 来开发任何计算机应用软件。其次，关于第二个问题，其实也一直是各种阵营的程序设计人员讨论或争论的热点，站在不同的角度，每个人都有不同的看法和理解，而且都有足够支撑的依据。

对于此类问题，作者认为没有必要过于纠结，任何编程语言都只是程序设计的工具，而利用工具设计开发应用软件才是最终的目的。在某些场合下，一种语言可能更适合某一种类型的应用开发而不适合另外一种应用类型，但也许这种类型的应用正好有一种别的语言恰能胜任，那么毫无疑问，我们总是利用合适的工具去做合适的事情。简单来讲，斧子和电锯都能砍倒一棵树，那么你会选择什么？读者肯定回答，"当然是电锯！"但是这种回答并不一定正确，如果使用程序设计的思维来回答，应该是：当斧子和电锯都存在时，优先选择电锯；当仅有一种工具时，就只能选择仅有的工具。如果我们发现不同的程序设计语言在解决同一问题时，好像并没有谁有比较突出的优点，那么，就应该选择自己熟悉的编程语言，这是一个很简单的道理。

没有做不了事的程序设计语言，只有做不了事的程序员。

软件的设计和开发，并不是比较语言或者开发工具之间的孰优孰劣，更重要的是，充分了解需要开发的应用本身，关注其业务逻辑；并且懂得选用合适的编程语言去解决这类应用，使用科学的、经过实践论证的正确的软件设计思想与方法去解决实际问题，这才是软件设计及开发工程师应该关注的问题本质，而绝非是语言或者开发工具之间无谓的争论。

1.1　程序设计语言的发展

语言是人类最重要的交流工具，是人们进行沟通交流的主要表达方式，结合了各种表达符号或者手势、动作等。人与计算机之间应当如何沟通呢？显然，必须以一种计算机能够理解的形式来下发各种运算指令。因此，计算机语言是人机沟通交互的最重要的桥梁和手段。从计算机问世至今，人们一直为研制更新更好的程序设计语言而努力。目前已问世的各种程序设计语言有成千上万种，但这其中只有少数得到了人们的广泛认可和使用。

最早的一代程序设计语言是机器语言。从有关的计算机基础科学的学习中，我们应当已经对这种语言有了概念。机器语言是用二进制代码表示的计算机能直接识别和执行的一种机器指令的集合。它是计算机的设计者通过计算机的硬件结构赋予计算机的操作功能。机器语言具有灵活、直接执行和速度快等特点。用机器语言编写程序，编程人员要首先熟记所用计算机的全部指令代码和代码的含义。程序员编写程序时得自己处理每条指令和每一数据的存储分配及输入、输出，还需要记住编程过程中每步所使用的工作单元处在何种状态。这是一件十分繁琐的工作，编写程序花费的时间往往是实际运行时间的几十倍或几百倍。编出的程序全是 0 和 1 的指令代码，直观性差，容易出错。除了计算机生产厂家的专业人员外，绝大多数的程序员已经不再去学习机器语言了。

由于机器语言的可读性差、编程困难，因此，第二代语言——汇编语言很快就发展起来了。汇编语言是汇编指令集、伪指令集和使用它们规则的统称。具有一定含义的符号为助记符，用指令助记符、符号地址等组成的符号指令称为汇编格式指令。不同型号的计算机其机器语言是不相通的，按一种计算机机器指令编制的程序，不能在另一种计算机上执行。

第三代语言是高级语言，它主要有四种范型：命令式语言、函数式语言、逻辑式语言与对象式语言。第四代语言是面向数据库的，实际上它不只是语言而且也是交互式程序设计环境。程序设计语言的发展主要经历了这四代，也有人把逻辑式语言、函数式语言，甚至于对象式语言称为第五代语言。这五代语言中，前三代语言的发展有明确的先后界限，而后三代语言之间则没有这些界限，它们仍然在同时发展。

1.2　Java 语言概述

Java 是 Sun 公司(Sun Microsystems，2009 年 4 月 20 日被 Oracle(甲骨文)收购，交易价格达 74 亿美元)推出的新一代面向对象的编程语言。1996 年初，Java 1.0 版的正式发表就迅速引起了整个计算机界的高度关注。由于 Java 提供了强大的图形、图像、音频、视频、多线程和网络交互能力，它已经成为当今推广最快的最为流行的网络编程语言。Java 的出现引起了软件开发的重大变革，成为推动 IT 业蓬勃发展的最新动力。它的出现对整个计算机软件业的发展产生了重大而深远的影响。

1.2.1　Java 语言的产生及发展

Java 语言诞生于 1991 年 Sun 公司一个被称之为 Green 的项目(Green Project，绿色计划)，该项目的目的是开拓消费类嵌入式电子产品市场，用以开发如交互式电视、烤面包机等家用电器的控制软件。James Gosling 是该小组的领导人(后被称为 Java 之父，是一位非常杰出的程序员)。Green Project 所使用的语言是 C、C++以及 Oak(橡树，为 Java 语言的前身)，后因语言本身和市场的问题，使得该项目的发展无法达到当初预期的目标，再加上网络的兴起，绿色计划也因此在 1994 年改变发展的方向。"Java"一词是 Sun 公司 Java 发展小组历经无数次的激烈讨论之后确定的。"Java"这个词本身来自于太平洋上一个盛产咖啡的岛屿名字，是从许多程序设计师钟爱的热气腾腾、浓香四溢的咖啡中获得的灵感，因此，Java 的 Logo 看上去就是一杯冒着热气的咖啡，如图 1.1 所示。

图 1.1　Java 图标

1995 年 5 月 23 日，Java 语言诞生。

1996 年 1 月，第一个 JDK——JDK 1.0 诞生。

1996 年 4 月，10 个最主要的操作系统供应商申明将在其产品中嵌入 Java 技术。

1996 年 9 月，约 8.3 万个网页应用了 Java 技术来制作。

1997 年 2 月 18 日，JDK 1.1 发布。

1997 年 4 月 2 日，JavaOne 会议召开，参与者逾一万人，创当时全球同类会议规模之纪录。

1997 年 9 月，Java Developer Connection 社区成员超过十万。

1998 年 2 月，JDK 1.1 被下载超过 200 万次。

1998 年 12 月 8 日，Java2 企业平台 J2EE 发布。

1999 年 6 月，SUN 公司发布 Java 的三个版本：标准版、企业版和微型版。

2000 年 5 月 8 日，JDK 1.3 发布。

2000 年 5 月 29 日，JDK 1.4 发布。

2001 年 9 月 24 日，J2EE 1.3 发布。

2002 年 2 月 26 日，J2SE 1.4 发布，自此 Java 的计算能力有了大幅提升。

2004 年 9 月 30 日下午 6 点，J2SE 1.5 发布，成为 Java 语言发展史上的又一里程碑。为了表示该版本的重要性，J2SE 1.5 更名为 Java SE 5.0。

2005 年 6 月，JavaOne 大会召开，SUN 公司公开 Java SE 6.0。此时，Java 的各种版本已经更名，以取消其中的数字"2"：J2EE 更名为 Java EE，J2SE 更名为 Java SE，J2ME 更名为 Java ME。

2006 年 12 月，SUN 公司发布 JRE 6.0。

2009 年 4 月 7 日，Google App Engine 开始支持 Java。

2009 年 04 月 20 日，甲骨文公司以 74 亿美元收购 Sun 公司，取得 Java 的版权。

2011 年 7 月 28 日，甲骨文公司发布 Java 7.0 的正式版。

2014 年 3 月 19 日，甲骨文公司发布 Java 8.0 的正式版。

2014 年 11 月，甲骨文公司发布了 Java 9.0 版本。

1.2.2　Java 语言的特性

Java 语言编程风格十分接近 C 语言以及 C＋＋语言。因此，只要具备 C 语言基础，学习 Java 语言是一件比较简单的事。同 C＋＋语言一样，Java 也是一种纯粹的面向对象（Objected-Oriented）的程序设计语言（关于什么是面向对象，将在第 2 章进行学习）。对初学者来说，Java 语言给他们最大的惊喜可能是发现在 Java 编程中不再有像 C 语言中那样对指针操作的内容,于是也就没有了像指针数组、数组指针这些晦涩难懂的问题。同时,Java特有的内存管理机制使得程序员也不再像 C 语言中那样需要对于开辟出来的内存空间进行释放及管理,从而程序员可以更专注于程序的逻辑设计而不是内存溢出错误的修正。Java 的这种垃圾回收机制在若干年后微软的 C♯ 语言中也有类似的应用。下面列举关于 Java 语言的一些主要特性。

(1) Java **语言是跨平台的**。简单来说,Java 的跨平台指的是"一次编译,多次运行",即成功编译之后,其编译的程序可以在不同的平台(OS,操作系统)上运行,比如在 Windows 环境下编译成功的 Java 程序,也可以直接在 Linux 系统中运行。熟悉 C 语言开发的读者可能清楚,在 Windows 环境下编译的 C 语言程序是无法在 Linux 或者 UNIX 系统下直接运行的。关于 Java 语言的跨平台特性,将在 1.2.3 小节详细阐述。

(2) Java **语言的学习是比较容易的**。一方面,Java 语言的语法与 C 语言和 C++ 语言很接近,使得大多数程序员很容易学习和使用。另一方面,跟同属于面向对象程序设计语言的 C++ 相比,Java 舍弃了 C++ 中令人迷惑、难以理解的一些特性,如多继承、操作符重载等。

(3) Java **语言是面向网络、面向分布式的**。Java 语言之所以成功,其实并非来源于 Green Project 的发展,而是 Java 对于 Internet 应用的良好支持。在基本的 Java 应用编程接口中有一个网络应用编程接口(Java Net),它提供了用于网络应用编程的类库,包括 URL、URLConnection、Socket、ServerSocket 等。Java 的 RMI(远程方法激活)机制也是开发分布式应用的重要手段。

(4) Java **语言是健壮的**。Java 的强类型机制、异常处理、垃圾的自动收集等是 Java 程序健壮性的重要保证。对指针的丢弃是 Java 的明智选择。Java 的安全检查机制以及异常处理方法使得 Java 程序更具健壮性。

(5) Java **语言是安全的**。Java 通常被用在网络环境中,为此,Java 提供了一个安全机制以防恶意代码的攻击。除了 Java 语言本身具有的许多安全特性以外,Java 的类加载器(ClassLoader)对通过网络下载的类具有一定的安全防范机制,如分配不同的名字空间以防替代本地的同名类、可进行字节代码检查,并提供安全管理(类 SecurityManager)。

Java 语言的优良特性使得 Java 应用具有无比的健壮性和可靠性,这也减少了应用系统的维护费用。Java 对对象技术的全面支持和 Java 平台内嵌的 API 能缩短应用系统的开发时间并降低成本。Java 的编译一次到处可运行的特性使得它能够提供一个随处可用的开放结构和在多平台之间传递信息的低成本方式。特别是 Java 企业应用编程接口(Java Enterprise APIs),为企业计算及电子商务应用系统提供了有关技术和丰富的类库。

1.2.3 Java 虚拟机及 Java 的跨平台原理

1.2.2 小节提到了 Java 语言的跨平台特性,这就不能不讲到"Java 虚拟机"。什么是 Java 虚拟机呢?读者在类似"计算机基础"学科中应该已经具备了对"计算机"组成及相关部件功能的理解。其实,Java 虚拟机就是用软件的形式在实际的计算机上仿真模拟各种计算机功能,从而实现了一种抽象化的"计算机"。Java 虚拟机有自己完善的硬件架构,如处理器、堆栈、寄存器等,还具有相应的指令系统。

Java 虚拟机(Java Virtual Machine,JVM),可以用不同的方式(软件或硬件)在不同的真实计算机及操作系统上加以实现，其编译虚拟机的指令集与编译微处理器的指令集非常类似。Java 虚拟机包括一套字节码指令集、一组寄存器、一个栈、一个垃圾回收堆和一个存储方法域。

用 Java 语言编写的程序或者代码在编译时，其目标操作系统并非是直接运行程序的真实计算机系统，而是 Java 自己定义的"虚拟机"，Java 程序可以直接运行在这种虚拟机之上。因此，理论上只要某个计算机操作系统中装有 Java 的虚拟机程序，那么我们开发的 Java 程序就可以在其上运行，而不需要重新编译。

下面将介绍 Java 程序的编译和运行过程，有助于帮助读者理解跨平台特性，如图 1.2 所示。

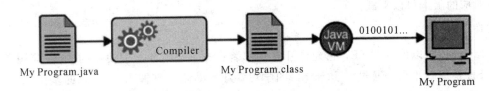

图 1.2　Java 编译与运行过程

图 1.2 中，MyProgram.java（Java 源程序文件，后缀名是.java）经过编译命令编译后，将 Java 源文件编译成为 Java 虚拟机目标文件 My Program.class（又称为 Java 字节码文件，byte codes），字节码文件能被 JVM 解释并在真实计算机上执行。

如果把 Java 源程序想象成我们熟悉的 C 源程序，Java 源程序编译后生成的字节码就相当于 C 源程序编译后的 80x86 的机器码（二进制程序文件），JVM 虚拟机相当于 80x86 计算机系统，Java 解释器相当于 80x86 CPU（该"CPU"不是通过硬件实现的，而是用软件实现的）。在 80x86 CPU 上运行的是机器码，在 Java 解释器上运行的是 Java 字节码。

Java 解释器实际上就是特定平台下的一个应用程序。只要实现了特定平台下的解释器程序，Java 字节码就能通过解释器程序在该平台下运行，这是 Java 跨平台的根本原因。当前，并不是在所有的平台下都有相应的 Java 解释器程序，这也是 Java 并不能在所有的平台下都能运行的原因，它只能在已实现了 Java 解释器程序的平台下运行。

如图 1.3 所示为 Java 程序跨平台运行的原理。

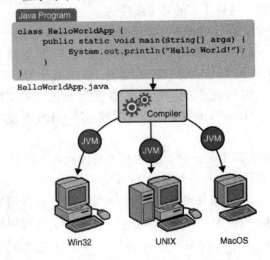

图 1.3　Java 程序跨平台原理示意图

1.2.4 Java 的平台版本

Java 发展到今天，已从最初的单一编程语言发展成为全球第一大通用开发平台。Java 技术已被计算机行业主要公司所采纳。2005 年 6 月，JavaOne 大会的召开将原来称之为 J2SE(Java 2 Platform，Standard Edition)、J2EE(Java 2 Platform，Enterprise Edition)、J2ME(Java 2 Platform，Micro Edition)的平台修改为 Java SE(Java Platform，Standard Edition)、Java EE(Java Platform，Enterprise Edition)以及 Java ME(Java Platform，Micro Edition)。随着这三大平台的迅速推进，全球形成了一股巨大的 Java 应用浪潮。目前官网都提供对应的版本可以下载。

1. Java SE

Java SE 即以前的 J2SE，它允许开发和部署在桌面、服务器中使用的 Java 应用程序。Java SE 是基础平台，通过对 Java SE 的学习，可帮助读者掌握 Java 语言的基础语法、特性、编程方法及方式。并为 Java EE 提供开发学习的基础。其实，目前直接使用 Java SE 来开发桌面版程序(Windows 窗体程序)并不流行。

2. Java EE

Java EE 以前称之为 J2EE。企业版本帮助程序员开发和部署可移植的、健壮的、可伸缩且安全的服务器端 Java 应用程序，关于 Java EE 的服务端程序可以从如下几个方面来理解：

对于服务端程序的理解主要包括两种技术标准，Web 技术与 EJB 技术。

简单来说，Web 技术可以认为是一系列开发 B/S(Browser 浏览器/Server 服务器)结构程序的技术，主要包括诸如 JSP、Servlet、JDBC 这类技术。JSP 与 Servlet 程序都运行在服务器之上，客户端只是显示程序运行的结果(体现为 HTML 页面)。

EJB(Enterprise JavaBeans，企业级 JavaBeans)，可以理解为"运行在服务器上的 Java 类"，Java EE 将业务逻辑从客户端软件中抽取出来，封装在一个组件里，这个组件运行在一个独立的服务器上，客户端软件通过网络调用组件提供的服务以实现业务逻辑，而客户端软件的功能单纯到只负责发送调用请求和显示处理结果。这种设计模式使得开发者可以方便地创建、部署、管理一些跨平台的基于组件的企业应用。

这类应用都有个特点，即应用程序与容器的概念。所以，任何开发工具开发和部署 Java EE 程序都需要指定 Java EE 容器。Java EE 容器分为 Web 容器和 EJB 容器，Tomcat/Resin 是 Web 容器，JBoss 是 EJB 容器＋Web 容器。Web 程序可以在上面两种容器中运行，而 Web＋EJB 应用则只可以在 JBoss 等服务器上运行，这类 EJB 容器包括商业产品 WebSphere、WebLogic、GlassFish 等。大部分时候，Java EE 容器与 Java EE 服务器概念是一致的。

总的来说，Java EE 实际上是一种框架和相关技术标准，能够帮助编程人员开发和部署可移植、健壮、可伸缩且安全的服务器端 Java 应用程序。Java EE 是在 Java SE 的基础上构建的，它提供 Web 服务、组件模型、管理和通信 API，可以用来实现企业级的面向服务体系结构(Service-Oriented Architecture，SOA)和 Web 2.0 应用程序。

3. Java ME

Java ME 即以前的 J2ME。Java ME 为给移动设备和嵌入式设备提供的 Java 语言平台，包括虚拟机和一系列标准化的 Java API，为其上运行的应用程序提供一个健壮且灵活的环境。Java ME 适合在各类连接设备（Connected Device Configuration），以及有限连接设备（Connected Limited Device Configuration）上使用，连接设备主要对应于那些有电源的，或电源供应充足，较大的设备，如电冰箱、机顶盒等，有限连接设备指电力供应有限、计算能力有限的设备，如手机、PDA 等。Java ME 包括灵活的用户界面、健壮的安全模型、许多内置的网络协议以及可以动态下载的连网和离线应用程序的丰富支持。

从 1.2 小节可以看到，Java 本来就是为了嵌入式系统而产生的，虽然在 1999 年 J2ME 这个名词才出现，但 Java 并非 1999 年才开始发展嵌入式系统上的应用。不过一般关于 Java 的应用都聚焦于企业上的 Java EE 应用，但是从 Java 起源来看，Java ME 才是 Java 真正"回归自我"的领域。随着基于 Android 操作系统的智能手机的发展，目前基于 Java ME 开发的手机应用越来越少，不过 Android 开发也使用了 Java 语法，因此对本门课程的学习实际上也可以为 Android 开发的学习打下基础。

本教材主要是学习 Java SE 平台中的有关内容。旨在让读者掌握基本的 Java 语言语法、特性以及基本的类库及相关 API 接口。

1.3 JDK 的安装与使用

创建 Java 程序开发与运行环境，需要先下载免费的 JDK（Java Development Kit）软件包。JDK 包含了一整套开发工具，包括 Java API、Java 的编译与运行工具（javac、java 等）、JRE（Java Runtime Environment）等组件。

1.3.1 JDK 的下载与安装

读者可以自行在 Oracle 公司官网下载其提供的免费 JDK 开发套件，下载链接地址为 http://www.oracle.com/technetwork/java/javase/downloads/index.html，在 Downloads 界面下选择下载 JDK，如图 1.4 所示。

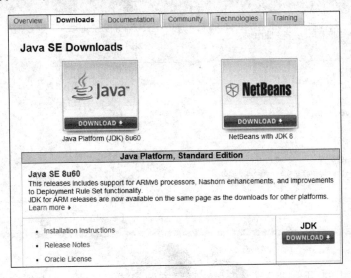

图 1.4　JDK 下载示意

点击图 1.4 中的 JDK DOWNLOAD 按钮，进入 JDK 下载页面，如图 1.5 所示，(至本书编辑时，其推荐下载版本是 JDK 8u60，意为大版本为 8，是第 60 个升级包)，根据自己的操作系统选择具体的版本，本书中用到的版本为图上画圈的 Windows 64 位版本，然后点击“jdk-8u60-windows-x64. exe”链接进行下载(注意在点击下载前需要接受其许可，即图 1.5上部加圈处)。

Product / File Description	File Size	Download
Linux ARM v6/v7 Hard Float ABI	77.69 MB	jdk-8u60-linux-arm32-vfp-hflt.tar.gz
Linux ARM v8 Hard Float ABI	74.64 MB	jdk-8u60-linux-arm64-vfp-hflt.tar.gz
Linux x86	154.66 MB	jdk-8u60-linux-i586.rpm
Linux x86	174.83 MB	jdk-8u60-linux-i586.tar.gz
Linux x64	152.67 MB	jdk-8u60-linux-x64.rpm
Linux x64	172.84 MB	jdk-8u60-linux-x64.tar.gz
Mac OS X x64	227.07 MB	jdk-8u60-macosx-x64.dmg
Solaris SPARC 64-bit (SVR4 package)	139.67 MB	jdk-8u60-solaris-sparcv9.tar.Z
Solaris SPARC 64-bit	99.02 MB	jdk-8u60-solaris-sparcv9.tar.gz
Solaris x64 (SVR4 package)	140.18 MB	jdk-8u60-solaris-x64.tar.Z
Solaris x64	96.71 MB	jdk-8u60-solaris-x64.tar.gz
Windows x86	180.82 MB	jdk-8u60-windows-i586.exe
Windows x64	186.16 MB	jdk-8u60-windows-x64.exe

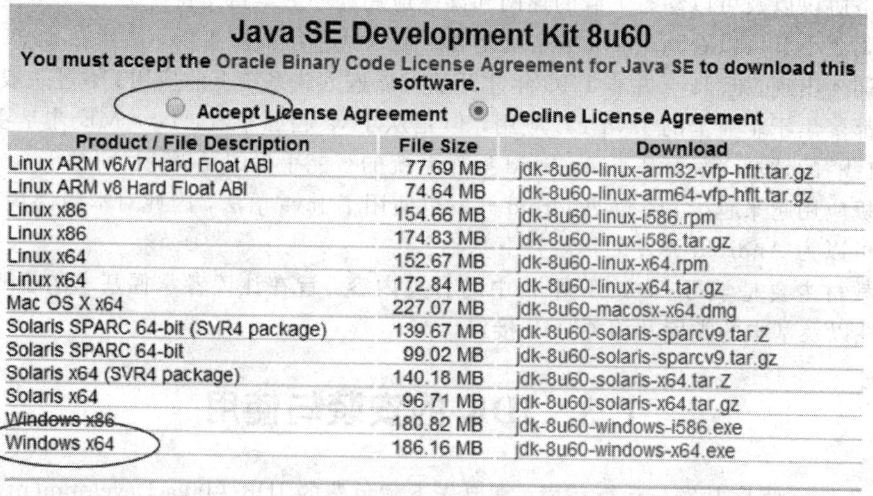

图 1.5　JDK 下载页面

下载完毕即可运行“jdk－8u60－windows－x64. exe”软件包，在安装过程中可以设置安装路径及选择组件，默认的安装路径为“C: \Program Files\Java\jdk1. 8. 0_60\”，默认的组件选择是全部安装，如图 1.6 所示。

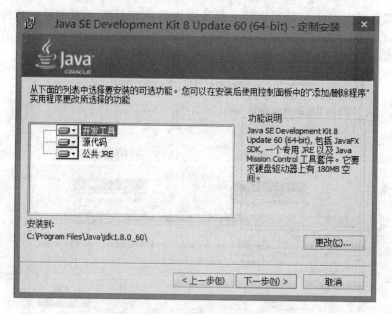

图 1.6　安装示意

点击图 1.6 中的“下一步”开始安装，直至安装完成。之后，进入到命令行模式检查安装是否成功，进入方法如图 1.7 所示。

图 1.7 进入 cmd 模式

在 cmd 模式下输入"java -version"命令来检查"java"指令是否可用(用来判断 java 是否安装成功),并同时观察所安装的 JDK 版本号,如图 1.8 所示。

图 1.8 检查 JDK 安装情况

如果 JDK 未安装成功,该命令可能出现两种情况,一是提示"Java 不是内部或外部命令,也不是可运行的程序或批处理文件",二是出现非预期的版本号显示(以前有安装别的版本的 JDK,因此建议读者卸载系统中的所有 Java 旧版本以后再安装新版本)。安装成功后,C:\Program Files\Java\jdk1.8.0_60\中的文件和子目录结构如图 1.9 所示。

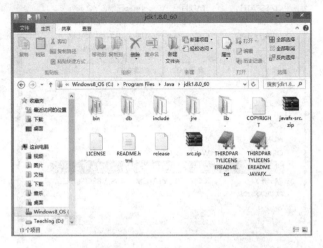

图 1.9 JDK 安装目录

图 1.9 中,"bin"文件夹中包含编译器(javac.exe)、解释器(java.exe)、Applet 查看器(appletviewer.exe)等 Java 命令的可执行文件,如图 1.10 所示。

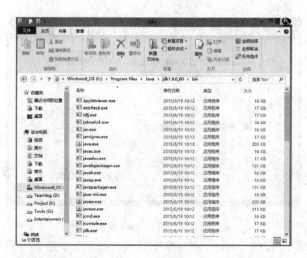

图 1.10　bin 目录内容

1.3.2　Path 与 classpath 环境变量

Path 与 classpath 环境变量的设置历来是 Java 初学者非常头疼的问题，因为不清楚为什么非要设置这两个变量值。

Path 环境变量在原来 Windows 系统里面就有，可以在系统属性"高级"中看到，如图 1.11 所示（进入该菜单方法是：我的电脑右键→属性→高级系统设置→高级→环境变量，Windows 8 操作系统，其他系统大同小异）。

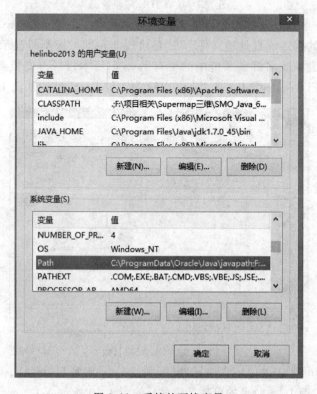

图 1.11　系统的环境变量

简单来说，Path 变量设定的作用是保证用户在任何目录文件下都可以使用 JDK 安装 bin 目录中的可执行命令，如 javac 指令（编译 Java 程序的指令）等。Path 修改方法是：在"系统变量"框中选择"Path"，然后单击"编辑"按钮，在出现的"编辑系统变量"对话框中，在"变量值"栏的命令末尾添加"；C：\Program Files\Java\jdk1.8.0_60\bin"（注意"；"的作用是继续在原来的 Path 中已经定义的其他路径之后补充添加新路径，也要注意不要将原来 Path 栏中的其他路径删除或者改写，这样可能使得别的应用找不到路径），如图 1.12 所示。

图 1.12　Path 变量的修改

做完上述操作之后，设置 Path 的工作仍然没有完成。因为 Path 变量中的修改变化只有在系统重启或者注销之后才能生效，因此，设置完 Path 后，需要注销系统使得 Path 中的值生效。然后可以在 cmd 模式中使用"javac-version"命令来检查当前负责编译 Java 程序的 JDK 版本是否为预期版本（注意与 1.3.1 小节中的 java-version 指令不同）。

接下来讲述"classpath"的意义何在。

一个 Java 程序在编译或者运行时，都有可能用到 JDK 自身提供的一些已经写好的 Java 程序（实际上就是 Java 类，关于"类"的概念，在第 2 章开始讲解）或者其他第三方已经编写好的程序。那么，这些程序该如何加载呢？

这就是"classpath"的作用了，classpath 能够告诉编译器或者 Java 虚拟机从何处加载这些所需要的辅助程序（类）。关于虚拟机对 classpath 路径的确定，有如下原则需要掌握：

（1）如果在 Java 编译或者执行指令时加入了 classpath 的指令及相关的路径值，那么就使用这个设定的值；

（2）如果在当前的命令行模式下定义了环境变量 classpath，就使用定义的这个 classpath 路径；

（3）如果在操作系统中定义了系统环境变量 classpath，就使用系统定义的环境变量；

（4）除上述情况外，就把当前编译或者执行程序的路径作为 classpath，去寻找相关的其他程序。

从上述原则可以发现，设置 classpath 参数有多种方法，且其"覆盖范围"或者说"作用范围"也不尽相同。当前环境变量会覆盖系统环境变量，在 java 或者 javac 中的 classpath 变量会覆盖当前环境变量。关于如何在 cmd 模式下编译或者执行 Java 程序以及 classpath 参数的设定问题，将在下一小节中举例说明。

对于初学者来说，一般直接在操作系统中设置其环境变量即可（对应上述第三个选择原则），这里给出在操作系统中设定 classpath 的方法。

与设置 Path 变量一样的做法，打开系统环境变量的设置窗口，如果系统环境变量中还没有"classpath",那么选择新建一个"classpath"变量,如果已经存在 classpath,则直接编辑其值,在后面增加相应内容,如图 1.13 所示。

图 1.13　系统环境变量 classpath 的设置

注意到上述添加到 classpath 的值为:".;C:\Program Files\Java\jdk1.8.0_60\lib;C:\Program Files\Java\jdk1.8.0_60\lib\tools.jar;C:\Program Files\Java\jdk1.8.0_60\lib\dt.jar;",很多初学者往往忽略".;"这部分内容,那么它表示什么意思呢?第一个路径的点".",代表当前目录,这样在运行自己编写的程序时,系统就会先在当前目录寻找程序文件,同时,Java 还提供了一些额外的丰富的类包,一个是 dt.jar,一个是 tools.jar,这两个 jar 包都位于"C:\Program Files\Java\jdk1.8.0_60\lib"目录下,所以通常都会把这两个 jar 包加到 classpath 环境变量中以备编写有些程序时所用。

简单来说,设置 classpath 的目的在于告诉 Java 编译或者执行环境在哪些目录下可以找到所要编译或执行的 Java 程序所需要的其他程序(类)。其作用有点像 C\C++编译器中的 Include 路径的设置,当 C\C++编译器遇到 Include 语句时,熟悉 C 语言的读者可以想想,它是如何运作的?

总之,对 Java 的初学者而言,classpath 的设定始终是一件棘手的事。因此 JDK 的设计也更聪明一些。安装完之后,即使完全没有设定 classpath,仍然能够编译基本的 Java 程序(这是因为这些基本的程序未使用到其他"路径"中的 Java 类)并且加以执行。

1.3.3　第一个 Java 程序

在具体学习 Java 的语法、数据变量、语句及相关的编程规则以前,首先来介绍一个简单的 Java 程序,旨在让读者了解 Java 开发程序的步骤以及编译运行过程(如果在示例代码中有部分语句或者程序无法理解,请读者不要着急,后续章节将详细介绍这些细节)。

一般一门编程语言的学习都会以"Hello World"作为开始,本书也不例外,同样也从"Hello World"开始来理解 Java 程序。

【例 1.1】　编写一个简单的 Java 应用程序,该程序在控制台窗口输出:"Hello World!"。其基本步骤如下:

(1) 打开一个文本编辑器来书写 Java 源程序(如记事本程序),编写 Hello World 程序,该程序代码如下:

```
public class HelloWorldApp {
    public static void main(String[] args){
        System.out.println("Hello World!");
    }
}
```

第一行代码的作用是定义了一个 HelloWorldApp 的"类"(class 关键字修饰,Java 程序都是以"类"作为基本的程序单元),这个类的名字可以自己取,一般类名首字母大写;

第二行是声明了一个被称之为 main 的主函数,这是 Java 程序的入口点,也可以理解为相当于 C 语言中的主函数;

第三行语句位于 main 函数体内部,其作用是向控制台窗口输出字符串"Hello World!"。

由该程序可以看出,书写 Java 程序的基本规则跟 C 语言完全类似,每个语句用";"结束,花括号对"{ }"用来约束语句的作用范围,函数有参数,参数也有类型、名字,且位于"( )"之内。实际上,在 Java 中,对于上述的 main 函数应该称之为"方法"而不是 C 语言中的函数(具体将在第 2 章中详细讲述)。

(2) 保存此 Java 源文件,文件保存为 HelloWorldApp.java,Java 源程序都是扩展名为.java 的文件,保存目录自定义。

(3) Java 源程序编写后,要使用 Java 编译器(javac.exe)进行编译,将 Java 源程序编译成可执行的程序代码。编译时首先读入 Java 源程序,然后进行语法检查,如果出现问题就终止编译。语法检查通过后,生成可执行程序代码即字节码,字节码文件名和源文件名相同,扩展名为.class,编译过程如下:

① 打开命令提示符窗口,进入 Java 源程序所在路径。

② 键入"javac HelloWorldApp.java",如图 1.14 所示(示例中的 Java 源程序保存在 D:\教学事务\教学文件夹\Java 教学文件夹\面向对象程序设计(JAVA)路径之下)。

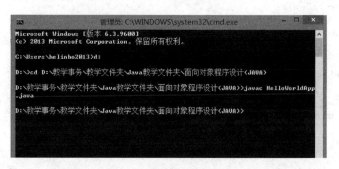

图 1.14 编译 HelloWorldApp

③ 按回车键开始编译(注意:文件名大小写敏感)。如果源程序没有错误,则屏幕上没有任何输出,切换到 Window 窗体中该路径下观察,能在目录中看到生成了一个同名的.class 文件"HelloWorldApp.class",如图 1.15 所示,否则,将显示出错信息。

图 1.15 Java 源程序被编译成.class 文件

(4) 使用 Java 解释器(java.exe)将编译后的字节码文件 HelloWorldApp.class 解释执行。在命令提示符窗口键入"java HelloWorldApp",按回车键即开始解释并可看到运行结果,如果看到如图 1.16 所示结果,表明程序运行成功。

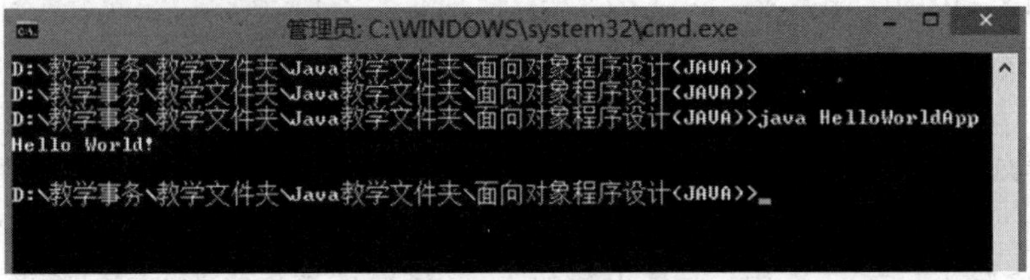

图 1.16 运行.class 文件

注意:在运行 Java 程序时,无需在 HelloWorldApp 后面写.class,而编译程序时,要完整写出程序的后缀名(javac HelloWorldApp.java,如步骤 5 所示)。

至此,第一个最简单的 Java 程序就编写、编译、执行成功了,读者可结合 1.2.3 小节理解其程序的编译执行过程。

接下来将此程序修改得稍微复杂一些,从而理解 1.3.2 小节中提到的"classpath"的问题。

【例 1.2】 编写一个 Java 类 Student,该类有一个方法 say(),能在控制台输出"Hello World!",且该类无主方法(主函数 main);再编写一个类似于例 1.1 中的 HelloWorldApp 的 Java 类,且在该类的主方法中调用 Student 类的 say 方法来输出"Hello World!"。

程序代码如下:

Student.java 类:

```java
public class Student {
public void say()
{
    System.out.println("Hello World!");
}
}
```

改写后的 HelloWorldApp.java 类:

```java
public class HelloWorldApp {
  public static void main(String[] args) {
    Student stu = new Student();
      stu.say();
  }
}
```

将 Student.java 源文件保存在 D 盘根目录中,而 HelloWorldApp.java 仍然保存在例 1.1 中的"D:\教学事务\教学文件夹\Java 教学文件夹\面向对象程序设计(JAVA)"路径之下。

按照例 1.1 所述步骤编译 Java 源程序,首先编译 Student.java 源文件,在 cmd 模式下将路径切换到 D 盘根目录,使用 javac Student.java 编译类 Student,如图 1.17 所示。

图 1.17 编译 Student.java

编译成功后,可在 D 盘根目录看见 Student.class 文件,如图 1.18 所示。

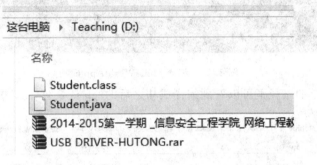

图 1.18 编译后的 Student.class 文件

大家思考一个问题,Student.class 文件此时可以用 Java 指令运行这个程序吗?

接下来,重新编译 HelloWorldApp.java 源文件,在 cmd 模式引导路径到"D:\教学事务\教学文件夹\Java 教学文件夹\面向对象程序设计(JAVA)"目录。使用指令"javac HelloWorldApp.java"来编译 HelloWorldApp.java 源文件。

编译结果如图 1.19 所示。

图 1.19 HelloWorldApp.java 编译错误

由结果可知,此时 HelloWorldApp 再也无法编译成功,根据输出提示,错误是因为"Student"无法识别。那么这是什么原因?

结合所学知识简单分析即知,错误的根本原因在于:类 HelloWorldApp 编译时,需要用到其他类"Student",而程序中并没有指令告诉 Java 虚拟机应该到哪里去找这个类。因此,Java 虚拟机在编译时无法得知类 Student 的位置,从而引起编译失败。

在 1.3.2 小节中曾讲过:"当前环境变量会覆盖系统环境变量,在 java 或者 javac 中的 classpath 变量会覆盖当前环境变量。"按照上述思路,可以考虑在编译类"HelloWorldApp.java"时,使用-classpath 参数来指定类 Student 的位置应该可以解决问题。因此,如图 1.20 所示,将编译 HelloWorldApp.java 类的指令修改为

"javac -classpath d:\ HelloWorldApp.java"

该指令告诉 Java 虚拟机,在编译类 HelloWorldApp 时,可以到指定的路径"D:\"中去寻找其他类。

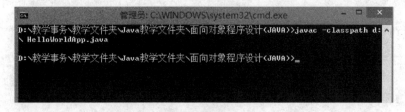

图 1.20 编译 HelloWorldApp 成功

同时,在指定的路径下可以看到编译成功之后的.class 文件,如图 1.21 所示。

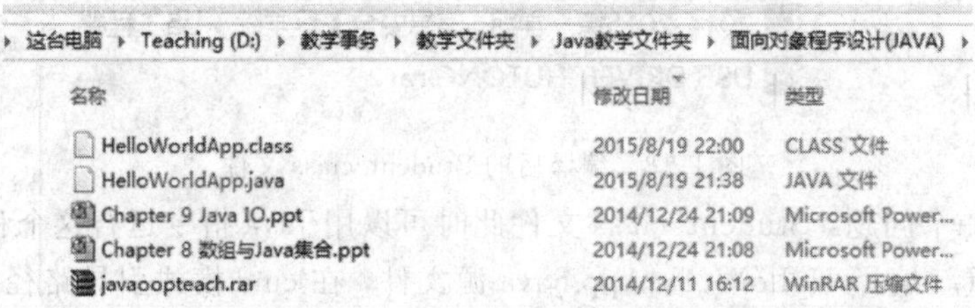

图 1.21 编译成功之后的.class 文件

到此为止,已经成功编译了两个 Java 源文件,那么如果开始执行 HelloWorldApp.class 文件,又会遇到什么问题呢?

在 cmd 模式下同样输入指令"java HelloWorldApp",运行结果如图 1.22 所示。

图 1.22 执行 HelloWorldApp 错误

从输出的提示来看,应该是在 main 方法中找不到类 Student。那么该如何正确运行这个程序呢?

显然,与编译时遇到的问题一样,Java 虚拟机无法知道到哪里可以加载到类 Student,

既然虚拟机不知道,那么在运行时告诉它 Student 类的位置不就可以了吗?因此可将运行该程序的指令修改为

"java-classpath d:\ HelloWorldApp"

在 cmd 模式下继续敲入上述指令,查看运行结果。

如图 1.23 所示,HelloWorldApp 仍然没有执行成功,根据错误提示是说找不到主类"HelloWorldApp"。

图 1.23　执行仍然出错

原来,上述语句中的-classpath 将运行 Java 程序的路径指定到了路径 d:\目录下,Student 类当然在 D 盘,但是主类 HelloWorldApp 却不在此路径下,因此虚拟机报错。正确的执行写法应该是:

"java-classpath d:\;. HelloWorldApp"

注意:在"d:\"后面有分号,还有"."号,表示虚拟机可以在 D 盘根目录及当前目录(.号用来表示当前目录)中查找需要用到的类。因此,上述执行指令可以成功运行,如图 1.24 所示。

图 1.24　成功运行两个不在同一路径下的 Java 程序

至此,读者可能早已经对 Java 繁琐又晦涩的编译和运行方式感到头疼,但事实上,Java 的开发并没有这么复杂。在第 2 章介绍的 Java 集成开发环境(IDE)中,编译和运行 Java 程序将不再有类似的设定,读者完全可以不用关注 IDE 如何设定了环境变量而只专注于自己的程序逻辑,所有的编译和执行都是可视化的菜单来操作的。

通过对 Java 程序的编译、指令的运行,以及 classpath 含义的学习,为读者了解 Java 编程以及遇到类似错误时的排查,提供了基础理论及依据。

1.3.4　Java 的反编译

程序的"反编译"实际上就是程序"编译"的逆向过程。

Java 编译器将后缀名为".java"的 Java 源文件编译为后缀名为".class"的字节码文件,使用记事本或者其他文本编辑器打开字节码文件时,是不能显示源文件内容的。Java 的反编译就是要把".class"的字节码文件再逆向还原为 Java 的源文件(注意,不是百分之百的可以完全还原)。

C 语言的编译器进行了代码的优化,因此把 C 语言编译生成的 exe 文件反编译成 C 代码非常困难。但 Java、.net 这样基于虚拟机技术的编程语言进行反编译则非常容易,Java 平台下有 Jad、Jode、JD 等反编译器,.net 平台下则有 Reflector 等反编译器,反编译质量非常高,几乎和源代码没什么差别,但是或多或少还与源代码有一些差异的,比如一些表

达式被优化掉了，如下面的源代码：

  int i=1+1;

编译器会对上述代码进行"常量优化"这个优化算法，因此该源代码一般会被优化为：int i=2；由于在编译过程中已经进行了优化，把"1+1"这个原始的信息丢掉了，因此反编译出来的代码只能是：

  int i=2;

一些常见的 Java 程序反编译工具如下，有兴趣的同学可以自行下载使用。

- Java 反编译器 JD，JD 分为 JD-GUI、JD-Eclipse 两种运行方式，JD-GUI 是以单独的程序的方式运行，JD-Eclipse 则是以一个 Eclipse 插件的方式运行。
- Java 反编译器 luyten，github 上的一个项目，目前支持.exe、.jar 和源代码下载，充分地考虑到 Windows 用户，设置比 JD 丰富。
- Java 反编译器 jadx，也是 github 上的项目，目前支持.zip 和.gz 的下载，Windows 用户需要运行一个 batch 文件。

程序可以反编译岂不是很不安全？

程序员辛苦开发出来的程序很容易被其他人或者第三方通过反编译获取内部的代码、算法等。从这种角度出发，如果要保护开发出来程序的知识产权和相关的权益，那么就必须想办法让编译后的程序不能再反编译为程序的源代码。

业界的基本做法是采用代码混淆等技术来加大反编译的难度和降低反编译代码的可读性，但是要完全避免反编译也是不可能的。

1.4 集成开发工具介绍

从 1.3 小节可知，完全基于纯文本模式来编写 Java 源程序以及在 cmd 模式下使用 JDK 自己携带的编译(javac)及执行工具(java)来开发和运行 Java 程序非常不方便，且效率比较低，不适应大规模的软件作业及有组织的项目开发。能否有比较好的集中开发环境来开发、部署及运行 Java 程序呢？比如编辑时有输入联想、提示以及良好的出错提示警告、简单快捷的运行程序、合适的人机交互菜单及界面呢？

答案当然是有的，日常开发 Java 程序时，已经基本上很少使用纯文本的方式来撰写程序(初学时可以考虑，主要是掌握 Java 程序的开发过程以及相关的基础)，而是使用一些业界非常值得推荐的集成开发环境(Integrated Development Environment，IDE)。常见的主要是 Eclipse(免费)、MyEclipse(收费)以及 Oracle 公司(原 Sun 公司)自己的集成开发环境 NetBeans。

1. Eclipse 介绍与开发示例

Eclipse 是一个开源代码且基于 Java 的可扩展开发平台。就其本身而言，它只是一个框架和一组服务，用于通过插件组件构建开发环境，Eclipse 本身已经附带了一个标准的开发 Java 程序的插件集。

简单来说，Eclipse 是一个可以扩展的开发平台，它不仅仅能开发 Java 程序，还可以通过扩展服务来开发包括 C、C++、PHP 等多种语言的程序。这正是 Eclipse 得以广为流传的原因(但这种扩展性也带来了配置 Eclipse 时对部分新手的迷惑，导致了另一个收费版本

MyEclipse 的流行）。

读者可以登录 Eclipse 官网：http：//www.eclipse.org/下载 Eclipse，如图 1.25 所示。

图 1.25　Eclipse 官网主页

点击 DOWNLOAD 下载按钮，进入下载页面，如图 1.26 所示。

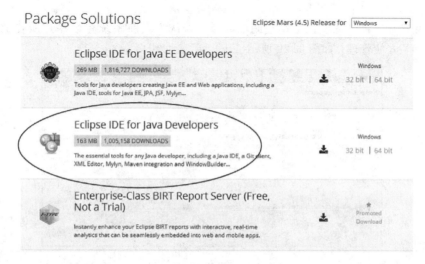

图 1.26　Eclipse 下载页面

注意：页面中列举了三种开发平台，我们选择图中有圈标记的 Java Developer 平台。

下载完毕后，将其解压到任意目录下即可，图 1.27 所示为 Eclipse 解压后的文件目录图示。

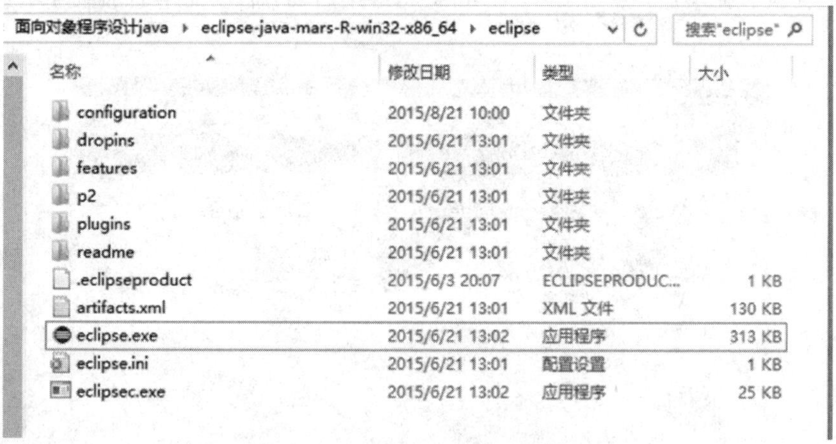

图 1.27　Eclipse 解压后的文件目录

双击"eclipse.exe"可执行文件,开始运行 Eclipse 程序,图 1.28 所示为 Eclipse 启动画面。

图 1.28 Eclipse 启动画面

启动完毕后,将出现设置工作空间的菜单,默认为当前系统登录用户所在的位置,一般需要更换,方便管理,如图 1.29 所示。

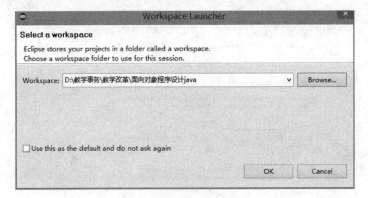

图 1.29 设置 Workspace

Workspace 路径的设置主要是方便用户对开发的项目以及源文件进行管理,一旦选中 Workspace 的路径,那么当前新建的开发项目以及文件都将存放在该路径之下,方便用户以后进行管理。

工作路径设置完毕后,点击 OK,Eclipse 将继续启动,启动完毕后加载环境页面,如图 1.30 所示。

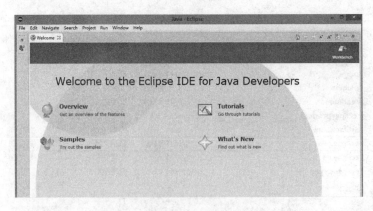

图 1.30 Eclipse 开发环境欢迎页面

点击关闭当前标签页"Welcome",可进入默认的开发视图,如图 1.31 所示。

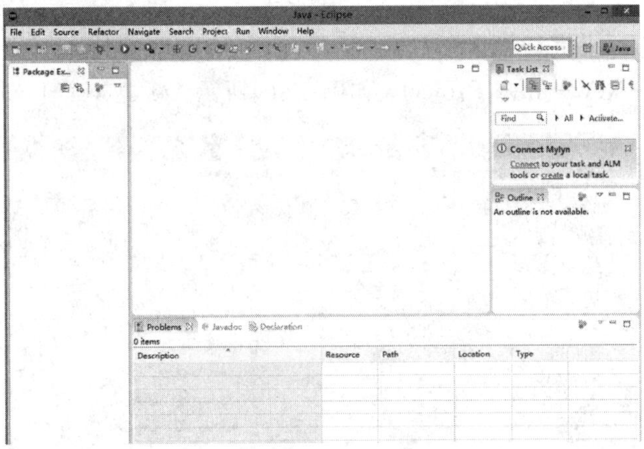

图 1.31　Eclipse 默认视图

Eclipse 支持多种 Perspective 显示(视图,可理解为 Eclipse 展现的不同类型界面,每种类型界面都适合某种开发需求,比如调试之类,不同的 Perspective 菜单及显示组件不一致,也支持人工的个性化配置),建议初学者保持其默认 Perspective 即可。

本书中关于 Java 语言的教学示例基本上都会涉及控制台的输出显示,因此可先打开其控制台显示组件,方法如图 1.32 所示。

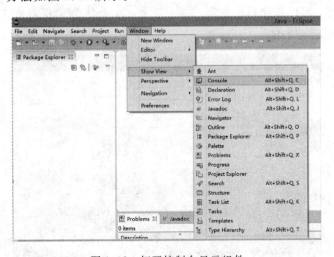

图 1.32　打开控制台显示组件

打开完毕后,Eclipse 下方栏目处出现 Console 界面,如图 1.33 所示。

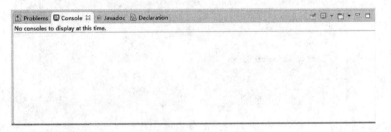

图 1.33　Eclipse 中的 Console 界面

注意：这部分显示组件其多个标签也支持鼠标拖拉，读者可根据自己的需要，调整这些标签的排序位置。

下面使用 Eclipse 来进行 1.3 小节中"HelloWorldApp"的开发。

(1) 点击 File→New→Java Project，如图 1.34 所示，新建一个 Java 工程。

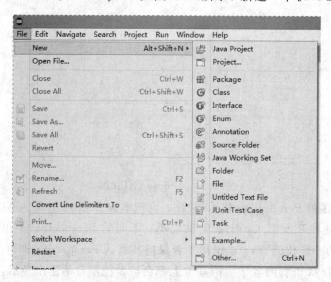

图 1.34　新建 Java 工程 1

输入工程名字，可以按照自己的需求录入工程名，该工程会保存在上述设置的 Workspace 之下，如图 1.35 所示。

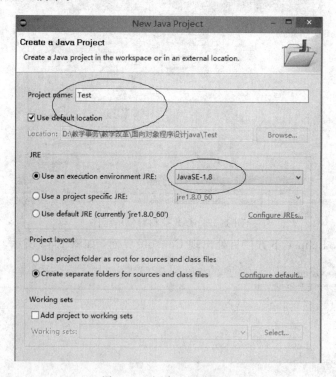

图 1.35　新建 Java 工程 2

图 1.35 中第二个标注圈显示了该工程所使用的 JDK 版本,下拉可选择其他已经安装的 JDK 版本,对本书中的内容而言,几乎任何版本的 JDK 其实都是足够的。

点击 Finish 按钮,完成工程创建,如图 1.36 所示。

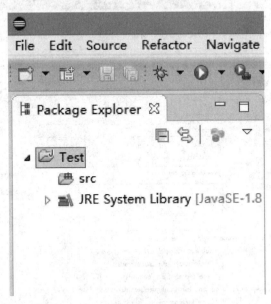

图 1.36 工程创建成功

如图 1.36 所示,工程创建成功后将在左边导航栏显示出工程名以及一个 src 文件夹(存放 Java 源文件),另一个图标"JRE System Library"是 Eclipse 自动引入的其他 Java Lib(库文件),免去了在开发某些程序时可能会用到其他程序或者工具包中的 java 文件,从而需要设置"classpath"的这个问题(参见 1.3 小节)。

(2) 在"src"文件上单击鼠标右键,选择 New→class,创建一个 Java 源程序文件(一个类文件),如图 1.37 所示。

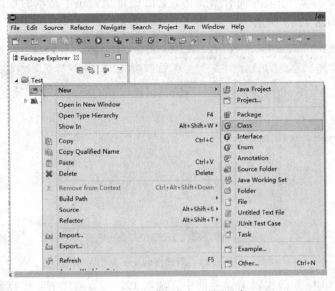

图 1.37 新建一个 Java 源程序

在新打开的对话框中，输入需要创建的类名"Student"，其余保持默认，如图1.38所示。

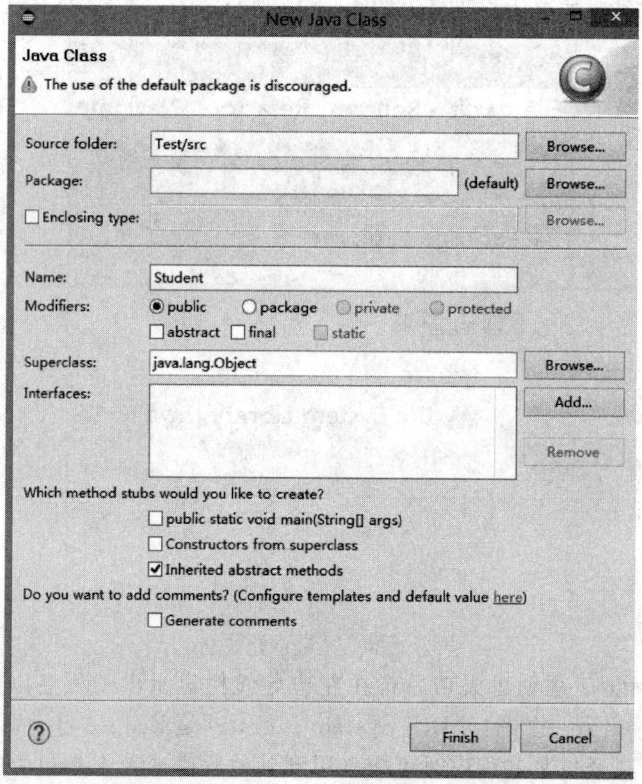

图1.38 新建Student类1

点击Finish按钮，完成该类的创建。

此时可以注意到Eclipse界面有所变化，它已经自动创建了基本的程序结构，显示在代码编辑标签中，如图1.39所示。

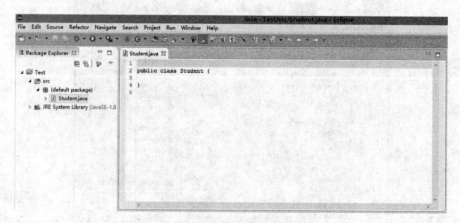

图1.39 新建Student类2

（3）在Student标签的代码编辑界面中，输入1.3小节的内容，注意到Eclipse已经可以联想部分代码，如图1.40所示。

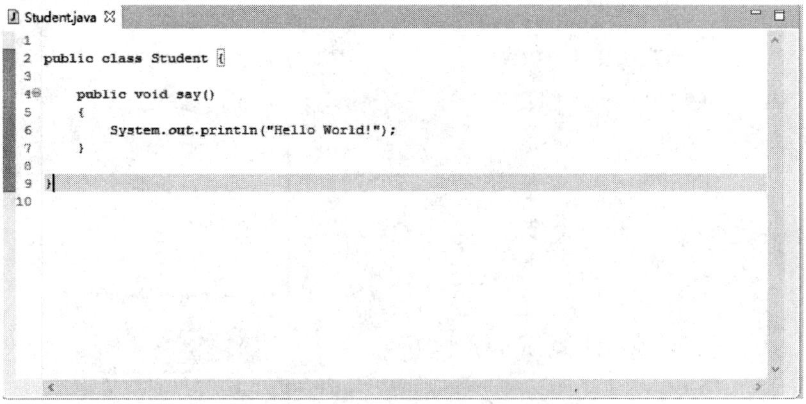

图 1.40 Student 类编写

（4）按照上述步骤，完成 HelloWorldApp 的编写，如图 1.41 所示。

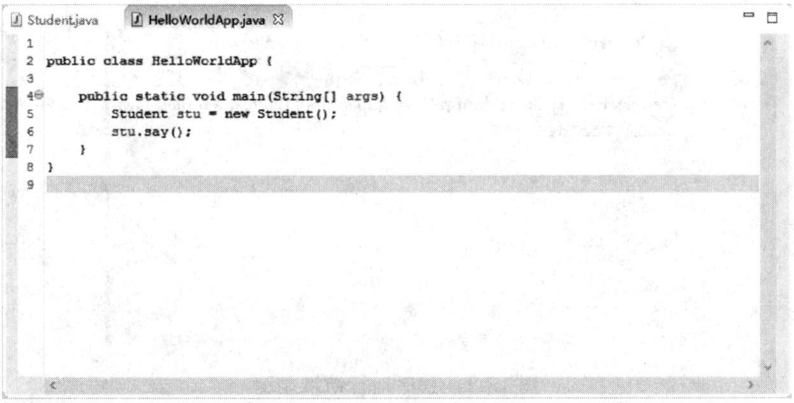

图 1.41 HelloWorldApp 编写

注意：在创建类 HelloWorldApp 时，可在新建类的对话框中将图 1.42 所示标注圈中的"public static void main(String args)"勾上，这样可以让 IDE 生成主方法 main，省去部分代码的敲入。

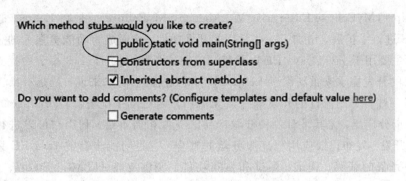

图 1.42 勾选生成主方法 main

至此，整个程序的编写就完成了，现在开始运行该程序。

（5）在左边导航栏中的"HelloWorldApp"源文件上右键单击菜单名，如图 1.43 所示。

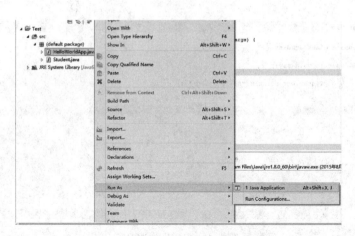

图1.43　开始运行程序

点击 Run As→1 Java Application 即可。程序运行结果在 Console 中,如图1.44所示。

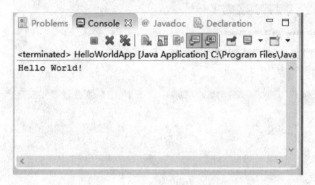

图1.44　程序运行结果显示

至此,就使用Eclipse IDE完整地开发了第一个Java程序"HelloWorld",可以看到,使用Eclipse这样的集成开发环境无论在程序管理、编写以及运行方面都比纯文本模式开发下更加高效和方便。

2. MyEclipse 介绍

MyEclipse(MyEclipse Enterprise Workbench,MyEclipse),是在 Eclipse 的基础上对 Eclipse IDE 进行了扩展,增加了一些常用的开发插件,从而成为功能更强大的企业级集成开发环境,主要用于 Java、Java EE 以及移动应用的开发(免去了1.3小节中提到的用户需要根据自己的开发需求来重新配置 Eclipse 插件的过程)。简单来说,就是有第三方的团队负责配置了一些常见的流行的开发插件而无需用户自己动手配置。MyEclipse 的功能非常强大,支持十分广泛,尤其是对各种开源产品的支持相当不错。利用它可以进行数据库和 Java EE 的开发、发布以及应用程序服务器的整合。它是功能丰富的 Java EE 集成开发环境,包括了完备的编码、调试、测试和发布功能,完整支持 HTML、Struts、JSP、CSS、Javascript、Spring、SQL、Hibernate 等开发需求,可以说 MyEclipse 是几乎囊括了目前所有主流开源产品的专属 Eclipse 开发工具。

MyEclipse 可以在其官网 http://www.myeclipsecn.com/上下载获取,但作为 Eclipse 扩展出来的开发环境产品,MyEclipse 是需要收费的,如图1.45所示。

第 1 章　Java 概述

图 1.45　MyEclipse 官网购买下载页面

图 1.46 是 MyEclipse 的启动界面。

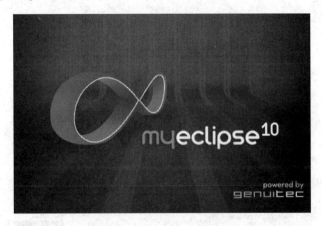

图 1.46　MyEclipse 的启动界面

图 1.47 是 MyEclipse 启动完毕后的主界面，它跟 Eclipse 并无太大的差别（在菜单上主要体现为 MyEclipse 中增加了一些新建的项目类型以及相关内容）。对本书的学习来说，免费的 Eclipse 就已经足够了。

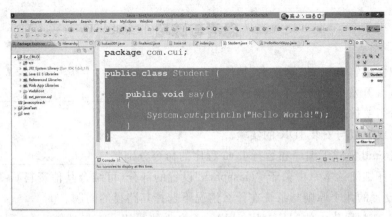

图 1.47　MyEclipse 主界面

MyEclipse 的基本使用方法与 Eclipse 保持一致，这里不再进行描述，请读者自行下载使用。

3. NetBeans 的介绍

NetBeans 由 Sun 公司在 2000 年创立，它是开源运动以及开发人员和客户社区的家园，旨在构建世界级的 Java 开发 IDE。NetBeans 当前可以在 Solaris、Windows、Linux 和 Macintosh OS X 平台上进行开发。

NetBeans IDE 可以使开发人员利用 Java 平台快速创建 Web、企业、桌面以及移动的应用程序，同时，NetBeans IDE 也支持大量的第三方插件来支持 PHP、Ruby、JavaScript、Groovy、Grails 和 C/C++等开发语言的程序开发（这一点和 Eclipse 一致）。NetBeans 项目由一个活跃的开发社区提供支持，该社区为 NetBeasns 提供了丰富的产品文档和培训资源以及大量的第三方插件。

目前在 Oracle 官网：http：//www.oracle.com/technetwork/java/javase/downloads/index-jsp-138363.html 上可获取到 NetBeans 的免费下载（如图 1.48 所示）。

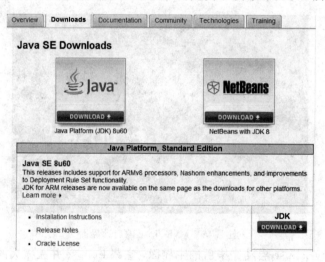

图 1.48　NetBeans 下载界面

有兴趣的读者可以下载并使用 NetBeans，以比较其与 Eclipse 开发程序的异同。

思考与练习

1.1　如何理解 Java 的"跨平台"特性？

1.2　Java 开发平台的三个版本分别是＿＿＿＿、＿＿＿＿、＿＿＿＿。

1.3　请简要描述编译运行 Java 程序的步骤和过程。

1.4　完成下载与安装 JDK 的实验。

1.5　在 cmd 模式下编译和运行 Java 程序的命令分别是＿＿＿＿、＿＿＿＿。

1.6　请仔细阅读本章中关于"classpath"设置的部分（可结合其他资料），理解 Java 中"classpath"设置的几个原则与系统在什么情况下选择其路径的问题。

1.7　掌握本章节中的"HelloWorldApp"的两种写法，初步理解 Java 程序是以"类"(class)为基本组成单元的风格。

1.8　下载与安装 Eclipse，同时基于此完成"HelloWorldApp"的撰写与运行。

第 2 章 面向对象的基本思想

提到所谓的"面向对象",那么不得不提到结构化的程序设计方法,结构化程序设计方法由最早由 E. W. Dijkstra 在 1965 年提出,是软件发展史上的一个重要里程碑。经过不断地完善与发展,结构化形成了 SASD 的软件设计与开发方法:SA(Structured Analysis,结构化分析)、SD(Structured Design,结构化设计)、SP(Structured Programming,结构化编程)。相信读者早已在 C 语言或者其他类似的高级语言中对结构化程序设计方法的优点有了一定的认识和了解。

那么"面向对象"的程序设计方法与结构化程序设计方法又有哪些不同或区别呢?这是本章的主要问题与程序员思想上的重要转变点。

2.1 结构化程序设计方法的缺点

下面来分析结构化程序设计方法的特点以及其重要的缺陷。

众所周知,结构化程序设计方法是按照软件的功能来划分结构的,将功能看成是一个黑盒子,一边是输入,一边是输出,中间是对数据的加工处理部分,如图 2.1 所示。

图 2.1 结构化程序设计方法的功能定义

程序设计开发上采用的是自顶向下设计与自下向上的编码,程序主体是函数,函数是最小的功能模块,这些大大小小的功能模块(函数)组成了一个更大的功能单元,如图 2.2 所示。

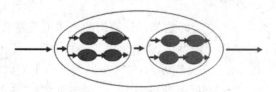

图 2.2 按照功能划分成多个子系统的软件结构

其开发步骤明确,SA、SD、SP 相辅相成,环环相扣,一个功能模块的输出又是另一个功能模块的输入。

从以上开发特点可以了解到,结构化的程序设计方法非常适合那种事先就能完全确定其业务流程及步骤的开发项目。在编程之前,先对程序系统根据业务需要进行整体的规划,描述出系统的整个流程,然后对程序系统进行模块划分和功能分配,并辅助各种图表来完成项目开发。

然而，这种事先就能完全清楚其工作流程及详细步骤的开发项目在一些复杂的软件系统设计中却难以达到，这主要体现在如下几点：

(1) 用户的需求未必能在开发初期就完全清晰或者定型；

(2) 开发中的各个阶段可能都会遇到业务或者逻辑上的变化及调整；

(3) 系统设计着眼于现有业务功能的实现，并没有考虑到系统将来的业务变化情况。

使用 SASD 方法对这类型系统进行设计与开发，将带来如下问题：

(1) 由于来自用户的需求变更，致使系统在交付使用时产生问题；

(2) 即使适当地在原有系统结构中引入各种新增功能或删除无用功能，也会对系统的整体架构带来隐患，容易引起系统级的 Bug，造成程序员后期维护困难；

(3) 用系统开发每个阶段的成果来进行整体控制，不具备适应事物变化的能力；

(4) 由于业务或需求的变更，系统可能陷入到无休止的结构调整之中，这样将大大延缓系统的开发周期，客户也将不断加大投资预算。

事实上，20 世纪 60 年代出现的软件危机(Software Crisis)现象，正是由于软件系统本身的规模越来越大，复杂程度越来越高，软件的可靠性问题越来越突出而产生的。传统的软件生产方式、个人设计模式、个人使用模式已经不再代表软件的发展方向。软件设计与开发必须向着可管理、可维护、可重用、可扩展方向进行发展。这实际导致了另外一门学科，即"软件工程"的发展。

而本书要学习和掌握的"面向对象程序设计"方法，在解决"软件危机"这一问题上，发挥了积极重要的作用。从 80 年代后期开始的针对面向对象分析(OOA)、面向对象设计(OOD)与面向对象程序编程(OOP)等新的系统开发方式模型的研究被认为是软件发展史上的另一重要里程碑。

2.2 面向对象的基本概念

2.1 小节对结构化的程序设计方法的缺点进行了阐述和剖析，那么什么又是"面向对象的程序设计"方法呢？

在回答这个问题之前，先从"这个世界是由什么组成的"这个问题来初步理解"面向对象"的基本概念。

这个世界是由什么组成的？这个问题如果让不同的人来回答将会得到不同的答案。

如果是一个化学家，他也许会告诉你，"这个世界是由分子、原子、离子等的化学物质组成的。"如果是一个画家，他也许会告诉你，"这个世界是由不同的颜色所组成的。"但如果让一个分类学家来考虑这个问题就有趣得多了，他会告诉你："这个世界是由不同类型的物与事所构成的。"

是的，世界是由动物、植物等组成的。动物又分为单细胞动物、多细胞动物、哺乳动物，等等，哺乳动物又分为人、大象、老虎……

要理解"面向对象"，就要站在分类学家的角度去考虑这个问题。同样，在哲学的世界里，小至沙粒微尘，大至日月星辰乃至宇宙，均可视为单独的个体对象而存在。

那么我们以哲学的目光凝视程序世界，又何尝不是如此？一个用户、一本图书、一条消息，或是某种算法、一个 Web 网页，"面向对象"思想均将其看作为一种"对象"。而每一种对象，都有其单独的生命周期，谁来创建它、谁来销毁它、它有哪些内在属性及表现行为，以及它与外界之间的关系和集合，在定义某个"对象"时，就好比是在描述一个活生生的事物，需要定义该对象的自然属性和社会属性，这为软件的设计与开发赋予了哲学的味道。

读到这里，读者是否对"面向对象"的思想有了一个大概的认识？

简单来说，"面向对象"的思想就是以我们观察客观世界的角度去观察和审视程序世界，在程序中通过一系列的数据类型去定义和描述客观世界中真实存在的物体与对象，并在这些虚拟的"对象"之间通过对象的函数(方法)的相互调用去模拟外部客观世界中事物与事物之间的相互作用和行为。

"面向对象"就是把上述思想应用于软件开发过程中，是指导软件开发活动的系统方法，简称OO (Object-Oriented)方法。该方法是建立在"对象"概念基础上的方法学，从方法学的角度可以认为面向对象的方法是面向对象的世界观在开发方法中的直接运用，它强调系统的结构应该直接与现实世界的结构相对应，应该围绕现实世界中的对象来构造系统，而不是围绕功能来构造系统。

"面向对象"方法包括如下三种：

- 面向对象分析（Object-Oriented Analysis，OOA）。
- 面向对象设计（Object-Oriented Design，OOD）。
- 面向对象编程（Object-Oriented Programming，OOP）。

传统的程序开发主张将程序看作一系列函数的集合，或者直接就是一系列对电脑下达的指令。面向对象程序开发中的程序则是包含各种独立而又互相调用的"对象"的集合，每一个对象都应该能够接收数据、处理数据并将数据传达给其他对象，因此它们都可以被看做一个小型的"处理单元"，或者说是负有责任的角色，而这种"处理单元"或者"角色"来自于对现实世界的业务逻辑中各个真实角色的模拟及程序化。

2.2.1 对象的基本概念

正如上节中讲到，"面向对象"中提到的"对象"实际上是程序世界对外部客观世界中事物的模拟，是对问题领域(真实世界)中的事物(包括实体和概念)的"抽象"。通过抽象出事物的属性/状态和行为构成软件对象，从而在软件系统中模拟问题领域的事物。在软件程序中，"对象"则是一组变量和相关方法的集合，其中变量表明对象的属性/状态，方法表明对象所具有的行为。

如图 2.3 所示，对客观世界中的"轿车"可以通过对轿车本身这个事物的"抽象"来定义程序中所谓的轿车"对象"。

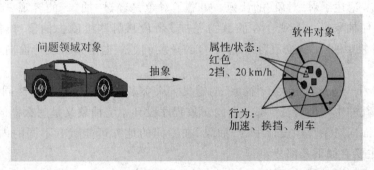

图 2.3 对轿车"对象"的软件定义

可以用如下的代码类描述这个软件的轿车对象：
```
……
String 颜色；
int 挡位；
float 当前速度；
void 加速(){}
void 换挡(int 挡位){}
void 刹车(){}
……
```

可能有些读者看到这里，觉得这似乎跟 C 语言中的结构体(Structure)是一样的。

确实很相似，但是在 Java 中(其他面向对象程序设计语言也是一样)，这样的"对象"除了对基本的"属性/状态"有定义外，还有在 C 语言结构体中不具备的行为的定义(即"方法"或者大家在 C 语言中所称的函数)。

通过如上阐述，可以总结出"对象"有如下特点：

(1) 以面向对象的眼光和方法来看，万事万物皆为"对象"，对象包括实体的"对象"(如学生、书本、建筑物之类)和概念上的"对象"(如客户跟商品、商家之间发生的购买关系，比如订单)。

(2) 每个对象都是唯一的，这可以理解为它们各自拥有独立的存储空间与不同的属性及状态、行为等的展现结果。比如红色的轿车与蓝色的轿车就分别属于两个不同的对象(尽管它们都是型号相同的某款轿车，但是它们所展现的属性、状态及行为却是互不影响的，如颜色不同，当前的速度、挡位不同等)。

(3) 对象都具有属性和行为，如汽车具有品牌、型号、轴距长度、颜色等属性，具有启动、加速、刹车、转向等行为；如学生对象张晓明具有学号、姓名、年龄、班级、专业等属性，具有选课、上自习、写作业、回答问题等行为。对象在不同的存在时间都有其自身的状态(对象在某个时刻其自身属性的取值)。

(4) 从分类学的观点来看，对象都属于某种类型，如上面提到的红色及蓝色的轿车，就都属于"小轿车"这个类型，学生张晓明属于某学校的"学生"类型。

因此可以总结为：程序中的"对象"是某个类型的一个具体"实例"，是一个软件单元，它由一组结构化的数据和在其上的一组操作行为构成。

2.2.2 面向对象中的抽象

2.2.1 小节论述了对"对象"的认识，知道了对象是经过"抽象"的客观事物在程序中的体现，那么如何抽象一个客观存在的事物呢？或者说从哪些维度去抽象(模拟)这个事物？这就是面向对象中的有关"抽象"(Abstract)的重要问题，也是分析设计面向对象软件的基础能力。

首先来看看普适意义上关于"抽象"的定义：从众多的事物中抽取出共同的、本质性的特征，而舍弃其非本质的特征。那么面向对象程序设计中的抽象又是怎么样的呢？

实际上，面向对象程序设计中的"抽象"在不同的地方可能赋有不同的内容(即抽象的具体实质)，主要有如下几部分：

(1) 从客观问题领域的事物到软件中"对象"的抽象；

(2) 从众多的"对象"到一个类(类型)的抽象；
(3) 从子类型到父类型的抽象，即提取不同类型的事物的相同点；
(4) Java 语言中有关"抽象"的语法定义，如抽象类的概念。
如何理解上述关于抽象的内容呢？

软件中的"对象"由一组属性和其上的一组操作构成，因此需要对客观问题领域中的"对象"进行概括，抽出这一类对象的公共性质(属性/行为)并进行描述。在整个"抽象"的过程中，首先要关注"对象"中那些重要的、本质的属性或行为(与需要解决的问题相关的那些业务数据或者操作过程)，忽略那些非本质的属性和行为(与需要解决的问题不相关的那些业务数据或者操作过程)，其次是其实现过程的细节，即"抽象"要有选择性的忽略，这是最基础的，也是最重要的软件设计的开始步骤。

比如需要设计一个大学生的选课软件，那么首先应该抽象出这个软件所需要的"对象"，按照真实世界中的选课过程可知，该软件中一定会有学生、课程、学期、教师之类的对象(这里简单考虑，因为并没有给出具体的软件需求)。假设现在所有的"对象"都已经确定完毕，那么接下来应该"抽象"出每种类型对象的属性和行为。对其中的学生"对象"而言，显然"学号"、"姓名"、"专业"等属性远比"民族"、"身高"、"籍贯"等属性要本质和关键得多，因为这些属性直接跟选课软件的业务操作有关，而后面的属性就跟选课软件没有任何关系了，但在其他的业务操作中，有可能后面的这些属性也是本质和关键的。

也就是说，在从客观问题领域到软件中的抽象，应该决定什么是重要的，什么是不重要的，聚焦并依赖于那些重要的而忽略那些不重要的。如何判断重要或是不重要，应该从软件的需求与具体业务来确定，凡是那些同软件需求和业务相关的属性或行为，就是重要的，就需要仔细地加以审视和关注。

"抽象"的第二部分内容即从"对象"到"类型"的抽象。从 2.2.1 小节中认识到，任何对象其实都可以属于某一个类型(类)，红色及蓝色的轿车就都属于"小轿车"这个类型，学生张晓明属于某学校的"学生"类型。也就是说，可以通过对一个"类型"进行相关的定义用来描述这一类型事物所共同具有的属性和行为。就好比是一种零件图纸，可以按照这张图纸类型生产出千万种形状、大小、功能相同的独立零件。这是从众多的"对象"中抽象出了关于"类型"的定义，从宏观上解决了软件中众多对象的具体描述和定义问题。有了"类"的概念从而不再需要单独地对一个个的对象进行重复冗余的定义，而是在需要某个"对象"时，按照"类"的定义创建出这样的一个对象就可以了。

同样，也可以借助上述"抽象"的具体方法和方式，对不同类型的"类"继续向上抽象，寻找出不同"类"之间的共同属性和行为，定义一个更高等级的"父类"。读者可能在这里会有疑问，抽象出来的"父类"到底有什么作用？简单来说，这跟面向对象程序中的"继承"问题有关，实现了良好的代码复用(重用)，能提升软件的可维护和可扩展性。可以通过如下关于"哺乳动物类"的说明来理解这个问题。

"猿类"和"人类"这两个类型都具备了一些共同的属性和行为，比如有毛发、体温恒温、有哺乳行为等。如果基于这两个类型，抽象出一个"哺乳动物类"来描述这些共同的属性和行为，那么实际上关于对"哺乳动物类"的定义和描述也同时适用其他哺乳动物类，比如"熊类"和"猴子类"(实际上人们确实也是这样认为的)。进一步考虑，当在"父类"——即"哺乳动物类"中如果对关于哺乳的行为有了具体的定义和实现时，那么在其他"子类"(如猿类，人类等)的定义中实际上可以不再继续对"哺乳行为"重复定义了,而是可以直接使用,这样就减少了相同的哺乳行为的定义在各个子类中重复存在(如果子类的具体哺乳形式还有其他的变化,那么可以自行重新定义哺乳行为或者覆盖父类中的具体实现)的问题。

以上是关于从不同类型的"类"中"抽象"出"父类"的问题描述,继续按照如上思想,甚至可以在任何完全不相关的类中"抽象"出它们共同的属性或行为,这就是 Java 中关于"接口"(Interface)的概念(本书第 6 章)。

关于本小节所描述的"抽象"这一问题,可以用图 2.4 来进行总结说明。

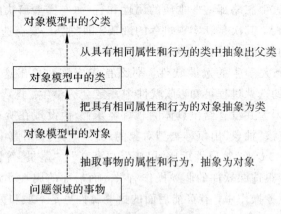

图 2.4 面向对象中的"抽象"

2.3 面向对象核心思想

面向对象的核心思想除了包含对"对象"、"类"等的基本理解和认识之外,还包括对封装与透明、消息与服务、继承、接口和多态这些基本概念的认识和理解,下面进行逐个的说明与分析。

2.3.1 封装与透明

封装(Encapsulation),其字面意思很好理解,大意是指对物体的包裹与隐藏。

在面向对象的思想中,封装特指对"对象"的属性和行为实现细节的隐藏。而"隐藏"也就带来了另一问题,如果某对象的属性和行为全部是隐藏的,那么自然它与外界的其他对象也就无法相互作用及影响了,因此对象还必须留有可供外界对象访问或者调用的特定"接口"(注意此处的接口跟 Java 语法中的 Interface 并非是一致的概念)。因此,封装并非是完全的隐藏,而是在对外提供简洁的接口基础上,尽可能多地隐藏自身的信息。

既然又留有外部访问的接口,同时也强调"封装",那封装到底有什么作用呢?事实上,几乎任何一本关于面向对象的教科书都会有如下关于封装为软件系统带来的好处的阐述:

(1) 封装便于使用者正确方便地理解和使用系统,防止使用者错误修改系统的属性。

(2) 封装有助于建立各个系统之间的松耦合关系,提高系统的独立性。当某一个系统的实现发生变化的时候,只要其接口不变,就不会影响到其他系统。

(3) 封装可提高软件的可重用性,每一个系统都是一个相对独立的整体,可以在多个环境中得到重用。

(4) 封装降低了构建大型系统的风险，即使整个系统不成功，个别的独立子系统有可能依然是有价值的。

为方便理解上述关于封装的好处，接下来用汽车的发动机系统作为例子加以说明。

汽车发动机作为汽车中最重要的系统之一，一般驾驶员几乎不会(实际上不可能)直接参与到对发动机参数(可认为是发动机对象的属性)的调用和修改，因为这种修改可能导致发动机无法正常工作，汽车上也没有提供任何一个这样的"接口"来供驾驶员自行调节其属性值。

同样，相同厂家和型号的发动机不仅可以安装在 A 品牌车上，也可以安装在 B 品牌、C 品牌车上，且还能和不同的变速系统集成在一起。这说明发动机这一"封装"起来的复杂对象可以跟其他不同的系统灵活地集成，发动机内部的变动或者汽车其他组件内部的变动并不影响它们之间的集成(前提是相互访问的接口不变)。当一辆汽车损毁时，只要其发动机系统还没有受到损伤，就可以将其取出安装在其他车辆上来继续使用，此时发动机仍然具有使用价值。

通过如上对发动机在汽车组装中的描述，读者应该能理解到"封装"的好处。

同样，透明(Transparent)实际上跟"封装"是一样的概念，都是把对象的一些细节隐藏起来，让外部无法直接看到其内部的实现与处理过程，但却毫不影响外部对象对它的使用，看上去好像直接使用了该对象功能一样。因此，一般认为封装之后的东西对用户来说是透明的，即用户"看不见"，这好比用户通过一块透明清澈的玻璃来观察其后的事物，虽然玻璃后面的事物可以看见，但却无法看见玻璃本身内部的事物。比如通过汽车的油门踏板这个"接口"进行"加油动作"，马上可以观察和感受到汽车的加速行为，但却无法观察或了解到汽车通过哪些处理细节最终具体实现了"加速"这一行为。

设计良好的系统会封装所有的实现细节，把它的接口与实现清晰地隔离开来，系统之间只通过"接口"来进行通信(调用)。在 Java 中，对象的属性以及行为都有一定的访问控制机制来进行尺度各不相同的封装控制(访问的级别设置不一样)，这种机制能够控制对象的属性和方法的可访问性。有些属性或者行为(方法)在某种条件下外部对象是无法访问的，而处于某种合法访问条件下的另一种对象却可以实现对它们的正常访问。灵活多变的访问控制机制使得对"接口"的访问权限设定变得非常重要(在第 3 章的访问控制修饰符中具体进行描述)。

那么关于对象中的属性和行为，如何决定哪些是需要被隐藏的，哪些又是需要被公开的呢？这必须针对不同的情况(结合其真实的业务逻辑)来进行适当的分析。一般可使用如下几个原则进行设计。

1. 把尽可能多的东西隐藏起来，对外仅仅提供简捷的接口

系统的封装程度越高，那么它的相对独立性就越高，而且使用起来也更方便。比如汽车的变速箱系统，一种是手动变速箱，另一种是自动变速箱，那么很容易理解的是，装备自动变速箱系统的汽车在驾驶起来时比手动变速箱汽车简单、方便得多。

2. 把所有的属性尽可能地隐藏起来

对对象中的属性尽可能地设置访问权限，这样可以更严格，更不容易直接访问，该做法有如下几点好处：

首先，从哲学角度上看，更符合真实世界中外因通过内因起作用的客观规律。当需要修改与调整进入发动机系统内部的油量时，并非直接去控制发动机的燃油喷射系统，而是通过提供给外部的简单调用"接口"，即油门踏板踩踏动作（也可能是比较复杂的调节处理过程）来完成。油门踏板的动作是外因，导致了发动机内部的燃油喷射系统增加了到发动机缸的油量，提升了发动机本身的输出功率，从而改变了发动机的状态。如此操作比直接操控其喷射系统要安全可靠得多。

其次，通过对属性的读和修改的访问级别进行合理的设定，能提高系统的安全性和稳定性，确保对象的属性值只能被"正确"地修改。对象的有些属性只允许使用者读取，但不允许使用者修改，只有对象内部才能修改。这也能防止使用者错误地修改属性的行为（比如修改了该对象无法使用的其他数据类型）而造成系统的崩溃，提升了系统的安全性和可靠性。

2.3.2 消息与服务

对软件使用者来说，软件系统本身作为一种服务提供者（Service Provider）来向用户提供某种服务，比如用户可以通过图像处理软件提供的服务来加工图片，可以通过电子商务网站提供的服务来购买商品等。同样，在软件内部，每个子系统（可能由一个对象充当或者由一组相关对象的集合体充当）之间也存在类似的服务与被服务的关系，一个子系统功能的完成可能需要另外一个子系统所提供的服务（即功能）。比如在一个即时通讯的软件中，用户通过界面输入子系统需要发送的信息，该信息要发送到接收方时还需要调用软件的网络发送子系统的服务才能完成，而网络发送子系统服务的实现也需要调用相关的网络协议栈程序提供的向网络推送数据包的服务（功能），最终才实现了信息的发送。

程序使用者通过软件提供的接口（主要是界面）以及其相应的鼠标或键盘信息来完成用户与软件系统之间的服务调用。那么软件内部的子系统之间又是通过什么来完成服务的访问和调用呢？

在面向对象方法中，把一个对象向另一个对象请求服务的过程称之为"发送消息"，实际上"发送消息"也就是调用对象方法的过程。而对象提供的服务就是由对象的方法（即函数）来实现的。

因此一个消息的组成部分应该包含如下三个要素：
- 消息发送的目标对象。
- 操作的方法名。
- 该方法需要的相关参数。

图 2.5 是手动汽车驾驶员"对象"向"汽车对象"发送换挡"消息"的示意图。

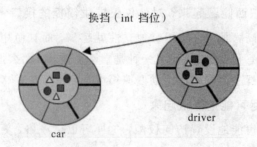

图 2.5 消息发送示意图

驾驶员根据自己的驾驶需求,向汽车发送挡位升降的"消息",驾驶员需要操作汽车变速箱系统公开出来的指定"接口"——换挡杆,并指定其新的挡位(相当于参数)。

2.3.3 继承

关于继承(Inheritance)的概念,实际上已经在 2.2.2 小节中从类"抽象"出"父类"的问题中引出来了,继承非常容易理解,因为这跟真实的客观世界并无两样。既然面向对象方法学的原则是以观察客观世界的角度去观察和审视程序世界,在程序中模拟真实客观存在的问题,那么真实世界中存在的"继承"问题当然也存在于软件系统中。

比如"猿类"和"人类"都"继承"了"哺乳动物类"的一些基本属性和行为,如体温恒定、有哺乳行为等;儿子"继承"了父亲或者母亲的某种五官特征;火箭与飞机都"继承"了"飞行器类"的一些基本参数及功能,等等。

进一步考虑,难道"继承"就仅仅只是为了形式上模拟客观世界中有关继承的问题?还是"继承"本身也在程序世界有不可替代的作用呢?答案当然是后者。

继承,是面向对象重要的特征。继承的核心不仅仅是"重用"父类的代码和功能,而且还可以在父类的基础上来定义一个新类,新生成的类相对于父类来说被称之为"子类",继承的过程是一个从一般到特殊的过程。

图 2.6 是关于从"汽车类"这个父类来扩展出多个"子类"的示意图。

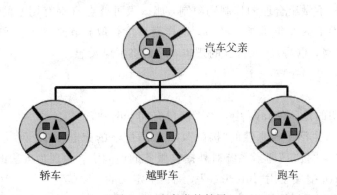

图 2.6 汽车类的扩展

汽车类可以扩展出不同的子类,如轿车、越野车、跑车、公交车等等。每个"子类"(有些教材又称之为派生类)继承(extends,Java 中关于继承的关键字)了父类(又称之为超类或基类)的属性和方法,同时也可以扩展出新的属性和方法,或者覆盖(Overriding)父类的方法。显然,"越野车类"除了具备"汽车类"的通用方法比如加速、刹车等功能之外,还具备汽车类所不具备的比如"四驱"功能,子类可以根据需要自行扩展新的功能,同时也能对父类的功能进行重新定义(覆盖)。比如不同种族的"人类"都具备"说话"这一功能,但不同的人类"说话"的语言或者规则、发音都是不一样的。

子类在继承父类之后,在不编辑任何代码的前提下,该子类就能自动拥有部分父类的功能,这将提高代码的重用性。比如"哺乳动物类"中如果对关于哺乳的行为有了具体的定义和实现时,那么在其他的"子类"(如猿类、人类等)的定义中就可以不再继续对"哺乳行为"重复定义了,而是可以直接使用,这样就减少了相同的哺乳行为的定义在各个子类中重复存在的问题。

那么"子类"与"父类"之间到底是一种什么样的关系呢？

"子类"与"父类"之间是"is a kind of"的关系，从某种程度来说，"子类"与"父类"具有相同的类型。比如人们可以说越野车是汽车，可以说火箭是飞行器，这都是符合客观世界中的基本规律的(将子类作为父类来定义或者称呼，这是 Java 中有关的对象的上转型问题，本书在第 6 章中会专门谈到这个问题)。

通过以上讲解，读者应该对"继承"的概念有了一定的了解。可以发现继承对于面向对象编程的好处是显然的。然而，任何事物都有两面性，在程序设计中如果不遵循继承的使用原则或是滥用继承，那么都将会为软件系统带来严重的问题。继承的使用原则有以下几点：

(1) 继承树层次不可太多，避免结构复杂难以理解，且影响系统可扩展性。

(2) 父类应尽可能为多数子类的共同方法提供默认实现，提高代码重用性。

(3) 注意父类中部分重要的属性及行为的安全级别控制，要避免子类继承到这部分代码。

以上关于继承的使用原则要着重理解第三条，即哪些时候反而应该注意避免子类来继承父类的属性和代码？这个问题跟系统的安全性有关。

假设系统 A 暴露出一个公开访问的类 Aclass 供用户访问和调用，该类中有部分属性或方法比较敏感，比如涉及到用户余额、存取操作相关的属性和行为，如果对这部分属性和方法的继承权限不做出合理的控制和限制，那么很可能会有别有用心的程序员将自己定义一个新的子类 Bclass 来继承类 Aclass，这样就直接获取到其部分方法和属性，再通过对其方法的覆盖(改写、重写)注入自己的逻辑，后果将不堪设想。

2.3.4 接口

首先需要说明的是，在 Java 中，关于接口有如下两种含义：

- 一是指日常生活中概念性的"接口"，比如适配器的充电接口、网线与插座的 RJ-45 接口等，在软件中，"接口"即指系统对外提供服务的访问点，表现为方法的声明。
- 二是指 Java 中关于用"Interface"关键字来定义的"接口"。

注意：本章节中所讨论或提及到的接口属于第一种定义。

现实生活中的接口，理解起来是十分容易的，而在面向对象的思想中，接口是一个抽象的概念，是系统对外提供服务的访问点。在"封装与透明"小节中实际上已经提及到了"接口"这个名词以及其基本作用，可以理解为接口是一个对象或者一个系统为了让另一个对象或系统来访问所暴露出的方法声明。

接口描述了对象或者系统能提供哪些服务，但是并没有提供其服务实现的细节，因为细节是被封装起来的。接口的调用者(使用者)只关心能获取到什么样的服务，而不关心这些服务的实现细节。

良好的接口设计和预留是实现系统松耦合的关键，不但能降低系统中各子系统之间的依赖关系强度，而且也增强了系统的可扩展性。比如之前讲到的汽车发动机跟汽车之间的关系，只要发动机的接口与汽车传动系统之间的接口保持不变，那么相同厂家和型号的发动机不仅可以安装在 A 品牌车上，也可以安装在 B 品牌、C 品牌车上，即使发动机内部发生了变化(比如升级、结构改变)，也不会影响到它们之间的集成。这大大减小了发动机与汽车传动系统之间的耦合关系。另外，通过向电脑主板卡预留或设置额外的"接口"位置，可使电脑安装一个新的板卡将变得十分容易，这也方便了电脑功能的扩充。

2.3.5 多态

封装、继承与多态，可以说是面向对象核心思想中的三大基石。

什么是多态（Polymorphism），从字面意思来理解即为多种形态或形式。读者可以先从语文中的"多义词"开始来理解"多态"的含义。自然语言中的多义词需要根据语境来确定该词的意思，就比如"意思"这个词，在如下的语句中，代表了完全不一样的含义：

"这玩具做得还真有点意思！"

"这是我们的一点小意思，请收下吧！"

同理，"多态"和自然语言中的一词多义或者一个词在不同的上下文中有不同的含义具有相似的效果，多态可以说在所有的自然语言中都是存在的。

那么面向对象中的"多态"，又如何理解呢？由2.2小节可知，面向对象方法学就是模拟客观世界的外部事物，因此，在面向对象程序语言中，也专门引入了"多态"这个概念来跟现实世界相对应。

在Java语言中，"多态"主要体现在如下几个方面。

1. 方法的重载（Overload）多态

重载，即一种功能，多种实现，调用时依据给定的参数来自动匹配一个具体的方法，实际上就是在一个类中有多个方法名完全相同的方法（可以理解为函数）存在，但是这些方法的参数个数、类型、返回值或者修饰符应该至少有一个不相同（重载的条件）。从字面意思可能还无法完全理解上述语句的含义，为此，可以用Java中的运算符"＋"号来说明这种多态的表现。当表达式"a＋b"两端的a、b为"数字"类型时，那么a＋b的结果为传统意义上的"加法"运算，但是当a、b只要有一端为"字符串"类型时，"＋"的结果就表现为两个a、b变量值的字符串拼接，比如"hello"＋"world"，其结果为"hello world"。此时这种多态的行为像极了自然语言中提到的多义词。

此种"多态"在行为上非常符合关于"多态"的定义，但这实际上仍然属于一种"静态"的绑定。对编译器来说，编译器根据函数不同的参数表，对同名函数的名称进行了再修饰，然后使得这些同名函数成了不同的函数，因此对于这些看上去像是相同方法的调用，实际上在调用前就已经确定了具体需要调用哪一个方法。

因此，有些文献或者教材在此种说法的基础上，认为"重载"并非"多态"也是有依据的，真正的多态，应该是"动态绑定"的。

2. 多态体现在Java的"动态绑定"中

什么是动态绑定？

比如笔记本电脑工作需要电源，通过适配器和交流电可以给笔记本提供电源（AcPower类），也可以通过笔记本电池（Battery类）为其提供电源，因此可以定义一个父类"Power"来给笔记本类提供电源。实际在使用时，如果接交流电，就"传入"AcPower类的对象，笔记本就是用交流电供电，如果使用电池，就"传入"Battery类的对象，那么笔记本就是用锂电池来供电。笔记本根据传入的"对象"来动态决定使用哪种供电机制，这就是"动态绑定"的含义。

39

Java中的"动态绑定"往往跟父类与子类的上下转型联系在一起，Java中允许把子类的对象定义为父类的一个变量，代码如下：

Power mypower＝new AcPower();

对于这样的一种类型的变量"mypower"，编译时，Java编译器按照它声明的类型来处理，意味着mypower虽然是子类的对象，但实际上无法调用到该子类中定义的子类特有的其他方法，而只能调用从父类那里继承到的方法。

该类型变量在运行时，Java虚拟机按照它实际引用的对象来处理，意味着调用的方法细节是从子类的定义中获取的，如果子类覆盖了父类的方法，那么此时调用这种类型变量的方法，将体现出子类的行为。这实际上就是"动态绑定"。

除了上述关于父类与子类中上下转型对象的问题，实际上在Java语言中，"抽象类"与"接口(Interface，2.3.4小节中第二种的定义)"在一些方面也表现为相似的内容。

如果上述关于"多态"的阐述让读者感觉晦涩难懂的话，其实也无需担忧，随着后续章节中内容的继续学习与深入，在掌握一定的知识后重新来审视本节内容时，会有新的体会与认识。

2.4 类之间的关系

本章2.1及2.2小节中，已经对"面向对象"的基本概念和其核心思想有了初步的介绍，其中特别地关于对"类"以及"对象"的基本概念必须要熟练掌握，这是面向对象思想中基础的基础。现在读者已经知道了"类"是来自于众多"对象"的抽象，是关于众多"对象"的一些共性(包括属性和行为)的描述或定义，而且也知道了有些不同的类可以继续抽象出相关的"父类"这一概念。

"父类"与其不同的"子类"具备了这样一种比较特殊的、联系较为紧密的"关系"，那么除了这种特殊紧密的(实际上就是继承)关系外，"普通"的"类"与"类"之间还存在别的关系吗？

当然，答案是肯定的。而且有必要研究和区分这些关系，因为这对于面向对象的程序设计来说具有极为重要的意义。

在具体研究类关系之前，首先来了解下与其有关的一种分析工具"UML"(Unified Modeling Language)，即统一建模语言。

2.4.1 UML 简介

UML又称统一建模语言或标准建模语言，始于1997年一个OMG(Object Management Group，对象管理组织)的标准，它是一个支持模型化和软件系统开发的图形化语言，为软件开发的所有阶段提供模型化和可视化支持。UML的目标之一就是为开发团队提供标准通用的设计语言来开发和构建计算机应用，UML提出了一套统一的标准建模符号来描述软件开发中各个阶段所需要的辅助设计图的画法。通过UML，软件设计人员能够阅读和交流任意的系统架构和设计规划，就好比建筑工人在看完标准的建筑设计图之后能有效地进行沟通。

UML的本意是要成为一种标准的统一建模语言，使得IT专业人员能够进行计算机应用程序的建模(这里的建模可以理解为从客观问题领域抽象出对象、类以及其关系的过程)。UML 与程序设计语言无关,它提供了多种类型的模型描述图(Diagram),当在某种给定的方法学中使用这些图时,它使得开发中的应用程序变得更容易理解。当然,UML 的内涵远不只是这些模型描述图,但是对于入门者来说,这些图对这门语言及其用法背后的基本原理提供了一种直观的介绍。

通过把标准的 UML 图放进软件开发各个阶段的工作产品中,精通 UML 的人员就更加容易加入项目并迅速进入角色。最常用的 UML 图包括用例图、类图、序列图、状态图、活动图、组件图和部署图。

关于 UML 本身,可以在软件工程或是专门的 UML 教材中继续进行深入的学习,本书仅仅利用 UML 提供的类图来进行有关类之间关系的绘制与示意。

"类图"用来表示不同的实体(人、事物和数据)之间如何彼此相关。换句话说,它显示了系统的静态结构。类在类图上使用包含三个部分的矩形来描述,如图 2.7 所示。最上面的部分显示类的名称,中间部分包含类的属性,最下面的部分包含类的行为(方法)。

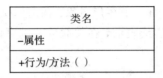

图 2.7 UML 类图简要示例

那么面向对象中,类之间到底具有哪些关系呢?

一般来说,类之间可能存在以下几种关系:依赖(Dependency)、关联(Association)、聚合(Aggregation,也有的称聚集)、组合(Composition)、泛化(Generalization,也有的称继承)、实现(Realization)。下面分小节进行逐个介绍。

2.4.2 依赖

依赖关系(Dependency),简单来说,就是指一个类 A 使用到了另一个类 B,而这种使用关系是具有偶然性、临时性、非常弱的。也就是说某个对象的功能完成依赖于另外的某个对象,而被依赖的对象只是作为一种外部工具在使用。

表现在代码层面为:类 A 中并不定义类 B 的对象作为类 A 的一个属性。

比如"人类"的呼吸功能完成需要依赖于空气类"Air",但在人类的定义中,Air 并非作为人类的一个属性存在。在 UML 类图设计中,依赖关系用由类 A 指向类 B 的带箭头虚线表示,如图 2.8 所示。

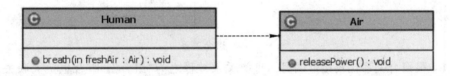

图 2.8 依赖关系示意

2.4.3 关联

关联(Association),体现的是两个类或者类与接口(2.3 小节中第二种意义上的接口)

之间语义级别的一种强"依赖"关系，比如我和我的朋友，"我"对于我的朋友来说，也是"我朋友"的朋友。

这种关系比依赖更强，不存在依赖关系的偶然性，关系也不是临时性的，一般是长期性，且双方的关系一般是平等的。关联可以是单向，也可以是双向，根据对应的数量分为一对一、一对多、多对多。

表现在代码层面为：被关联类 B 以类属性的形式出现在关联类 A 中，如图 2.9 所示。

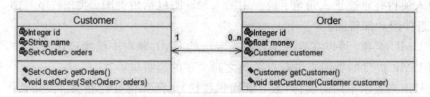

图 2.9 关联关系示意图

图 2.9 中，订单(Order)与客户(Customer)的关系即为关联关系，客户可以拥有多个订单对象，而一个订单对象只能拥有一个客户对象。在 UML 类图设计中，关联关系用由关联类 A 指向被关联类 B 的带箭头实线表示，在关联的两端可以标注关联双方的角色和多重性标记。

2.4.4 聚合与组合

聚合(Aggregation)关系，又称之为"聚集"。聚合关系是关联关系的一种特例，是一种强的关联关系，表示"has-a"的关系，也就是整体与部分的关系。它们可以具有各自的生命周期，部分可以属于多个整体对象，也可以为多个整体对象共享。例如汽车由引擎、轮胎以及其他零件组成。聚合关系也是通过成员变量来实现的。但是与关联关系不同的是，关联关系所涉及的两个类处在同一个层次上，而聚合关系中，两个类处于不同的层次上，一个代表整体，一个代表部分。

聚合关系在代码层面的表现和关联关系是一致的，因此只能从语义级别来区分。在 UML 类图设计中，聚合关系以空心菱形加实线箭头表示，如图 2.10 所示。

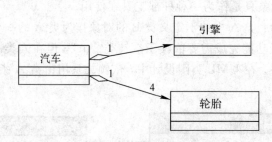

图 2.10 聚合关系

另外，跟聚合关系比较接近的另一种类关系被称之为"组合"。组合也是关联关系的一种特例，它体现的是一种"contains-a"的关系，这种关系比聚合更强，也称为强聚合关系。组合同样体现整体与部分间的关系，但此时整体与部分是不可分的，整体的生命周期结束也就意味着部分的生命周期结束。例如一个人由头、手、腿和躯干等组成，如果这个头离开了这个人，那么这个头就没有任何意义了。组合关系示意图如图 2.11 所示。

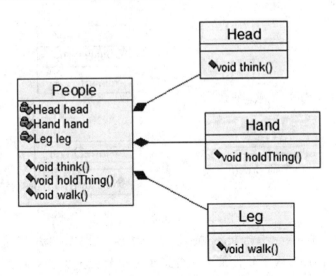

图 2.11 组合关系示意图

组合关系表现在代码层面,和关联关系也是一致的,只能从语义级别来区分。在 UML 类图设计中,组合关系以实心菱形加实线箭头表示。

2.4.5 泛化

泛化(Generalization),实际上就是之前讲到的"继承"关系。它表示"is-a"的关系,是对象之间耦合度最大的一种关系,因为子类能"继承"到父类的部分属性与行为。由于类之间的耦合程度很高,设计时应注意继承的使用原则。

在类图中,泛化关系使用带三角箭头的实线表示,箭头从子类指向父类,如图 2.12 所示。

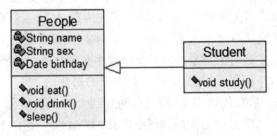

图 2.12 泛化关系示意图

图 2.12 中 Student 类是 People 类的子类,Student 继承了 People,除过具有 People 类的一般属性和方法之外,它还有一个自己的"study"(学习)方法。

2.4.6 实现

实现(Realization),指的是类与接口(2.3 小节接口的第二种定义)之间的关系。

"实现"关系是类与接口之间最常见的关系。类一般通过"实现"接口(可以同时实现多个接口)来扩展自己的适应性,绝大多数流行的 Java 开发框架或者模式,都有基于 Java 接口设计及编程的影子(可参考第 6 章关于接口的知识)。

"实现"关系在类图中使用带三角箭头的虚线表示,箭头从实现类指向接口,如图 2.13 所示。

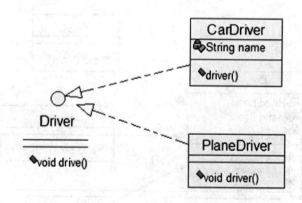

图 2.13 实现关系示意图

图 2.13 表示 CarDriver 类和 PlaneDriver 类都实现了"Driver"接口。依据在"多态"章节中的动态绑定这一问题，假定软件某个业务逻辑需要驾驶员类型的对象来完成相关的操作，此时，不是定义两个独立的方法（一个操作的参数类型为 CarDriver，另一个操作类型为 PlaneDriver），而是定义一个相同的方法，其参数类型为接口类型"Driver"，这样当使用者调用该方法时，如果传入的对象是 CarDriver 类型，那么就动态绑定为 CarDriver 的行为，如果传入的对象是 PlaneDriver 类型，那么就动态绑定为 PlaneDriver 的行为。

综上所述，在类与类的关系中，值得注意的是"关联、依赖、聚合、组合"这几个关系，它们比较容易混淆。这些关系之间的相同之处在于：当对象 A 和对象 B 之间存在关联、依赖、聚合或者组合关系时，对象 A 都有可能调用对象 B 的方法。

当然这几个关系也有以下不同的特征：

（1）对于两个相对独立的对象 A 和 B，当一个对象 A 的实例与 B 的实例存在固定的对应关系时，这两个对象之间为关联关系，代码中表现为在 A 中定义了 B 类型的属性。

（2）对于两个相对独立的对象 A 和 B，当一个对象 A 负责构造对象 B 的实例，或者调用对象 B 提供的服务时，这两个对象之间主要体现为依赖关系。代码中的表现即将 B 类型的参数传入 A 的方法中，而不是在 A 中定义 B 类型的属性。

（3）聚合、组合与关联在代码中并没有明显的区别，主要看实际的业务环境，根据代码所处的实际业务环境来判断它们之间的关系。同样的两个类，处在不同的业务环境中，可能它们的关系也不相同。实际上有时候对于聚合与组合的关系并没有严格区分。

思考与练习

2.1 回顾 C 语言的理论以及实验，了解面向结构程序设计方法的特点与缺点。

2.2 自行查阅关于历史上"软件危机"的相关资料，理解软件的设计与开发中关于可维护、可扩展的相关理念。

2.3 理解面向对象的方法基础，掌握对象的基本概念，分清"对象"与 C 语言中的"结构体"的差异，理解面向对象中的"封装"思想。

2.4 理解面向对象中抽象的概念与作用，掌握从客观世界抽象出对象，从对象抽象出类的基本方法。

2.5 尝试对现实生活中的教师、学生对象进行相关的抽象，并画出 UML 类图。
2.6 理解继承的基本概念，并且明白使用"继承"的好处是什么。
2.7 初步理解 Java 中"多态"的概念以及其具体的表现。
2.8 类与类之间的关系主要有几种？其具体的关系如何定义？
2.9 掌握"关联、依赖、聚合、组合"这几个关系之间的异同。
2.10 基本掌握从结构化程序设计的思维到面向对象思维的转换。

第 3 章 类与对象

3.1 类的基本概念

Java 编程语言是一种纯粹的面向对象程序设计语言，它提供了完善的面向对象的程序设计机制。而抽象机制则是面向对象程序设计(Object-Oriented Programming，OOP)的核心组成部分。简单来说，面向对象程序设计中的抽象就是基于实际待解决的问题构建对应的软件模型，最终将软件模型转换成计算机能识别并运行的程序。前两章讲解了面向对象程序设计的基本思想以及基于面向对象程序设计的思想构建待解决问题的软件模型，从本章起，开始说明如何将软件模型转换为 Java 程序代码。Java 编程语言的语法格式与 C 语言有很多相似之处，即使读者是第一次看到 Java 程序代码，也不会觉得陌生。

3.1.1 类的定义

面向对象程序设计的核心思想是将问题领域所涉及的现实对象抽象为软件对象，并最终构建待解决问题的软件模型。在构建软件模型的过程中，把具有相同属性和行为的软件对象划分为一类，就形成了软件模型中的类型，这与人们对客观世界的认知模式是一致的，比如学生、交通工具、植物等都是人们对客观世界中的事物的分类。当软件模型转换为 Java 程序时，在 Java 程序中用类(Class)来表示一类具有共性的软件对象，软件建模中抽象出同一类型的软件对象定义成 Java 程序中的类。类(Class)不仅表示软件对象的类型(Type)，也是这一类软件对象的 Java 代码定义，是 Java 程序代码的基本组成单元。

3.1.2 类与对象的辨析

Java 是一种面向对象程序设计语言，在 Java 程序设计中有这么一句话："万物皆对象"，透彻的理解这句话有利于更好地掌握 Java 这门语言。"万物皆对象"这句话中最为关键的词就是"对象"，那该如何理解"对象"呢，对象与类之间又有怎样的联系与差别呢？图 3.1 展示了 Java 程序设计与运行的基本流程，从此图中来说明"对象"的含义以及"对象"与"类"之间的关系。

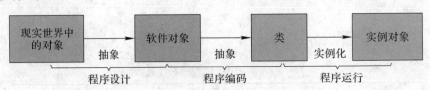

图 3.1 Java 程序设计与运行的核心流程

从图 3.1 中可知,"对象"在不同的阶段有不同的含义,具体如下:

(1) 程序设计的主要工作是将待解决问题所涉及的现实中的对象抽象为软件对象,此时我们面向的是"现实对象",如何对现实对象进行抽象,提取现实对象的属性和行为而抽象为软件对象。

(2) 程序编码时面对的则是"软件对象",要将具有共性的软件对象定义为 Java 类,并在 Java 类中封装软件对象的属性和行为,故 Java 类是具有共性的一类软件对象的 Java 代码表示。

(3) 程序运行时 Java 虚拟机装载 Java 类,在 Java 虚拟机中根据 Java 类的定义实例化为对象,又称为"实例(Instance)"或"实例对象"。实例对象存在于 Java 虚拟机中,由 Java 类实例化生成,并具有一定的生命周期。(注:如无特别说明,后文中的对象均表示实例对象)

如果将 Java 虚拟机比喻为"Java 世界",对象就可以看成是现实世界中的现实对象在 Java 世界中的映射,而这种映射关系是通过类来建立的,这是因为类中定义了现实对象的属性和行为,而由类可以实例化任意多个对象。类与对象之间的联系与差别是:

(1) 类是一类对象的模板(Template),对象是类的实例(Instance)。

(2) 类是一类现实对象的 Java 代码抽象表示,对象则是现实对象在 Java 虚拟机中的具体表现。

(3) 类代表了一类具有共性的对象的类型。

(4) 类是我们编写的代码,不管程序是否运行它都存在于硬盘中,而对象则是当程序运行时而产生,对象存在于内存中,并具有一定的生命周期。

(5) 类是抽象的、概念性的东西,对象则是具体的、实际的,如果将类比作一份设计蓝图,对象则是根据这份设计蓝图产生的具体事物,并且每个对象都可以有各自的属性或状态。

3.2 类 与 对 象

Java 程序就是类与对象的集合,设计 Java 程序的本质就是定义 Java 类,而 Java 程序的运行则依赖于由类实例化而成的对象。理解类与对象是理解 Java 面向对象程序设计的关键,定义类与创建对象则是编写 Java 程序的基础。

3.2.1 类的声明

在 Java 语言中,Java 类可分为外部类(又称为顶层类)和嵌套类,而嵌套类又可分为静态嵌套类、非静态嵌套类(内部类)、匿名类等。不管是外部类还是嵌套类,其声明的语法格式几乎是一样的,只是声明的位置及其用法上有不同。外部类(后文中称为类)是 Java 程序中最常用的类,本章节主要对外部类进行说明,其他类型的类在后面的章节中会有说明。

Java 类的声明包括了类的描述以及类体。类的描述指定了类的名称以及设定了相关的属性,而类体中则是类的实现。在 Java 程序中声明一个新的 Java 类,也意味着声明了一种新的引用型数据类型。Java 类的声明语法格式如下:

［类修饰符］class 类名［extends 父类,implements 接口］{

```
    //成员变量
    //成员方法
    //构造器等
}
```

上述语法格式中方括号[ ]中的内容表示可选项，也就是说类的声明中可能会有这些选项，也可能没有。如果抛开这些可选项，一个最简单、最基本的类的声明格式是：class 类名 { }。

为了便于说明后续的程序范例，可以先设定一个应用程序——学生信息管理程序，其主要功能是对学生数据进行添加、修改与删除。该问题涉及的现实对象为学生，基于程序的需求可以抽象出学生的软件对象，下面是学生对象的软件模型，用 UML 类图表示，如图 3.2 所示。

学生类（Student）
-姓名：String
-学号：String
-成绩：float
+输出成绩等级（）: void

图 3.2 学生类的 UML 类图

图 3.2 的学生类图中展示了学生对象的三个属性：姓名、学号和成绩，姓名和学号都是用字符串表示，成绩为 float 类型数据。另外，还为学生类抽象出了一个共有的行为：输出成绩等级，该行为是根据学生的成绩输出学生的成绩等级，在控制台终端打印出学生的三项信息。

基于此学生对象的软件模型声明一个 Java 类-Student。

【例 3.1】 声明 Student 类表示学生类对象。代码如下：

```
class Student { //类体 }
```

这是一个最简洁的类的声明，class 是声明 Java 类的关键字，必不可少，class 后面紧跟的就是类名，类名必须是合法的 Java 标识符，用于标识此类。类名后面的花括号{ }表示类体，类体中定义了类的具体实现，所有类的实现代码必须定义在类体中，花括号则相当于类的边界。

在类声明的可选项中，[类修饰符]用于设定类的属性或访问权限，Java 语言中的类修饰符有：

    public protected private abstract static final strictfp

其中，前三个是访问控制修饰符，设定了类的访问权限，后面的四个修饰符用于设定类的一些属性。但是，不是所有的类修饰符都能用于修饰所有的 Java 类，比如 public 访问控制修饰符只能用于修饰外部类，而 protected、private 和 static 则只能用于修饰成员内部类。所有的类修饰符在类声明中不能重复出现，也不能同时出现任意两个及两个以上的访问控制修饰符，这些都会导致编译错误。通常会将外部类声明为一个公有类，表示该类是公开的，对其他任意类都是可见的。

【例 3.2】 将 Student 类声明为公有类。代码如下：

public class Student { //类体 }

　　类声明语法格式中的［extends 父类，implements 接口］选项用于指定类的直接父类以及所实现的接口，第 6 章有单独说明，在此就不再赘述。

　　声明一个新的类就表示创建了一种以类名命名的数据类型（Data Type），表示该类实例化生成的所有对象的类型。比如上面的代码就创建了一种名为 Student 的数据类型，所有由 Student 类实例化的对象都是 Student 类型的对象，用 Student 类型的变量来表示。

　　类的声明只是指定了类的名称以及属性等，类的实现代码则是定义在类体中，Java 类的实现是该类所对应的软件对象的属性和行为的 Java 代码表示。在 Java 类中，用数据成员表示软件对象的属性，用成员方法（method）表示软件对象的行为。数据成员和成员方法是类的主要组成部分，称为类的成员。一个类的所有成员必须在类体的花括号{}之内声明。类是对现实对象的抽象和封装，花括号就是封装的边界，也是类与对象的边界。花括号之内所有的类成员之间都是可见的，可以任意地访问。而对于其他类或对象而言，花括号内的非公有成员是不可见或部分可见的。

3.2.2　成员变量

　　类的数据成员表示类所抽象的软件对象的属性，数据成员既可以是任意类型的 Java 对象，也可以是 Java 基本类型数据。数据成员是类的组成成员，在类中用变量表示，所以数据成员又称为成员变量。几乎所有编程语言都会用到变量，用于存储数据值或表示抽象的概念，变量也是值的载体。

1. 声明成员变量

在 Java 语言中声明成员变量的语法格式如下：

　　　［修饰符］数据类型 变量名=［初始化值］

（1）数据类型表明了该变量能表示什么类型的值，数据类型必须是合法的数据类型；

（2）变量名是变量的标识符，方便在程序中使用该变量，变量名必须是合法的 Java 标识符；

（3）修饰符用于设定变量的访问权限和性质；

（4）所有变量在使用前都必须要初始化，所以有时候需要在声明变量时设置变量的初始化值；

（5）变量名的设置除了是合法的标识符以及具有一定的含义以外，还有一个命名规范是：变量名的首个单词全部小写，后续的每个单词的首字母大写，其他字母小写，比如 studentName, hourOfDay 等。这只是 Java 程序员之间约定俗成的规范，Java 编译器并不检查变量名是否符合该规范。

【例 3.3】　为 Student 类声明成员变量。代码如下：

```
public class Student {
    private String name;    //公有的成员变量 name，表示学生的姓名
    protected float score;  //私有的成员变量 score，表示学生的成绩
    public String ID;       //受保护的成员变量 ID，表示学生的学号
}
```

　　根据 Student 的 UML 类图，在例 3.3 中声明了三个成员变量，分别表示学生类的姓

名、学号与成绩等三项属性。参照声明变量的语法格式,以成员变量 name 为例,详细说明如下:

(1) private 是访问控制修饰符,表示该成员变量是一个私有的成员变量。程序中将变量 name 声明为私有变量,意味着变量 name 只能在 Student 类的内部使用,而对于其他类而言,变量 name 是不可见的,所以在其他类中不能直接访问 Student 对象的变量 name,这也体现了面向对象程序设计中封装的思想。另外两个变量使用了不同的访问控制修饰符只是为了说明可用于修饰变量的访问控制修饰符,一般情况下,成员变量都用 private 修饰;

(2) String 是变量 name 的数据类型,表示变量 name 的值为字符串形式,String 是已定义的 Java 类,表示字符串,这是经常使用的一个 Java 类。String 类型的变量 name 指向一个 String 类型的对象,也就表示学生的姓名是用字符串对象来表示的;

(3) name 则是变量名,是姓名变量的标识,变量名的选择首先是要符合 Java 标识符规范,其次要有一定的意义,便于理解;

(4) 成员变量 name 没有初始化值,大多数成员变量在声明时都不会初始化,这是因为成员变量代表的是类的属性。在实例化对象之前,该属性的值是不确定的,所以一般都会在实例化对象时才为成员变量赋值。比如,变量 name 是学生类的属性,表示所有学生对象都有姓名这一项属性,因为绝大部分学生的姓名都是不一样的,所以无法为变量 name 设置一个合适的初始化值。

2. 变量的分类

和其他编程语言一样,变量是 Java 程序中必不可少的元素,Java 语言中的变量可以划分为不同的类型。根据变量的作用领域进行分类,变量可以分为成员变量、局部变量、参数变量。而根据变量的性质进行分类,变量又可以分成静态变量、实例变量、常量等。

(1) 成员变量是在成员方法或代码块之外声明的变量,表示类的属性,是类的成员,在整个类中都有效,如例 3.3 中的三个变量;

(2) 局部变量是在成员方法或代码块(比如 for 循环代码块)中声明的变量,其作用域为该方法或代码块之内;

(3) 参数变量则是指成员方法的参数或异常处理 catch 语句中的参数,在该方法或 catch 代码块内有效。

【例 3.4】 Student 类中不同类型的变量。

```java
public class Student {
    private String name; //私有的成员变量 name
    private float score; //私有的成员变量 score
    private String ID;   //私有的成员变量 ID
    //成员方法 1
    public void setName(String name) { //参数变量 name
        //用参数变量 name 为成员变量 name 赋值
        this.name = name;
    }
    //成员方法 2
    public void printGrade() {
```

```
        //局部变量 standardScore，作用域限制在 printGrade 方法中
        float standardScore=90.0f;
        //score 是成员变量，其作用域为整个类
        if (score >= standardScore) {
            System.out.println("优秀");
        }else {
            System.out.println("一般");
        }
    }
}
```

例 3.4 中的局部变量 standardScore 在 printGrade 方法中声明，在程序中表示评判成绩等级的标准分。standardScore 是一个单精度（float）浮点数类型的变量，所以 standardScore 赋值为 90.0f。

3. 变量的修饰符

变量的访问权限与性质是用修饰符来设定的，可用于修饰变量的修饰符有：

　　　　　　public　protected　private　static　final　transient volatile

public、protected 和 private 是访问控制修饰符（具体见 3.2.13 小节），用于设定成员变量的访问权限，不能修饰局部变量和参数变量。

static：也是只能用于修饰成员变量，不能修饰局部变量和参数变量。由 static 修饰的成员变量为静态成员变量，反之为非静态成员变量，也称为实例变量，关于 static 修饰符的使用具体见 3.2.10 小节。

final：final 修饰的变量就不再是一个"变"量，而是一个常量。常量的值一旦确定，在程序中就不能再修改，final 可以修饰成员变量，也可以修饰局部变量。但不管用 final 声明的是成员常量还是局部常量，在声明时就必须完成初始化。final 还可以与 static 同时使用修饰成员变量，表示声明的是一个静态的成员常量。

transient：只能修饰成员变量。在对象序列化时，transient 修饰的成员变量的值不会被保存，而反序列化时，该成员变量的值为其数据类型的默认初始化值（具体参见 I/O 编程）。

volatile：只能修饰成员变量。在多线程程序中，Java 虚拟机的内存模型能保证所有线程看到的 volatile 修饰的成员变量的值是一致的（具体参见 Java 线程）。

上述的变量修饰符，除了 final 外，其他的修饰符都只能修饰成员变量，不能修饰局部变量和参数变量。

4. 变量的初始化

所有的变量在声明时可以不用初始化，但在使用前都必须要先初始化，否则将导致编译错误。成员变量通常在构造器中初始化，而局部变量最好是声明时就初始化。对于成员变量，就算是在构造器中未显式的初始化，Java 编译器也会对成员变量进行默认初始化。默认初始化是 Java 编译器为成员变量赋一个默认的初始化值，引用类型的成员变量默认初始化值为 null，而基本类型的成员变量的默认初始化值为 0（布尔型赋值为 false）。另外，实例变量不能在静态方法或静态代码块中初始化。

3.2.3 成员方法

在类中声明成员方法表示所抽象的软件对象的行为,其形式与其他程序语言中的函数类似,所以也称为成员函数。成员方法通常用于设置、修改和获取成员变量的值。如果学习过 C 语言,应该对编程语言中的函数不会陌生。

1. 声明成员方法

Java 中声明成员方法的语法格式如下:

```
[修饰符] 返回类型 方法名([参数1,参数2,…]) [throws 异常]{
    //方法实现
}
```

(1) 成员方法的修饰符包括了访问控制修饰符和其他修饰符。

(2) 返回类型设定了方法最后返回什么类型的值,如果方法无需返回任何值,则返回类型为 void,否则必须在方法实现中用 return 返回一个值,哪怕是一个 null 或 0。

(3) 方法名则是该方法的标识,方法名必须是一个合法的 Java 标识符,并且方法名的定义要具有一定意义,提高程序的可读性。

(4) 方法名后面的括号中是传入方法的参数,传入方法的参数由参数类型和参数名组成。一个方法可以没有参数,也可以有多个参数。如果没有参数,也要保留括号,如果有多个参数,则参数之间用逗号分开构成参数列表。

(5) 方法声明中的[throws 异常]语句表示方法抛出的异常,在第 8 章将详细说明。

(6) 最后的花括号设定了方法体,一个方法的具体实现都定义在方法体中,花括号就是方法体的边界。

(7) 通常将方法名与参数列表(参数的数据类型和顺序)的组合称为方法的签名,在同一个 Java 类中,不能有方法签名相同的两个方法。

(8) 和变量名的命名规范一样,方法的命名也存在这样约定俗成的命名规范:方法名的首个单词全部小写,后续的每个单词的首字母大写,其他字母小写,比如 getName、printStudentInfo 等,Java 编译器也不检查方法名是否符合该规范。

【例 3.5】 在 Student 类中声明成员方法,代码如下:

```java
public class Student {
    private String name;   //私有的成员变量 name
    private float score;   //私有的成员变量 score
    private String ID;     //私有的成员变量 ID
    //成员方法 1: setter 方法
    public void setName(String name) {   //参数变量 name
        //用参数变量 name 为成员变量 name 赋值
        this.name=name;
    }
    //成员方法 2: getter 方法
    public String getName() {
        return name;
    }
```

```
//其他 setter 和 getter 方法省略
//成员方法 3：根据学生的成绩输出的成绩等级
public void printGrade() {
    //局部变量 standardScore，作用域限制在 printGrade 方法中
    float standardScore=90.0f;
    //score 是成员变量，其作用域为整个类
    if (score >= standardScore) {
        System.out.println("优秀");
    } else {
        System.out.println("一般");
    }
}
```

例 3.5 中为 Student 类声明了三个成员方法，其中，前两个方法是用于设置和获取成员变量 name 的值，而第三个 printGrade 方法则用于在控制台输出学生的成绩等级。

2. setter 方法与 getter 方法

setter 方法与 getter 方法是 Java 类中最常见的成员方法。出于封装的考虑，Student 类的成员变量通常都声明为私有的成员变量，这就意味着无法直接访问 Student 对象的这三个属性。但是，这并不意味着就不能使用这些私有的成员变量了，通常的做法是：为私有的成员变量声明公有的访问接口，这一类私有成员变量的公共接口方法通常称为 setter 方法和 getter 方法，就如例 3.5 中的前两个成员方法。setter 和 getter 方法是 Java 类中最常见的成员方法，几乎每个私有的成员变量都有对应的 setter 和 getter 方法。两种方法含义如下：

（1）setter 和 getter 方法都是公有的方法，这是为访问私有成员变量值提供的公有接口。

（2）setter 方法用于为私有的成员变量赋值，setter 方法名约定俗成为：set 成员变量名。所以例 3.5 中的成员方法 1 命名为：setName，如果是变量 score 的 setter 方法，则命名为 setScore。

（3）setter 方法要参入一个与成员变量类型匹配的参数，用于为成员变量赋值，这也是 setter 方法的用途。

（4）setter 方法用于赋值，无需返回变量值，所以 seter 方法的返回类型都是 void。

（5）getter 方法则是用于获取私有成员变量的值，getter 方法的方法名为：get 成员变量名，所以例 3.5 中的成员方法 2 命名为 getName。

（6）getter 方法无需参入参数，但其返回类型一定是该成员变量的数据类型，因为 getter 方法的作用就是返回该成员变量的值。

（7）setter 和 getter 方法是对设置和获取私有成员变量的公有接口方法的统称，这两种方法都约定俗成地声明为上述两种格式。由于声明格式相对固定，集成化开发工具中都提供了自动生成 setter 和 getter 方法的工具。

3. 成员方法的修饰符

用于修饰成员方法的修饰符如下所示：

public   protected   private   abstract   static   final strictfp native synchronized

各修饰符含义如下：

（1）public、protected 和 private 是访问控制修饰符，用于设定成员方法的访问权限。

（2）static 修饰的成员方法叫静态方法，又称为类方法，反之则是非静态方法，又称为实例方法。

（3）abstract 修饰的方法为抽象方法，抽象方法只有方法的声明部分，没有方法体部分，也就不提供方法的实现。

（4）在子类中不能重写（或覆盖）父类中的 final 修饰的方法。

（5）strictfp 修饰的方法中所有的浮点运算（float 和 double）表达式都必须严格遵守 IEEE-754 规范，保证浮点数运算在不同的平台上也能得到相同的结果，提高了程序的可移植性，而代价则是降低了性能。

（6）native 修饰的方法是一个原生态的方法，表示该方法并不是用 Java 语言实现，而是用其他语言（比如 C/C++）实现的，这个 native 方法只是在 Java 程序中调用其他语言程序的接口。native 所修饰方法可以解决 Java 语言无法直接访问操作系统底层的问题，扩展 Java 程序的功能。

（7）synchronized 修饰的方法为同步方法，在多线程程序中，在执行 synchronized 方法之前必须要获取同步锁，具体见多线程章节。

4. 成员方法的重载

在前面讲到，一个类中不能声明多个方法签名完全相同的成员方法。由于方法的签名由方法名和参数列表组成，所以在 Java 类中是可以声明具有相同方法名，而不同参数列表的多个方法，这就是方法的重载（Overload）。重载的成员方法可以具有相同的方法名（大小写都一致），但参数列表中的参数的个数或对应顺序上的参数类型要不同。

【例 3.6】 合法的成员方法重载。

```
public class Student {
    //省略成员变量和其他方法
    //init 方法，用于初始化成员变量 name 和 ID
    public void init(String name, String ID) {
        this.name=name;
        this.ID=ID;
    }
    //init 方法，用于初始化成员变量 name
    public void init(String name) {
        this.name=name;
    }
    public void init() {
        //代码省略
    }
}
```

例 3.6 中有三个名为 init 的方法，其目的都是用于初始化 Student 类的成员变量，这三个方法有相同的方法名，不同的参数列表，因此是合法的成员方法重载。虽然可以为这三个方法声明不同的方法名,但是它们的主要功能都是一样的,为了提高程序的可读性,故都命名为 init,但是三个方法的参数列表必须是不相同的。重载的方法的实现也肯定是不相同的,相同的方法名,不同的方法实现才是方法重载存在的意义所在,方法的重载也是面向对象程序设计思想中多态的一种表现。

【例 3.7】 非法的方法重载。

```
public class Student{
    //省略成员变量和其他方法
    //init 方法 1,用于初始化成员变量 name 和 ID
    public void init(String name, String ID){
        this.name=name;
        this.ID=ID;
    }
    //init 方法 2,非法的方法重载,参数名字的差异无法区分两个方法
    //必须是对应位置上参数类型不同
    public void init(String ID, String name){
        this.name=name;
        this.ID=ID;
    }
    //init 方法 3,非法的方法重载,返回类型的不同不能用于区分重载的方法
    public String init(String ID, String name){
        this.name=name;
        this.ID=ID;
        return name;
    }
}
```

例 3.7 中的三个方法具有相同的方法签名,所以是非法的方法重载,将导致编译错误。

3.2.4 构造器(Constructor)

成员变量和成员方法都是 Java 类的成员,非私有的成员变量和成员方法都能够被子类所继承。但 Java 类的组成中除了成员变量和成员方法以外,构造器也是重要的组成部分。Java 类中的构造器主要用于创建实例对象,并对对象进行初始化,由于声明构造器的语法格式与声明成员方法的语法格式类似,所以构造器也称为构造方法或构造函数。

1. 声明构造器

声明构造器的语法格式如下:

```
[访问控制修饰符] 类名([参数1,参数2,…]) [throws 异常]{
    //构造器的实现
}
```

对比构造器与普通成员方法,两者在声明语法格式以及使用上都存在着一些差异,对于构造器的声明和使用,要注意以下几点:

(1) 构造器的名称必须与类名(不含类名中的包名)相同,需要注意的是 Java 语言是区分大小写的,所以构造器名与类名的每个字符都必须一样。

(2) 构造器没有返回类型(注意！不是没有返回值，而是没有返回类型)。成员方法如果无需返回值，也要定义返回类型为 void，而构造器声明中是没有返回类型的。

(3) 能修饰构造器的修饰符只能是访问控制修饰符 public、protected 或 private 中的一个，static、final、abstract、native 和 synchronized 都不能修饰构造器。

(4) 构造器不能被子类继承，子类可以调用父类的构造器，但不能继承父类构造器。

(5) 定义类时不是必须要声明构造器，一个类如果没有声明任何构造器，Java 编译器会在编译类时自动为该类生成一个不带任何参数的构造器，这种由编译器自动生成的不带参数的构造器又称为默认构造器，而一旦类中声明了构造器，Java 编译器便不会再为类提供默认构造器。

【例 3.8】 为 Student 类声明构造器。

```
public class Student {
    //成员变量
    private String name;      //姓名
    private String ID;        //学号
    private  float score;     //成绩
    //构造器
    public Student() {
    }
    //成员方法
    String getInfo() {
        return "姓名："+name+" 学号："+ID+" 成绩："+score;
    }
}
```

不管是在类中声明的构造器还是由编译器自动生成的默认构造器，都是用于实例化类的对象，并对对象进行初始化。初始化对象就是给对象的成员变量赋一个初始化值，使对象具有一个初始化状态。在默认构造器中，会为所有未初始化的成员变量进行默认初始化。例 3.8 中，虽然显式地声明了构造器，但是构造器中未定义任何初始化代码，编译器同样会为成员变量设置默认的初始化值。不管是编译器自动生成的默认构造器还是例 3.8 中声明的构造器实际上都等同于例 3.9 中所示的构造器。

【例 3.9】 构造器对成员变量的默认初始化。

```
public Student() {
    name=null;
    ID=null;
    score=0.0f;
}
```

由同一个类实例化而成的所有对象都具备相同的属性，但每个对象的属性值则是不同的。比如由 Student 类实例化而成的对象表示的是现实世界中的学生，本例中的学生对象都有姓名、学号和成绩三项属性，现实中的每个学生都有各自的姓名、学号和成绩，这三项值大部分都是不同的。而用例 3.8 或 3.9 所示的构造器实例化而成的所有 Student 类的对象都具有相同的初始化值，即相同的姓名、学号和成绩，姓名和学号为空，成绩为 0。这样初始化对象的方式不够灵活，所以通常在类中会声明带参数的构造器，用传入的参数对对象进行初始化。

【例 3.10】 为 Student 类声明带参数的构造器。

```java
public class Student {
    private String name; // 姓名
    private String ID; // 学号
    private float score; // 成绩
    //不带参数的构造器
    public Student() {
    }
    /* *
     * 带参数的构造器，成绩默认初始化为 60
     * @param name    初始化学生对象的姓名
     * @param iD      初始化学生对象的学号
     */
    public Student(String name, String iD) {
        super();
        this.name = name;
        ID = iD;
        score = 60.0f;
    }
    … …
}
```

例 3.10 中的第二个构造器带有两个参数：String 类型的参数 name 和 iD，分别用于初始化成员变量 name 和 ID，而成员变量 score 则直接设定其初始化值为 60。这意味着用这个构造器实例化 Student 对象时可以指定 Student 对象的姓名和学号，而每个对象的成绩则都是 60。在此构造器中的 super() 代码是显式地调用父类的无参数构造器。实际上，所有 Java 类（Object 类除外）的构造器都会调用其父类的构造器，只是有些构造器是显式调用，而有些则是隐式调用，例如 Student 类中无参数构造器中就是隐式调用。关于在构造器中调用父类构造器将在继承章节中详细说明。

2. 构造器的重载

在一个类中可以声明多个构造器，由于构造器的名称与类名是相同的，所以这些构造器都是同名的，必然也要求这些构造器有不同的参数列表，也就实现了构造器的重载。构造器的重载与成员方法的重载的语法规则是完全一样的。

【例 3.11】 Student 类的构造器重载。

```java
public class Student {
    //成员变量和成员方法省略
    //构造器 1：不带参数的构造器
    public Student() {
    }
    //构造器 2：带两个 String 类型参数的构造器
    public Student(String name, String iD) {
```

```
        //代码省略
    }
    //构造器 3：带三个参数的构造器
    public Student(String name, String iD, float score) {
        //代码省略
    }
    //构造器 4：带三个参数的构造器
    public Student(float score, String name, String iD) {
        //代码省略
    }
}
```

例 3.11 的 Student 类中声明了四个构造器，属于合法的构造器重载，重载的四个构造器的参数列表都是不同的：构造器 1 和构造器 2 都与其他三个构造器的参数个数不同；构造器 3 与构造器 4 虽然参数个数相同，但参数的类型不同。

【例 3.12】 非法的构造器重载。

```
public class Student {
    //成员变量和成员方法省略
    //构造器 1：带两个 String 类型参数的构造器
    public Student(String name, String iD) {
        //代码省略
    }
    //构造器 2：带两个 String 类型参数的构造器
    public Student(String ID, String name) {
        //代码省略
    }
}
```

例 3.12 中的构造器重载就是非法的，两个构造器都是接收两个字符串类型的参数，虽然参数名称不一样，但参数的类型是一样的，这样是无法区分两个构造器的，所以例 3.12 的代码会导致编译错误。

3.2.5 创建对象

Java 程序由类组成，但 Java 程序的运行则是依赖于对象。一个对象可以看成是一个现实对象在 Java 程序中的映射，具有状态和生命周期。

类是创建对象的模板，由类创建的对象也称为类的一个实例，所以类创建的对象通常称为实例对象。Java 程序中创建类的一个实例对象的方式有以下四种：

（1）用 new 运算符创建一个对象，这是最基本、最常用的方式。

（2）基于反射机制，通过 java.lang.Class 类获取并调用类的构造器来实例化对象，通常调用的是类的无参数构造器。

（3）使用对象的 clone()方法。

（4）使用反序列化的方法还原序列化后的对象。

【例 3.13】 使用 new 运算符创建实例对象。

```
public class Demo {
    public static void main(String[] args) {
        // 声明一个 Student 类型的变量 stu1
        Student stu1=null;
        // 创建一个 Student 对象,调用构造器 1 进行初始化该对象
        //并将该对象的引用赋值给变量 stu1,由 stu1 表示该对象
        stu1=new Student();
        // 创建另一个 Student 对象,用构造器 2 初始化并用变量 stu2 表示
        Student stu2=new Student("张三", "2015001");
    }
}
```

例 3.13 中声明了一个名为 Demo 的类,Demo 类的 main 方法中用 new 运算符创建了两个 Student 对象,并用两个 Student 类型的变量 stu1 和 stu2 分别表示这两个 Student 对象。在 Java 程序中用 new 运算符实例化对象的步骤如下:

(1) 创建一个新的 Java 对象,其本质是为对象分配内存空间。
(2) 调用构造器完成对象的初始化。
(3) 返回对象的引用。

结合上述步骤,对例 3.13 中创建第一个 Student 对象的代码做如下详细说明:

代码:Student stu1=null;

上述代码表示声明了一个 Student 类型的变量 stu1,并赋初始化值为 null。stu1 是一个 Student 类型的变量,其变量值只能是一个 Student 对象的引用,并在程序中代表该对象。但由于目前还没有创建任何 Student 对象,所以将 stu1 赋值为 null,表示当前 stu1 是一个空引用,暂时还未指向一个 Student 对象。

代码:stu1=new Student();

其中,new 运算符将新建一个 Student 对象,其本质是划分一片内存空间来存放 Student 对象,并调用 new 运算符后面的构造器对新建的 Student 对象进行初始化,最后返回新建对象的引用并赋值给变量 stu1。变量 stu1 就是新建的 Student 对象的引用。在后续程序中 stu1 就表示该 Student 对象,所有对该对象的访问都要通过变量 stu1,直到该对象的生命周期终止。

例 3.13 中创建 stu2 对象时,将这两行代码合并为了一行,这也是我们最常用的做法。虽然对象 stu1 和 stu2 都是用 new 运算符创建的,但在调用构造器初始化对象时,是根据传入的参数列表来调用不同的构造器完成对象的初始化,故对象 stu1 和 stu2 是两个不同的对象,占用不同的内存空间,具有不同的初始化状态。

3.2.6 访问对象的成员

在例 3.13 中创建了两个 Student 对象,并且分别将对象的引用赋值给变量 stu1 和 stu2,这样,stu1 和 stu2 就代表了这两个 Student 对象。通过对象的引用就能访问对象的公有成员,访问对象成员的基本语法格式是:

对象的引用.对象的公有成员

【例 3.14】 访问对象的成员。
```
public class Demo {
    public static void main(String[] args) {
        Student stu1=new Student();
        Student stu2=new Student("张三", "2015001");
        //访问 stu1 对象的成员方法,合法
        stu1.setName("李四");
        //访问 stu2 对象的成员方法,合法
        System.out.println(stu2.getName());
        //访问 stu2 对象的成员变量,非法,因为 name 是私有成员,不能直接访问
        System.out.println(stu2.name);
        //访问 stu2 对象的成员方法,合法
        stu2.printGrade();
    }
}
```
例 3.14 中展示了通过对象的引用变量访问对象的公有成员,而成员变量 name 是一个私有的成员,在 Demo 类中是不可见的,所以不能直接访问,必须通过公有的接口方法来访问,否则将导致编译错误。

3.2.7 main 方法

Java 中的 main 方法与 C 语言中的 main 函数类似,main 方法是一个 Java 应用程序(Application)的入口方法,Java 虚拟机在运行一个 Java 应用程序时,会自动从 main 方法开始运行。一个完整的 Java 应用程序由多个类组成,但只有一个 main 方法。需要注意的是,Java 中的 main 方法必须定义在一个类中,因为类是 Java 程序的基本组成单元,任何变量和方法都不能脱离类单独存在。例 3.13 中定义的 Demo 类并不是任何现实对象的抽象表示,可以将 Demo 类看成是这个学生信息管理应用程序的抽象,程序的运行将从 Demo 类中的 main 方法开始。由于 main 方法是 Java 应用程序的入口,由 Java 虚拟机自动调用,所以 main 方法的签名与修饰符都是固定的,所有 Java 应用程序中的 main 方法的语法格式都如下所示:

```
public static void main(String[] args) { //方法实现 }
```

- 方法名为 main,注意均为小写字母;
- main 方法只有一个字符串数组类型的参数;
- main 方法是公有的静态方法,并且没有返回值。

只有符合上述语法格式的方法才能被 Java 虚拟机识别为 main 方法,作为程序运行的入口方法。

3.2.8 关键字

和其他高级编程语言一样,Java 语言中也预定义了一些具有特定含义的字,并规定在编写 Java 程序时不能再用这些字来命名类、变量或方法,这些字就是 Java 语言的关键字,表 3.1 列出了 Java 语言的 50 个关键字。

表 3.1 Java 语言的 50 个关键字

序 号	关 键 字				
1	abstract	continue	for	new	switch
2	assert	default	if	package	synchronized
3	boolean	do	goto	private	this
4	break	double	implements	protected	throw
5	byte	else	import	public	throws
6	case	enum	instanceof	return	transient
7	catch	extends	int	short	try
8	char	final	interface	static	void
9	class	finally	long	strictfp	volatile
10	const	float	native	super	while

  Java 语言的关键字都是由小写字母组成的，不包含数字和特殊字符。goto 和 const 这两个关键字目前还未定义其含义，在 Java 程序中也不会使用，但由于这两个字是其他计算机编程语言中常用的关键字，所以 Java 语言也将这两个字作为关键字保留了下来。这两个字也称为保留字，保留字可看作是预留的关键字，在以后的版本中可能升级为关键字。

  需要注意的是，true、false 和 null 并不是 Java 关键字，但是这个三个字也不能用作 Java 标识符。true 和 false 是布尔类型的取值，而 null 则表示一个空的引用。另外，String 也不是 Java 关键字，String 是字符串类的类名。

3.2.9 标识符

  Java 语言标识符是用于对包、类、变量或方法等进行命名的符号，Java 语言规范对标识符的规定如下：

  (1) 标识符只能由英文字母、数字、美元符号($)和下划线(_)组成，长度不限；

  (2) 标识符不能以数字开头；

  (3) 不能用 Java 关键字或保留字做标识符；

  (4) 不能用 true、false 和 null 做标识符；

  (5) 标识符区分大小写。

合法的 Java 标识符如下：

    Carget Name _test $Classroom print1 Null

而下面的作为 Java 标识符则是非法的：

    package 3get Name*

3.2.10 static 关键字

  不仅仅是 Java，其他的一些常见的高级编程语言(比如 C，C++)都将 static 作为关键字,用于表示全局的或静态的元素。Java 中的 static 关键字是作为修饰符用于修饰类的成员,static 修饰后的成员都称为静态成员。

　　static 修饰的成员变量称为静态成员变量,简称静态变量,对于静态变量所表示的属性,类的所有对象共享同一个属性值。静态变量表示的属性值与类相关,所以静态变量又称为类变量。而没用 static 修饰的成员变量就是非静态变量,非静态变量又称为实例变量,这是因为对于非静态变量所表示的属性,类的每个对象都有各自的属性值,该属性值是与实例对象相关。每个对象都拥有实例变量的一个副本,对象修改自己的实例变量值不会影响到其他对象的实例变量值。static 不能修饰局部变量与参数变量。

　　static 修饰的成员方法称为静态方法,反之则称为实例方法。

　　静态成员与实例成员的主要区别是:

　　(1) 静态变量称为类变量,可以通过类名调用,实例变量则只能通过对象的引用进行调用。

　　(2) 静态方法是属于类的方法,又称为类方法,可以通过类名调用,而实例方法是属于对象的方法,只能通过对象的引用来调用。

　　(3) 当一个类被装载入 Java 虚拟机后,其声明的静态方法就会被加载到方法区(Java 虚拟机内存中用于存放静态方法与静态常量的区域),同时也为静态变量分配内存空间并初始化。而实例变量则是在实例化对象以后才分配内存空间并初始化,同样的实例方法也只能有实例变量后才能使用。

　　(4) 由于上述静态成员与实例成员加载顺序的先后不同,所以在静态方法中不能访问实例变量,不能调用实例方法,也不能使用 this 和 super 关键字;而在实例方法中则可以访问静态变量和调用静态方法。

　　(5) 在子类中不能覆盖父类的静态方法,但可以隐藏父类的静态方法。

【例 3.15】 静态变量与静态方法。

```java
public class Student {
    private String name;  //实例成员变量 name
    private float score;  //实例成员变量 score
    private String ID;    //实例成员变量 ID
    public static float standardScore;  //静态成员变量 standardScore
    //静态方法
    public static void staticInit(){
        standardScore=90.0f;//合法访问静态变量 standardScore
        score=80.0f;//非法访问实例变量 score
    }
    //实例方法
    public void printGrade() {
        if (score >= standardScore) {   //合法访问静态变量 standardScore
            System.out.println("成绩优秀");
        }else {
            System.out.println("成绩一般");
        }
    }
}
```

在例 3.15 中声明了一个静态成员变量 standardScore。在此例中，变量 standardScore 表示评判学生成绩等级的标准分。这表示 Student 类具有标准分这么一个属性，但是，由于标准分对于所有学生而言都是一样的，所有的 Student 对象都共享同一个标准分的值，所以将 standardScore 变量声明为静态变量，这就是声明静态变量的意义所在。而对于每个学生的姓名、学号等属性而言，显然每个学生对象的这些属性值都是不相同的，所以对应的变量就声明为实例变量。

【例 3.16】 访问 Student 类的静态成员与实例成员。

```java
public class Demo {
    public static void main(String[] args) {
        //通过类名访问 Student 类的静态方法，合法
        Student.staticInit();
        //通过类名访问 Student 类的静态变量，合法
        Student.standardScore=70.0f;
        //通过类名访问 Student 类的实例方法，非法
        Student.printGrade();
        Student stu1=new Student();
        //访问 stu1 对象的实例成员方法，合法
        stu1.setName("李四");
        //通过对象引用访问 stu1 对象的静态变量，合法
        stu1.standardScore=80.0f;
    }
}
```

如例 3.16 所示，通过类名和对象引用都能访问静态成员，但不能通过类名访问实例成员。main 方法作为 Java 程序的入口方法，会最先执行，所以也必须声明为 static 的方法。

另外，在程序中还能用 static 声明静态代码块和静态内部类，声明静态代码块的示例如例 3.17 所示，静态内部类则参看内部类章节。当类被载入后，静态代码块就会被执行，且只执行一次。静态块常用于初始化静态成员变量。

【例 3.17】 静态代码块。

```java
public class Student {
    static{
        //静态代码块
    }
}
```

3.2.11 this 关键字

在实例化一个对象后，通常会将该对象的引用赋值给一个变量，通过变量来访问该对象。而 Java 虚拟机还会给这个对象分配一个指向自身的引用，这个表示对象自身的引用命名为 this，Java 程序中 this 就是当前对象的一个引用。由于 this 与对象相关，而与类无关，所以 this 关键字只能在构造器、实例方法或实例初始化器中使用，在静态方法或静态代码块中是不能使用的。this 关键字主要有三种用法。

this 用法 1：区分成员变量与方法参数。当成员方法或构造器的参数与成员变量同名时，为了访问被同名参数屏蔽的成员变量，需要使用 this。使用"this.成员变量"表示访问的是成员变量而不是同名的方法参数。

【例 3.18】 使用 this 访问成员变量。

```
public class Student {
    private String name; // 姓名
    private String ID; // 学号
    private float score; // 成绩
    //构造器中使用 this 关键字
    public Student(String name, String iD) {
        this.name=name;
        ID=iD;
    }
    //实例方法中使用 this 关键字
    public void setScore(float score) {
        this.score=score;
    }
}
```

本例的构造器 Student(String name，String iD)中传入两个参数：name 和 iD，而参数 name 正好和成员变量 name 同名，假如不使用 this 关键字，则构造器的代码如下所示：

```
public Student(String name, String iD) {
    name=name;
    ID=iD;
}
```

对于 name＝name 这条赋值语句，虽然代码没有错误，但 Java 编译器会将两个 name 都视为构造器传入的参数 name，相当于用参数 name 为参数 name 赋值，而并不是预期的用参数 name 为成员变量 name 赋值，这就是参数 name 屏蔽了同名的成员变量。这时，就需要用 this 来访问被屏蔽的成员变量 name，如例 3.18 中的代码所示。因为 this 是当前对象的引用，故 this.name 表示的是当前对象的成员变量 name，而不再是参数 name。实例方法 setScore 中的 this.score= score 也是相同的用法。而构造器中的另一个参数 iD，因为与成员变量 ID 是不同名的，所以在为成员变量 ID 赋值时就不需要用到 this 关键字。当然，如果加上 this 也不会有错，如 this.ID=iD。

this 用法 2：在构造器中调用其他构造器。由于 Java 支持构造器的重载，所以在一个类中可以声明多个构造器。有时需要在一个构造器中调用同一个类的其他构造器，这时就要用到 this 关键字。在构造器中调用同一类的其他构造器的语法规则是：

（1）用 this 关键字替换构造器名称进行调用。

（2）用 this 调用其他构造器的代码必须是该构造器的第一行代码。

【例 3.19】 使用 this 调用重载的构造器。

```
public class Student {
    private String name; // 姓名
    private String ID; // 学号
```

```
        private float score;  // 成绩
    //构造器 1
    public Student() {
        System.out.println("实例化一个 Student 对象");
    }
    //构造器 2
    public Student(String name, String iD, float score) {
        this();//调用构造器 1
        this.name=name;
        ID=iD;
        setScore(score);//调用成员方法
    }
    public void setScore(float score) {
        this.score=score;
    }
}
```

例 3.19 的构造器 2 中是用代码 this()实现了调用构造器 1，而不是用 Student()。由于构造器 1 是一个无参数的构造器，所以 this()中也不带参数。同样地，this()代码也是构造器 2 的第一行代码。对比在构造器 2 中调用成员方法 setScore 的代码，也可以看出两种调用之间的差别。由于使用 this 关键字调用另一个构造器的代码必须是构造器的第一条代码，所以在一个构造器中也只能调用一次其他构造器。在构造器中用 this 调用同类的其他构造器实现了代码的重用。

this 用法 3：在实例方法中表示当前对象的引用。如例 3.20 代码中的 getStudent 方法，该方法会返回当前的 Student 对象的引用，而这个引用就是用 this 表示。

【例 3.20】 用 this 表示当前对象的引用。

```
    public class Student {
        private String name;  // 姓名
        private String ID;  // 学号
        private float score;  // 成绩
        //其他代码省略
        public Student getStudent() {
            return this;
        }
    }
```

以上 this 关键字的三种用法虽然各不相同，但其根本含义是不变的，即 this 就是当前对象的引用。对这句话的理解也是掌握使用 this 关键字的关键。

3.2.12 package 与 import

1. package 语句

类是 Java 程序的基本组成单元，一个 Java 程序通常会由多个类和接口组成(注：由于接口也可看成是一种特殊的类，本章后续就省略接口)。为了更好地管理与使用类，Java 提供了包(package)的机制,可以将功能相近的类划分到同一个包中,方便类的查询与使用。Java 基于包划分了类的命名空间,这既有利于防止类的命名冲突,也为类的访问保护设定了一个边界。

在一个 Java 源文件中使用 package 语句声明一个包,就能将这个源文件中定义的类划分到 package 语句所声明的包中,包声明 package 语句的语法格式如下:

package 包名[.子包名[.子包名……]];

package 是 Java 的关键字,包名或子包名都必须是合法的 Java 标识符。Java 中的包是可以层层嵌套的,也就是说在一个包下可以声明多个子包,以此类推。这里的子包是指嵌套在另一个包下声明的包,包与子包的关系类似于文件系统中的目录与子目录,只是在 package 语句中包名与子包名之间用点间隔。在 Java 程序中声明包是在逻辑上划分出了多层次的命名空间,同时也设定了相应的 Java 源文件以及编译后的字节码文件的存放目录。

【例 3.21】 package 语句的使用。

```
/*源文件 javabook/ch3/Student.java */
package javabook.ch3;
public class Student {
    //其他代码省略
}
```

如例 3.21 所示,Student 类是在 javabook.ch3 包中声明的,对应的包的逻辑层次是:javabook 是一个包,而 ch3 则是 javabook 包中声明的包,相当于 javabook 的子包。所以 Student 类中 package 语句声明的包名是 javabook.ch3,而 Student 类的源文件保存目录就应该是:javabook/ch3/Student.java。由此可以看出,包的层次与源文件保存的目录层次是一一对应的。需要特别强调的是,在一个 Java 源文件中,package 语句不是在类中声明的,而是在类之外声明的,一个 Java 源文件只能有一条 package 语句,而且还必须是该源文件的第一条 Java 代码。在 package 语句之前只能允许写注释,而不能有其他任何 Java 代码。

通常将一个类的类名加上所在包的名称合并称为类的全类名,例 3.21 中的 Student 类的全类名就是 javabook.ch3.Student。在一个 Java 程序中不允许任何两个类有相同的全类名,也就是说在一个包所属的命名空间下不能有同名的类,而在不同的包中则可存在同名的类。比如在 javabook.ch2 包中再声明一个 Student 类是可以的,而这个 Student 类的全类名是:javabook.ch2.Stduent,如例 3.22 所示。这两个 Student 类可以在一个 Java 程序中同时存在,这就是用包来避免命名冲突的体现。

【例 3.22】 在 javabook.ch2 包中声明的 Student 类。

```
/*源文件 javabook/ch2/Student.java */
package javabook.ch2;
public class Student {
    //其他代码省略
}
```

如果一个 Java 源文件中没有 package 声明,则该源文件中的类将被分到无名的包(unnamed package)中。在开发 Java 程序时,不建议将类声明到无名的包中,最好是所有的类都划分到自定义的包中,便于类的管理与使用。程序中的 Java 源文件按照所在包的层次保存在对应的文件夹下,同样,编译后的字节码文件(.class)也是按包的层次分目录存放。

如果未使用集成化的开发工具开发 Java 应用程序，则需要在源文件所在目录下手动创建与包的层次相对应的文件夹目录，用于存放 Java 源文件，而字节码文件的目录结构则是在编译源文件时由编译工具创建，无需手动创建。

Java 开发工具包(JDK)提供的标准类库就是用包来组织和管理所有的类和接口，通常是将功能相近的类和接口声明在同一个包中，表 3.2 是 JDK 标准类库中常用的一些包的介绍。

表 3.2 JDK 标准类库中的常用包

包 名	简 介
java.lang	提供开发 Java 应用程序的基础的类和接口，比如 Object、String、System 等
java.util	提供了集合框架、事件模型、日期和时间以及其他各种实用工具类
java.io	提供用于开发输入/输出程序的类和接口，比如 InputStream、File 等
java.net	提供开发网络应用程序的类和接口
java.sql	提供访问和处理来自于 Java 标准数据源数据的类和接口
java.awt	提供创建图形用户界面以及绘制、管理图形、图像的类和接口
javax.swing	提供轻量级的用户界面组件，用于替代 awt 包中的用户界面组件
java.security	提供 Java 安全框架的基础类和接口

JDK 标准类库中提供了大量的类供开发者使用，基于包来组织和管理类则有利于开发者更好地使用标准类库中的类，表 3.2 只是列举出了 JDK 标准类库中常用的部分包。

2. import 语句

包的使用在逻辑上将类分成了不同的组，在一个 Java 类中可以直接使用同一包中的其他类，但如果要使用其他包中的类时，则必须要先导入该类，这就是 Java 的包导入机制。在 Java 程序中用 import 语句导入不同包的类，和 package 语句一样，import 语句也是在类之外声明，且必须位于 package 语句之后，类声明之前。一个 Java 源文件只能有一条 package 语句，但可以有任意多条 import 语句。

使用 import 语句导入类的方式有多种，最常用的是以下两种：

(1) 单类型导入(single-type-import)，声明格式如下：

  import 包名[.子包名[.子包名……]].类名;

例如：

  import java.util.Date;

  importjava.util.Calendar;

这种方式是只导入一个指定的类或接口，这两条 import 语句分别导入 java.util 包中的 Date 类和 Calendar 类。虽然这种导入单个类的方式简单而直接，但当需要导入同一个包中的多个类时，就要写多条 import 语句，这种情况下就可以使用第二种导入方式。

(2) 按需求类型导入(type-import-on-demand)，声明格式如下：

  import 包名[.子包名[.子包名……]].*;

例如：import java.util.*;

这种方式用 * 代替了某个特定的类名，但这并不表示要导入 java.util 包中的所有类，而是指可自动从 java.util 包中导入当前需要的类(前提是该类是可访问的),例如第一种方式下的 Date 类和 Calendar 类。这样一条 import 语句就可以代替多条 import 语句,简化了包的导入代码。两种方式各有优劣,单类型导入方式下虽然 import 语句较多,但代码编译的效率要高于按需求类型导入方式,而且能避免不同包下同名类的命名冲突。一般情况下建议使用单类型导入方式。

编写 Java 应用程序时必然要用到 JDK 标准类库中的类,在使用标准类库中的类时都需要使用 import 语句导入,除了 java.lang 包中的类,这是因为编译器会自动导入 java.lang 包。例如,在前面的例子中用到的 String 类就是属于 java.lang 包中的类,而程序中并没有 import 该类。

除了上述的两种常用的 import 包导入方式,在 JDK 1.5 中引入了一个新的特性:静态导入(static import),用于导入不同包的某个类的公有的静态成员,包括静态的成员变量与成员方法。静态导入也分为单个静态导入和按需静态导入,其语法格式分别如下:

单个静态导入(single-static-import):
    import static 包名[.子包名[.子包名……]].类名.静态成员;
按需静态导入(static-import-on-demand):
    import static 包名[.子包名[.子包名……]].类名.*;

对比普通 import 导入语句,静态导入的 import 语句加入了关键字 static,单个静态导入是导入某个指定类的指定的静态成员,而按需静态导入是按需导入某个指定类所有的公有静态成员,不能按需导入某一个包中的所有类的静态成员。

【例 3.23】 静态导入。

```
/* javabook.ch2 包中的类 StaticCommon */
package javabook.ch2;
public class StaticCommon {
    public static final int NUMBER=100;
    public static void staticMethod() {
        System.out.println("这是一个静态成员方法");
    }
}
```

在 javabook.ch3.StaticImportDemo 类中访问 javabook.ch2.StaticCommon 中的静态成员。在没有引入静态导入之前的访问方式是:导入 javabook.ch2.StaticCommon,并通过类名来访问其静态成员,如下代码所示:

```
/* javabook.ch3.StaticImportDemo 中通过类名访问 StaticCommon 类的静态成员 */
package javabook.ch3;
import javabook.ch2.StaticCommon;
public class StaticImportDemo {
    public static void main(String[] args) {
        System.out.println(StaticCommon.NUMBER);
        StaticCommon.staticMethod();
    }
}
```

如果采用静态导入方式,则 javabook.ch3.StaticImportDemo 类的代码如下:

```
/* javabook.ch3.StaticImportDemo 使用静态导入访问 StaticCommon 类中的静态成员 */
package javabook.ch3;
import static javabook.ch2.StaticCommon.NUMBER;
import static javabook.ch2.StaticCommon.staticMethod;
public class StaticImportDemo {
    public static void main(String[] args) {
        System.out.println(NUMBER);
        staticMethod();
    }
}
```

在 StaticImportDemo 类中静态导入了 StaticCommon 类的静态成员后，StaticImportDemo 类访问这些静态成员就跟访问自己的成员变量或方法一样简单，但如果 StaticImportDemo 类自身也有同名的静态成员时，就必须要加上类名前缀进行区分。静态导入的使用简化了对静态成员的访问，但过度使用静态导入也会降低程序的可读性。

3.2.13 访问控制修饰符

Java 中的访问控制修饰符用于修饰类、成员变量与成员方法，通过访问控制修饰符为类及其成员设定了其访问权限。Java 语言实际上划分了四种访问权限：公有的、受保护的、私有的和默认的。前三种访问权限分别对应的是 public、protected、private 三个访问控制修饰符，在不用任何访问控制修饰符时就设定的是默认权限。划分访问控制权限就必然要有权限的边界。Java 的类、包以及继承关系就是访问控制权限实施的边界。下面将一一说明每个访问控制修饰符划定的访问权限范围。

（1）公有的：用 public 修饰符，不受任何边界的限制，所有 public 修饰的成员都能被任意地访问。一个类可以随意访问任何包中的 public 类，也能访问类的所有 public 成员，包括成员变量与成员方法。

（2）受保护的：用 protected 修饰符，以包（package）或继承关系作为边界，protected 修饰的类成员能被同一包中的其他类访问，也能被不同包中的子类访问。

（3）私有的：用 private 修饰符，以类为边界，private 修饰的类成员只能被同一个类的其他成员访问，私有成员在类之外是不可见的。

（4）默认的：无需使用任何修饰符，以包为边界，默认权限的类或类成员只能被同一个包中的其他类访问，不同包的子类不能访问默认权限的类成员，所以默认权限也称为包（package）权限。

Java 的访问控制修饰符如表 3.3 所示。

表 3.3　Java 的访问控制修饰符及其访问权限范围

修饰符	同一类中	同一包中的其他类	不同包的子类	不同包的任意类
public	√	√	√	√
protected	√	√	√	×
default	√	√	×	×
private	√	×	×	×

表 3.3 列举出了四种访问控制修饰符划定的可访问的范围，其中，default 并不表示有 default 这个访问控制修饰符，是指没有任何访问控制修饰符时为 default。public 能用于修饰外部类、嵌套类以及类的成员，protected 和 private 只能修饰外部类与类的成员。而局部变量与参数变量只能是 default 的访问权限。

3.2.14　完整的范例程序

在本章中以 Student 类为例介绍了如何声明类与创建对象，随着知识点的增加，Student 类的定义也在不断地完善，本节将给出完整的 Student 类与 Demo 类的代码，希望能帮助读者更好地理解与掌握本节的知识。Student 类与 Demo 类声明在不同的包中，在 Demo 类的 main 方法中创建并使用了 Student 类的对象。

【例 3.24】　完整的 Student 类的声明。

```java
/*源文件 Student.java*/
package javabook.ch3;//
public class Student {
    private String name; //实例变量
    private float score; //实例变量
    private String ID; //实例变量
    private static float standardScore; //静态变量
    /**
     * 构造器
     */
    public Student(String name, String iD) {
        this.name=name;
        ID=iD;
    }
    /**
     * 构造器
     */
    public Student(String name, float score, String iD) {
        this(name, iD);
        this.score=score;
    }
    //setter 与 getter 方法
    public String getName() {
        return name;
    }

    public void setName(String name) {
        this.name=name;
    }

    public float getScore() {
```

```
            return score;
        }

        public void setScore(float score) {
            this.score=score;
        }

        public String getID() {
            return ID;
        }

        public void setID(String iD) {
            ID=iD;
        }
        //静态方法
        public static float getStandardScore() {
            return standardScore;
        }
        //静态方法
        public static void setStandardScore(float standardScore) {
            Student.standardScore=standardScore;
        }
        //实例方法
        public void printGrade() {
            if (score >= standardScore) {
                System.out.println("成绩优秀");
            } else {
                System.out.println("成绩一般");
            }
        }
    }
```

【例 3.25】 Demo 类：对象的创建与使用。

```
package javabook.demo;  //与 Student 类不在同一个包中
import javabook.ch3.Student;    //导入
import static javabook.ch3.Student.setStandardScore;  //静态导入
import static javabook.ch3.Student.getStandardScore;

public class Demo {
    public static void main(String[] args) {
        Student.setStandardScore(90.0f);
        System.out.println("标准分修改为："+getStandardScore());
        Student stu1=new Student("张三", "001");
        Student stu2=new Student("李四", 85.0f, "002");
```

```
        stu1.setScore(95.0f);
        stu1.printGrade();
        stu2.printGrade();
        setStandardScore(80.0f);
        System.out.println("标准分修改为:"+getStandardScore());
        stu1.printGrade();
        stu2.printGrade();
    }
}
```

例 3.24 与 3.25 是两个完整的 Java 类,Java 程序保存为 Java 源文件,Java 源文件的后缀名是 .java,而文件名则必须与源文件中的公有类同名。比如例 3.24 中的 Student 类所在源文件就应该命名为:Student.java。通常情况下,一个 Java 外部类或接口都单独保存为一个 Java 源文件。Java 源文件中只能有一条 package 语句,并且必须是源文件的第一条 Java 语句。

3.3 Java 虚拟机运行数据区

用 new 操作符创建一个 Java 对象时,Java 虚拟机将为对象分配内存空间,用于存储对象的属性。但当对象不再使用时,程序员无需释放该对象所占的内存,内存空间的回收工作是由 Java 虚拟机的垃圾回收器(Garbage Collector)负责。Java 虚拟机具有自动内存管理机制,减少了出现内存泄漏或内存溢出等问题的概率,提高了 Java 程序的安全性与可靠性。

Java 虚拟机在执行 Java 程序时,会将其管理的内存划分为不同的数据区域,不同的数据区有不同的用途,也有不同的生命周期。有些数据区是随虚拟机的启动而创建,退出而销毁,其他的数据区则是依赖于线程的创建而创建,线程的结束而销毁。了解 Java 虚拟机的运行时数据区有利于理解 Java 对象的创建与使用,更深入的内容参看 Java 虚拟机规范。

Java 虚拟机运行时的数据区主要有如图 3.3 所示几种。

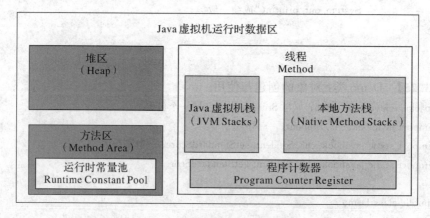

图 3.3　Java 虚拟机运行时的数据区

1. 程序计数器(Program Counter Register)

Java 虚拟机支持多线程的方式运行 Java 程序,多条线程是轮流获取 CPU 执行时间来运行,一条线程可能要分多次执行才能完成。为了在切换到本线程时能恢复到正确的执行指令,每条 Java 虚拟机线程都有自己的程序计数器,各条线程的程序计数器互不影响。任意一个时刻,每一条 JVM 线程只会执行一个方法的代码,该方法为线程的当前方法。如果当前方法是一个 Java 方法,程序计数器保存的就是当前正在执行的 Java 虚拟机指令;如果当前方法是一个 native 方法,则程序计数器保存的值为空(Undefiend)。程序计数器未规定任何类型的内存错误情况。

2. Java 虚拟机栈(Java Virtual Machine Stacks)

每一个 Java 虚拟机线程都有其私有的 Java 虚拟机栈,用于存储栈帧。Java 虚拟机栈与线程是同时创建的,其生命周期与线程相同。当运行线程调用一个方法时会创建一个新的栈帧,调用结束时则销毁其栈帧。栈帧用于存储数据、部分过程结果、动态链接、方法的返回值等。栈帧的空间分配在 Java 虚拟机栈中,每个栈帧有自己的本地变量表、操作数栈和动态链接以及指向当前方法所属类的运行时常量池的引用。Java 虚拟机栈可能抛出 StackOverFlowError 和 OutOfMemoryError 两种错误。

3. 本地方法栈(Native Method Stacks)

本地方法栈的作用与 Java 虚拟机栈的作用类似,区别在于 Java 虚拟机栈为执行 Java 方法服务,而本地方法栈是为虚拟机执行 native 方法服务。JVM 规范没有规定本区域如何实现,Sun HotSpot 虚拟机是直接把本地方法栈和 Java 虚拟机栈合成了一个。和 Java 虚拟机栈一样,本地方法栈也可能抛出 StackOverFlowError 和 OutOfMemoryError 错误。

4. 堆区(Heap)

Java 虚拟机管理的内存中有一块为所有虚拟机线程共享的存储区,称为堆区。堆区在 Java 虚拟机启动时创建,用于存放实例对象。所有的实例对象以及数组都要存储在堆区。存储在堆区的实例对象都由虚拟机自动管理,对象所占的存储空间不需要显式的释放,由虚拟机的垃圾回收器自动回收。Java 堆的容量可以是固定大小,也可以动态扩展(-Xms 和 -Xmx),并在不需要过多空间时自动收缩,而且堆区所使用的内存只需要在逻辑上是连续的。如果一个程序运行所需的堆空间大于虚拟机可用的堆空间时,Java 虚拟机将发生 OutOfMemoryError 错误。

5. 方法区(Method Area)

和堆区一样,方法区也是所有虚拟机线程共享的内存区,在虚拟机启动时被创建。方法区用于存储已被虚拟机加载的类的结构信息,比如字段、方法数据、方法与构造器字节码、运行时常量池以及一些在类、实例、接口初始化时用到的特殊方法。

方法区在逻辑上是堆区的一部分,但相对于堆区,方法区无需实现垃圾回收或压缩,是一种更简单的实现,所以还是与堆区进行区分,命名为方法区。方法区也可能会发生 OutOfMemoryError 错误。

6. 运行时常量池(Runtime Constant Pool)

每个类或接口的字节码中都包含一个常量池表(Constant_pool Table),表中包含了各种常量、编译期生成的各种字面值以及符号引用,运行时常量池就是这个常量池表的运行时表示形式。运行时常量池是从方法区分配存储空间,是方法区的一部分,虚拟机在加载类或接口后就创建对应的运行时常量池。运行时常量池也可能发生 OutOfMemoryError 错误。

思考与练习

3.1 如何理解类与对象的联系与区别？

3.2 创建一个实例对象的本质是什么？

3.3 联系现实对象的属性与行为来理解类的成员变量与成员方法。

3.4 深入理解静态变量的含义，列举静态变量与实例变量的差异。

3.5 理解成员方法重载的意义，如何进行方法重载？

3.6 理解 this 关键字在 Java 程序中的含义与用法。

3.7 下面哪一个是 Java 语言中的关键字_____。

A. Final   B. static   C. String   D. define

3.8 下列叙述中，正确的是_____。

A. Java 语言的标识符是区分大小写的

B. Java 源文件名与 public 类名可以不相同

C. Java 源文件名其扩展名为.jar

D. Java 源文件中 public 类的数目不限

3.9 在 Java 中，由 Java 编译器自动导入而无需在程序中用 import 导入的包是_____。

A. java.io   B. java.awt

C. java.util   D. java.lang

3.10 下列常量定义合法的是_____。

A. int TIMKF=1024   B. char TIMKF="1024"

C. final int TIMKF=1024   D. byte TIMKF='1024'

3.11 下列属于合法标识符的是_____。

A. break   B. ♯W23   C. @adef   D. $_341

第 4 章　Java 语言基础

4.1　Java 的数据类型

Java 是一种静态类型（Statically Typed）的编程语言，也是一种强类型（Strongly Types）的编程语言。静态类型意味着在编译时 Java 程序中的所有变量与表达式都具有确定的类型。强类型则体现在变量的类型限定了变量只能赋同类型的值，而表达式的类型也限定表达式只能生成同类型的结果。同样，Java 语言中操作符的使用也受到类型的限制。正是基于 Java 语言这种静态类型与强类型的特性，Java 编译器在编译程序时会对变量与表达式进行类型匹配检查以保证它们的值与类型是兼容的。这里的类型就是通常所说的数据类型。Java 语言中的数据类型分为两种：基本类型（Primitive Types）与引用类型（Reference Types）。所有的变量与表达式在声明时必须声明其数据类型，并且其数据类型必然是上述两种数据类型中的一种。

4.1.1　基本数据类型

Java 程序由类与对象组成，但程序中也会经常使用一些单一的数据值，比如一个数值、一个字符等。虽然也可以将这些简单的数据抽象成为类（其实 Java 中也这样做了，表现为各种基本数据的包装器类），但为了更便捷地表示与使用这些简单的数据，Java 将这些单一数据定义为基本数据，并划分为八种基本的数据类型，用相应的 Java 关键字表示。

Java 定义的八种基本数据类型分别是：布尔型、字节型、短整型、整型、长整型、字符型、单精度浮点型和双精度浮点型。

Java 语言规范中规定了每种基本数据类型表示的数据值类型、数据值范围以及运算操作。如果按照所表示的数据值的类型分组，这八种基本数据类型又可以分为两个组：布尔型（boolean）和数值型。

布尔型：只包含 boolean 类型，其表示的数据值只能是 true/false 中的一种。

数值型：除了 boolean 型以外，其他七种数据类型都是数值型，其表示的数据值是一个数，其中 byte、short、int 以及 long 都是表示带符号的整数，而 float 与 double 表示带符号的浮点数。char 类型比较特殊，虽然在程序中 char 表示单个字符，但 char 类型的值是对应字符的 Unicode 编码值，这个 Unicode 编码值是一个长度为 2 个字节（16 bit）的无符号整数，所以 char 类型的值也是一个整数。

如果程序中的变量、方法参数、方法返回值以及表达式的数据类型是八种基本数据类型中的一种，那么，变量、方法参数的数据值的类型与大小一定要与其数据类型的取值规定相匹配，否则会导致编译错误。为了让 Java 程序有更好的可移植性，Java 语言中明确规定了八种基本数据类型的长度，不管程序运行在什么样的操作系统上，每种基本数据类型的长度是固定的。这样能保证 Java 程序从一个平台移植到另外一个平台时也能正常运行，而不会发生类似数据溢出这样的错误。

4.1.2 布尔型

Java 中的布尔型是用于表示逻辑值的基本数据类型，布尔类型表示的逻辑值只有两个：真(true)和假(false)。Java 程序中用关键字 boolean 声明布尔类型变量，布尔型变量的取值只能是 true 或 false，而布尔型变量的默认初始化值为 false。

由于布尔型的数据值只有 true 和 false，所以从理论上讲，布尔型数据只需要 1bit 的存储空间，但在 Java 中并没有准确地定义布尔型数据所占用的存储空间大小。根据 Java 虚拟机的规范，在编译 Java 程序时，单个布尔型变量是用整型(int)表示，也就是说单个布尔型的值占 4 个字节(32 bit)，而布尔型数组中的一个布尔型元素则是使用字节型(byte)表示，占用 1 个字节。虽然布尔型的值在 Java 虚拟机中是用数字形式进行处理的，但在为布尔型的变量赋值时，绝不能用非 0 和 0 的数值来代替 true 和 false。

```
boolean f=false;  //合法
boolean t=1;      // 非法
```

Java 程序中的逻辑运算符的操作数必须是布尔类型的数据，而逻辑表达式的值也必须是布尔类型。

【例 4.1】 布尔型变量的声明与使用。

```
package javabook.ch4;
public class BooleanDemo {
    public static void main(String[] args) {
        boolean flag=false;   //声明布尔型变量
        flag=! flag;          //逻辑运算符
        if (flag) {           //布尔表达式
            System.out.println("flag 是真");
        }else{
            System.out.println("flag 是假");
        }
    }
}
```

Java 是面向对象的编程语言，所以在一些特定的代码中只能使用对象，而不能使用基本数据类型。为此，在 Java 的标准类库中为每一种基本数据类型都定义了相应的 Java 类，这样的八个与基本数据类型相对应的 Java 类称为包装类(Wrapper Class)，这八个包装类都定义在 java.lang 包中。包装类实际上就是基本数据的引用类型，包装类中包含了基本数据类型的最大、最小值以及相应的一些方法。包装类用于生成对象形式的基本数据，方便在必须使用对象的 Java 代码中使用。布尔型的包装类是 Boolean。

4.1.3 整数类型

数值型的基本类型中有四种是整数型，用于表示四种大小不一的带符号的整数值。

Java中规定了每种整数类型的长度，整数类型的长度决定了该类型所能表示的整数的大小范围，而所有的整数类型变量的默认初始化值都为零。表4.1中列举出了四种整数类型的长度以及所表示整数的范围。

表 4.1 整数类型的长度与表示数的范围

数据类型	关键字	长度（单位：bit）	表示数的范围
字节型	byte	8	$-128 \sim 127$
短整型	short	16	$-32\,768 \sim 32\,767$
整型	int	32	$-2\,147\,483\,648 \sim 2\,147\,483\,647$
长整型	long	64	$-9\,223\,372\,036\,854\,775\,808 \sim 9\,223\,372\,036\,854\,775\,807$

Java整数类型表示的是带符号的整数，整数类型的最高位保留作为符号位使用，符号位为1表示负数，符号位为0则表示正数。整数类型所表示的整数的大小范围的计算方式如下：

$$-2^{(\text{整数类型长度}-1)} \sim 2^{(\text{整数类型长度}-1)} - 1$$

由于最高位作为符号位使用，所以表示整数绝对值大小的长度就要少一位。又因为在计算机中的二进制数通常是以补码的形式保存，非负数0要占用一个符号位为0所能表示的正整数的位置，所以整数类型所表示的整数范围中，最大的正整数要比最小的负整数的绝对值小1。

下面以字节类型（byte）为例说明，字节类型的长度为8，去掉最高位的符号位，只剩7个二进制数位用于表示整数的绝对值大小。符号位为0的字节类型表示的二进制数的范围为

0000 0000～0111 1111

因为正整数的补码与原码相同，所以有0000 0000～0111 1111＝0～127。

虽然7位二进制数能表示 $2^7 = 128$ 个数，但由于这其中包含了0（二进制形式为0000 0000），所以字节类型表示的最大正整数是127。

而符号位为1的字节类型表示的数的范围为

1000 0000～1111 1111

与正数不同的是，上式中的二进制数是负数的补码形式，并不是原码。补码对应的原码等于补码的补码。上式中的1111 1111＝－1比较容易理解，因为1111 1111去掉符号位后为111 1111，而111 1111的补码则是000 0001＝1，再加上符号位1就为1000 0001＝－1。所以1111 1111就是－1的补码。而1000 0000去掉符号位后为000 0000，其补码为1000 0000＝128，正好符号位又是1，所以1000 0000＝－128。

也可以这样理解：7位二进制数总共能表示128个数，其中数0占用了一个正数的位置，这样，字节类型表示的最大正整数为127，而字节类型能表示的负数则有128个：－1～－128，所以，字节类型能表示的最小负数为－128。需要注意的是，1000 0000并不代表负数0，而表示－128。

四种整数类型所表示的整数范围都是这样计算的，下面将一一介绍每种整数类型。

1. 字节型(byte)

字节型表示的是长度为单个字节(1byte=8 bit)的带符号整数,是最小的整数类型,表示整数的范围为:-128~127,声明字节型变量的关键字是 byte。例如:

  byte month=12; //声明 byte 类型的变量 month
  byte year=2015; //非法,byte 变量 year 的取值超出了 byte 类型的取值范围

由于 byte 类型的长度为 1 个字节,其表示的整数的大小有限,所以在表示单个整数的时候更多的是使用 int 类型。而 byte 类型的主要应用是:声明 byte 类型的数组用于存储二进制数据。比如在 Java I/O 编程中的数据流读写中经常用到 byte 类型的数组,这样做的好处是能节省内存空间。

字节型的包装类是 Byte。

2. 短整型(short)

短整型表示的是长度为 2 个字节的带符号整数,表示的整数范围为:-32 768~32 767,声明短整型变量的关键字是 short。例如:

  short tenYears=3650;

设计 short 类型的初衷也是为了节省内存空间,在计算机硬件资源比较稀缺的情况下,用 short 类型比用 int 类型要节省 2 个字节。但在目前,内存资源稀缺的情况比较少见了,所以现在 short 类型也很少使用了。

短整型的包装类是 Short。

3. 整型(int)

整型的长度为 4 个字节,整型是最常用的整数类型,这是因为 int 类型表示的整数范围几乎覆盖了所有普通运算的需求。声明整型变量的关键字是 int,例如:

  int i=20000;

除了用于表示一般的整数值,整型变量还常常用于表示 for 循环的迭代值以及数组和集合的游标。实际上,不管是 byte 还是 short 类型的数据,在进行数学运算时,都会提升成整型类型,也就是说单个的 byte 和 short 类型变量在运算时都会占用 4 个字节的内存空间,这样的转换是自动进行的。但数组是例外,整数类型数组中的单个元素所占内存空间与其数据类型的长度是一致的,比如 byte 数组中的一个字节型数据就只占 1 个字节的内存空间。

【例 4.2】 byte 类型与 int 类型的应用。

```
package javabook.ch4;
public class ByteDemo {
    public static void main(String[] args) {
        byte x=12;
        byte y=13;
        byte z=x+y;    //非法代码
        int i=x+y;     //合法代码
    }
}
```

例 4.2 中为什么两个 byte 类型数据相加的结果不能赋值给 byte 变量 z 而只能赋值给 int 变量 i 呢?这是因为虽然 x 和 y 都是 byte 类型变量,但它们相加之前会自动提升为 int

类型,这样相加的结果也自然是 int 类型,所以不能再赋值给 byte 类型的变量 z。

从 Java 8.0 开始,Java 将支持表示无符号的整型,也就是能表示 32 位的无符号数,这样表示的整数范围为 $0 \sim 2^{32}-1$。但是,这只是在 int 类型的包装器类 Integer 中增加了对无符号数处理的方法,在语法层面上,int 类型变量的赋值大小还是不变的。

整型的包装类是 Integer。

4. 长整型(long)

当需要表示的整数或计算的整数结果超出整型所能表示的范围时,就可以选择使用长整型,声明长整型变量的关键字为 long。长整型能表示 64 位的带符号整数,在一些特定的应用场景中需要使用到长整型,比如计算光在一年的时间内传播的距离(单位为千米),其结果就只能用长整型表示。

【例 4.3】 长整型的使用。

```
package javabook.ch4;
public class LongDemo {
    public static void main(String[] args) {
        long lightSpeed=300000L;    //光速大约为每秒 30 万公里
        long distance=lightSpeed * 60 * 60 * 24 * 365;
        System.out.println("1 光年换算成距离大约为:"+distance+"千米");
    }
}
```

例 4.3 输出的结果如图 4.1 所示。

图 4.1 例 4.3 运行结果

一光年换算成距离大约为 94 608 亿千米,这个整数大大超出了整型所能表示的范围,所以必须使用长整型。在使用长整型时需要注意的问题有两个:

(1) 给长整型变量赋值时,当变量值大于整型表示的范围时,必须要在数值后面加上字母 L,以表示这是一个长整数,而不是整型数。

比如:

```
long l1=9460800000000L;      //合法
long l2=9460800000000;        //非法
long l3=94608;                //合法
```

(2) Java 程序中会将一个整数默认为整型,上例中的 long l2=9460800000000 之所以是非法的就是因为 9460800000000 被默认为整型,但又超出了整型表示的范围。所以必须要像 l1 那样在整数后面加上 L 字母以表示这是一个长整型的整数。

整型操作数计算的结果也是整型,如果计算的结果超出了整型表示的范围,虚拟机将自动将其转换为整型,这样就会导致数据溢出。

比如将本例中的光速变量改为整型,如例 4.4 所示,再运行程序,看看会得到什么样的结果。

【例 4.4】 整型的使用。

```
package javabook.ch4;
```

```
public class LongDemo {
    public static void main(String[] args) {
        int lightSpeed=300000;   //光速大约为每秒30万公里
        long distance=lightSpeed * 60 * 60 * 24 * 365;
        System.out.println("1光年换算成距离大约为："+distance+"千米");
    }
}
```

程序修改后在语法上是完全无误的，光速30万公里/秒用整型表示也没有问题，但程序运行后却显示如图4.2所示结果。

```
□ Console ⊠                        ■ × ※ | ≧ 船 圖 包 ❷ | ❸ ❷ ▼ □ ▼
<terminated> LongDemo [Java Application] C:\Program Files\Java\jre1.8.0_51\bin\javaw.exe (2016
1光年换算成距离大约为：-1012953088千米
```

图4.2 例4.4运行结果

显然这不是正确的结果，为什么会得到负数的结果呢？这是因为lightSpeed改为整型后，表达式ligthSpeed * 60 * 60 * 24 * 365计算的结果还是为整型，但这个结果又超出了整型所能表示的范围，所以产生了溢出，最终得到了如图4.2所示的错误结果。

长整型的包装类是Long。

4.1.4 字符型

字符类型是用于表示单个的字符形式的数据，主要包括文字与符号。不管是什么语言的字符，在计算机中都是以二进制编码的形式保存，也由此产生了专门用于表示字符的编码方式。比如常见的编码方式有ASCII、ANSI、GBK等。不同的编码方式使用的二进制数的长度有所不同，由此也产生了不同的字符集合。比如ASCII使用了1个字节表示字符，主要用于表示拉丁字母与常用符号。Java中的字符采用Unicode(统一码)编码方式，以表示更多不同语言类型的字符，便于程序的跨语言、跨平台使用。Unicode编码方案采用2个字节(16 bit)长度的二进制数编制字符集，其字符集涵盖了目前所有的人类语言，包括拉丁语、希腊语、阿拉伯语、希伯来语、中文等。

Java的字符类型虽然表示的是字符，但每个字符都有一个唯一的Unicode码，这个Unicode码值是以二进制整数的形式在计算机中存储和处理的，所以字符类型也可以看成是一种长度为16 bit且无符号的整型。字符类型的长度为2个字节(16 bit)，总共能表示65 536个字符，从'\u0000'(0)~'\uffff'(65535)，其中'\u0000'就是字符类型变量的默认初始化值。

声明字符类型变量的关键字是char，关于字符类型的使用参看例4.5。字符型的包装类是Character。

【例4.5】 char类型的使用。

```
package javabook.ch4;
public class CharDemo {
    public static void getUnicode(char c) {
        System.out.println("字符\'"+c+"\'的Unicode码是："+(int)c);
    }
    public static void getChar(int unicode) {
```

```
        if (unicode < 0 || unicode > 65535){
            System.out.println("无效的Unicode");
        }else{
            System.out.println ("Unicode码："+unicode+"对应的字符是：\'"
                    +(char)unicode+"\'");
        }
    }
    public static void main(String[] args) {
        char c1='A';
        char c2='中';
        getUnicode(c1);
        getUnicode(c2);
        getChar(97);
        getChar(20013);
    }
}
```

例4.5中演示了如何声明char类型的变量与赋值以及字符与其对应的Unicode码之间的相互转换，运行的结果如图4.3所示。从此程序的运行也可看出，字母A和a的Unicode码与其ASCII码的值是相同的，实际上ASCII码的字符集已经成为了Unicode码字符集的子集，Unicode码的前127位就是ASCII码。

图4.3　例4.5运行结果

4.1.5　浮点数类型

四种整数类型只能表示一定范围内的正负整数，而整数只是实数的一个子集，整数不带小数点和小数部分。但在日常应用中也会经常用到带小数部分的实数，在计算机编程中用浮点数近似的表示某个实数。Java中定义了两种浮点数类型：float类型和double类型，这两种类型分别采用了IEEE 754标准中所定义的单精度32位浮点数和双精度64位浮点数的格式，以不同的精度表示不同范围内的浮点数。关于这两种浮点数的实现标准参看IEEE 754标准，本章节中主要以浮点数类型的应用为主。浮点类型的长度与表示范围如表4.2所示。

表4.2　浮点类型的长度与表示范围

数据类型	关键字	长度(单位：bit)	表示最大值	表示最小值
单精度浮点类型	float	32	3.4028235E38	1.4E-45
双精度浮点类型	double	64	1.7976931348623157E308	4.9E-324

单精度浮点型的长度是 4 个字节(32 bit),声明单精度浮点型变量的关键字是 float。相对于双精度浮点型,float 类型的优势是:占用更小的内存空间,运算速度更快。但其缺点是:当数值非常大或者非常小的时候会变得不精确,float 类型只能保证小数部分 7 位的精度(超出部分的精度就不能保证),所以在精度要求不高的时候可以使用 float 类型。

双精度浮点型的长度为 8 个字节(64 bit),声明双精度浮点型变量的关键字为 double,double 类型表示的实数的大小范围与精度都要优于 float 类型。Java 中的浮点数默认为 double 类型,所以当需要声明 float 类型的浮点数时,需要在 float 类型的数后面加上字母 F,以表示这是一个 float 类型的数而不是 double 类型,这与用字母 L 表示长整型数的方式相同。

【例 4.6】 浮点类型的应用。

```
package javabook.ch4;
public class FloatDemo {
    public static void main(String[] args) {
        float f1=17777985F;
        float f2=f1+1;
        System.out.println(f1);
        System.out.println(f2);
        System.out.println(f1==f2);
        double d1=17777985;
        double d2=d1+1;
        System.out.println(d1);
        System.out.println(d2);
        System.out.println(d1==d2);
    }
}
```

例 4.6 运行的结果如图 4.4 所示。

图 4.4 例 4.6 的运行结果

从例 4.6 中可以学习到以下两点:

(1) 声明一个 float 类型的值时要在数值后添加字母 F,表示这是一个 float 类型的浮点数,如果没有字母 F,Java 虚拟机会将其默认为 double 类型的浮点数。

(2) float 类型的实数的精度要小于 double 类型,所以尽量不要使用(f1==f2)的方式来判断两个 float 类型的数是否相等,可能会因精度的问题导致错误的结果。

4.1.6 基本数据类型之间的转换

除了布尔型外,Java 的其他七种基本数据类型之间是可以相互转换的,这是因为这七种基本数据类型都是表示数值。但又由于每种数据类型的取值范围不同，有些时候这种转换会导致数据精度的损失甚至数据符号的变化。所以，对数据类型之间的转换要谨慎地使用。这七种基本数据类型之间的转换可分为自动转换和强制转换。自动转换是指由 Java 虚拟机自动完成数据类型的转换，这种转换是隐式，无需编写代码指令就能自动实现。对应的强制类型转换则是要求在程序中使用类型转换操作符(DataType)强制地将一种数据类型转换为另一种数据类型。

这七种数据类型的长度以及计数方式决定了其所能表示的数的大小范围，根据每种类型能表示的数的大小范围做如下排序：

$$byte < short(char) < int < long < float < double$$

如果按此从左到右依次递增的顺序设定数据类型的大小等级，数据类型之间的转换是自动转换还是必须强制转换就是根据数据类型的大小等级而定的。如果从小转换到大，则是自动转换，而如果是从大转换到小，则必须强制转换。另外，虽然 char 的长度是 2 个字节，但 char 与 short 和 byte 之间的类型转换也必须是强制转换。

1. 自动转换

【例 4.7】 基本数据类型的自动转换。

```
package javabook.ch4;
public class PrimitiveDataTypeConvert {
    public static void main(String[] args) {
        byte b1=127;
        short s1=b1;   //合法，byte 自动转换为 short
        int i=b1;      //合法，byte 自动转换为 int
        int j=s1;      //合法，short 自动转换为 int
        char c1=b1;    //非法，byte 不能自动转换为 char
        char c2='中';
        int k=c2;      //合法，char 自动转换为 int
        short s2=k;    //非法，int 不能自动转换为 short
        long l=32423423423423322342L;
        float f=l;     //合法，long 自动转换为 float
        double d=f;    //合法，float 自动转换为 double
        System.out.println(s1);
        System.out.println(i);
        System.out.println(j);
        System.out.println(k);
        System.out.println(l);
        System.out.println(f);
        System.out.println(d);
    }
}
```

例 4.7 验证了上述自动转换的规则：从小到大的转换是自动转换。自动转换时发生拓宽(Widening Conversion)，用较大的数据类型(如 int)对应的内存空间保存较小的类型(如 byte)的数据是完全没有问题的，所以大部分自动类型转换都不会损失数据的精度，除了以下几种自动类型转换：

  int－－＞float

  long－－＞float

  long－－＞double

  float－－＞double without strictfp

除了可能的精度损失外，自动转换不会出现任何运行时异常。

2. 强制类型转换

相反地，如果要把较大的类型转换成较小的类型，以及 char 与 short 之间的转换，就必须使用强制转换。强制类型转换也被称作缩小转换（Narrowing Conversion），因为其必须强制使数据变小以满足较小类型的存储空间。强制转换采用类型转换操作符()实现。强制类型转换的语法格式如下：

  （目标数据类型）value

其中，括号中的目标数据类型就是要转换成的数据类型，而 value 则是被转换的值。在强制转换时，当被转换的数值超出了目标数据类型的大小范围时，将会产生数据的溢出，进而导致数据精度的损失。

【例 4.8】 强制类型转换。

```java
package javabook.ch4;
public class NonAutoConverter {
    public static void main(String[] args) {
        int i=127;
        byte b1=(byte)i;
        int j=255;
        byte b2=(byte)j;
        System.out.println("b1="+b1);
        System.out.println("b2="+b2);
        float f=234.55f;
        int k=(int)f;
        System.out.println("k="+k);
    }
}
```

例 4.8 运行的结果如图 4.5 所示。

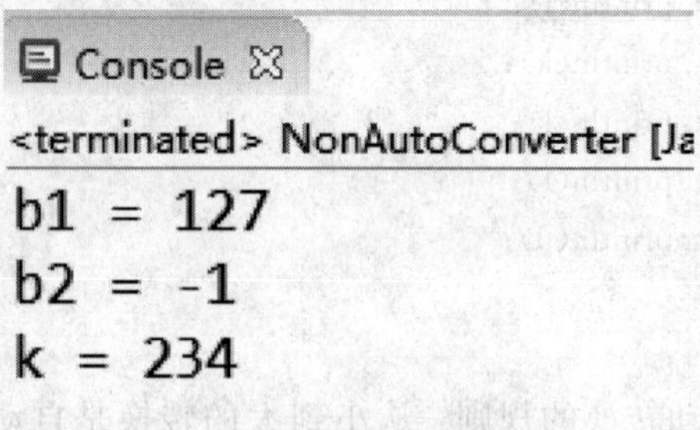

```
Console
<terminated> NonAutoConverter [Ja
b1 = 127
b2 = -1
k = 234
```

图 4.5 例 4.8 程序运行结果

由例 4.8 运行的结果可知，将 int 型数 255 强制转换成 byte 型后输出的值是 −1，这是因为整数 255 已超出了 byte 类型所能表示的整数范围。整型数 255 的二进制表示为 0000 0000 0000 0000 0000 0000 1111 1111，4 个字节 32 bit，当强制转换为 byte 后，去掉高位的 3 个字节，剩下的 1 个字节为 1111 1111，byte 类型的二进制数 1111 1111 就等于－1。这就是 int 型数 255 强制转换成 byte 类型后成为－1 的原因，强制转换后会导致数据的精度损失。

将浮点类型转换为整数类型的时候，会发生截尾(truncation)。也就是把小数部分去掉，只留下整数部分。如果浮点型的整数部分也超出目标类型的范围，同样按上述的方式进行处理。

4.1.7 引用类型

除了八种基本数据类型外，Java 中的其余数据类型都属于引用类型。Java 中引用类型的数据类型的数量是无法统计的，只能将引用类型划分为三大类：类类型、接口类型和数组类型。在 Java 程序中新声明一个类就会创建一个新的引用数据类型，也就是说，一个类就表示一种引用数据类型。而之所以称之为引用数据类型，是因为引用数据类型的变量是一个对象的引用，表示一个对象。由声明类而创建的引用数据类型称为类类型。例如：第 3 章中的范例 Student 类，声明了 Student 类就表示创建了一种新的引用数据类型——Student 类型。Student 类型的变量表示一个 Student 对象的引用，指向对应的 Student 对象。而 Student 是一个类，所以 Student 类型是属于类类型。

除了类，Java 中还可以声明接口，虽然接口可以看做是一种特殊的类，但为了区分，还是将由声明接口而创建的引用数据类型称为接口类型。第三种引用数据类型是数组类型，虽然 Java 将数组当成是一个类来看，但在处理数组时与其他类有显著的不同，所以，数组类型单独为一种引用类型。

引用类型与基本类型最大的区别在于，基本类型的变量指向的存储单元中存储的是变量的数据值，而引用类型变量指向的存储单元中保存的是一个内存地址值，是该变量代表的对象的首地址。通过这个地址就能在 Java 虚拟机的内存中找到对应的对象，这个地址也就是对象的引用，所以称为引用类型。

【例 4.9】 基本类型变量与引用类型变量。

```
package javabook.ch4;
public class ReferenceTypeDemo {
    public static void main(String[] args) {
        String str="Java";
        int age=60;
    }
}
```

以例 4.9 中的两个不同类型的变量为例说明，int 型变量 age 是基本类型变量，String 类型的变量 str 是引用类型变量。如图 4.6 所示，假定 int 类型变量 age 指向的内存地址为 1001，则地址为 1001 的内存单元中存储的是变量 age 的值 60。而假定 String 类型变量 str 指向的内存单元地址为 1002，但 1002 内存单元中并不会保存 str 的值，而是另外一个内存地址，这个地址才是 str 对应的 String 对象存储在内存单元的首地址，相当于 1002 中存储的是字符串对象"Java"引用，所以 str 称为引用类型。

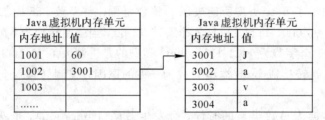

图 4.6 基本类型变量与引用类型变量的差别

在 Java 中对内存单元的访问都是通过其引用,这是因为 Java 不支持对内存地址的操作。本例中列举这些地址值只是为了更加直观地说明引用类型与基本类型的区别而构造的,并不是真实存在的内存地址。但底层对内存单元的访问肯定是通过地址实现的,只是对开发人员屏蔽了这样的实现细节。

综上所述,基本类型变量与引用类型变量最大的区别是:基本类型变量表示的是一个具体的值,而引用类型变量表示的是一个对象的引用。同样,在参数传递时,基本类型的参数传递的是值,而引用类型参数传递的是引用。

4.2 运 算 符

不管多么复杂的计算机程序,都离不开基本的运算操作,自然也就需要定义对应的运算符。和其他的高级程序设计语言一样,Java 中也定义了一系列的运算符,主要针对基本数据类型的数据进行运算处理。本节将一一介绍 Java 提供的各种运算符,如果有 C 语言基础,就会发现 Java 中的绝大多数运算符和 C 语言中的用法是一样的,只是有一些细小的差别。

Java 中的运算符大致可分为算术运算符、关系运算符、位运算符、逻辑运算符、赋值运算符和其他运算符。Java 中的运算符又可称为操作符。

4.2.1 算术运算符

算术运算符在算术表达式中使用,以实现对数值类型的数据做基本的算术运算,比如一些常见的代数运算。表 4.3 中列举出了 Java 中的所有算术运算符,表中的范例假定有两个整型变量的操作数:int x=10, y=5,后续的其他运算符的范例中也延用这两个变量。

表 4.3 算术运算符

运算符	运算操作描述	范 例
+	加法——二元运算符,两个操作数相加	x+y=15
-	减法——二元运算符,两个操作数相减	x-y=5
*	乘法——二元运算符,两个操作数相乘	x*y=50
/	除法——二元运算符,左操作数除以右操作数取商	x/y=2
%	求模——二元运算符,左操作数除以右操作数取余数	x%y=0
++	自增——一元运算符,操作数的值自加 1	x++=11
--	自减——一元运算符,操作数的值自减 1	x--=9

算术运算符的操作数必须是基本数据类型中的数字,不能用于操作布尔型数据,也不能用于操作引用类型的变量。

【例4.10】 算术运算符的使用。

```
package javabook.ch4;
public class ArithmeticOperators {
    public static void main(String[] args) {
        int x=10,y=5;
        System.out.println("x+y="+(x+y));
        System.out.println("x-y="+(x-y));
        System.out.println("x*y="+x*y);
        System.out.println("x/y="+x/y);
        System.out.println("x%y="+x%y);
        System.out.println("x++="+(x++));
        x=10;
        System.out.println("++x="+(++x));
        System.out.println("y--="+(y--));
        y=5;
        System.out.println("--y="+(--y));
        System.out.println(-x);
        char c='中';
        System.out.println((char)(c+2256));
        y=5;
        float f=25.5f;
        System.out.println("f%y="+f%y);
    }
}
```

例4.10运行的结果如图4.7所示。加、减、乘、除以及求模都是二元运算符,也就是说有左右两个操作数,其运算的结果也是一目了然的。需要注意的是,减法运算符-还可以用于表示一个操作数的负号。

图4.7 例4.10运行结果

自增运算符和自减运算符是一元运算符,只有一个操作数,自增和自减运算符是在操作数的左边还是右边,其结果是不一样的。以自增运算符为例,运算符在操作数右边:x++,代表先取 x 的值,然后 x 再加 1;而如果运算符在操作数左边:++x,则表示 x 先自加 1,再取 x 的值,所以例 4.10 中 x++ 和 ++x 输出的结果是不一样的,自减运算符也按照此规则进行。

char 类型表示的字符用 Unicode 码表示,是 16 位的无符号整数,所以也是可以作为运算符的操作数。

求模运算符%可以用于整型操作数,也适用于浮点型操作数,如例 4.10 所示。

4.2.2 关系运算符

关系运算符主要用于判断两个操作数之间的大小关系,所有的关系运算符都是二元运算符,关系运算符的操作数主要是基本类型中的数值型,而关系运算符的运算结果一定是一个布尔型的值(true 或 false)。关系运算符的具体说明见表 4.4。

表 4.4 关系运算符

运算符	运算操作描述	操作数类型	范例
==	判断两个操作数是否相等,相等即为 true,反之则为 false	所有类型	x==y
!=	判断两个操作数是否相等,相等为 false,反之为 true	所有类型	x!=y
>	判断左操作数是否大于右操作数,成立为 true,反之则是 false	数值型	x > y
<	判断左操作数是否小于右操作数,成立为 true,反之则是 false	数值型	x < y
>=	判断左操作数是否大于或等于右操作数,成立为 true,反之则是 false	数值型	x>=y
<=	判断左操作数是否小于或等于右操作数,成立为 true,反之则是 false	数值型	x<=y

例 4.11 演示了关系运算符的应用,程序运行的结果如图 4.8 所示。

【例 4.11】 关系运算符的使用。

```
package javabook.ch4;
import javabook.ch3.Student;
public class RelationOperator {
    public static void main(String[] args) {
        int x=10;
        int y=5;
        System.out.println("x > y: "+(x>y));
        float f1=17777985F;
        float f2=f1+1;
        System.out.println("f2 > f1: "+(f2 > f1));
        boolean b1=true;
```

```
        boolean b2=false;
        System.out.println("b1!=b2: " + (b1!=b2));
        //System.out.println("b1>=b2: " + (b1 >=b2));   //非法
        Student stu1=new Student("张三","002");
        Student stu2=new Student("张三","002");
        System.out.println("stu1==stu2: " + (stu1==stu2));
    }
}
```

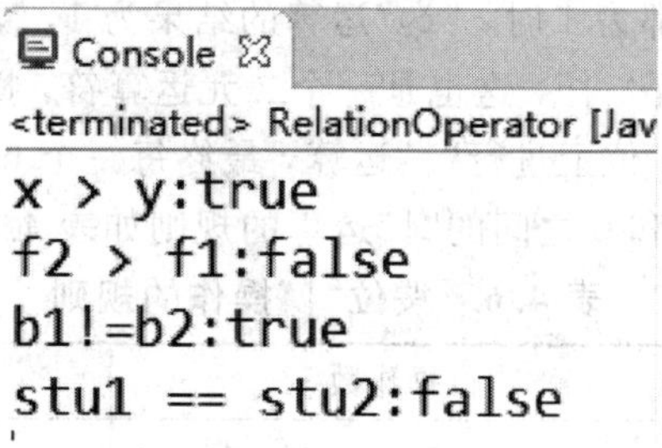

```
Console
<terminated> RelationOperator [Jav
x > y:true
f2 > f1:false
b1!=b2:true
stu1 == stu2:false
```

图 4.8 例 4.11 运行结果

用关系运算符判断两个数值型变量值的大小是很容易理解与掌握的，但需要注意的是：浮点类型数据由于精度有限，所以要谨慎使用关系运算符比较两个浮点数，如例 4.11 中的 f1 和 f2 的比较，得到的结果并不是正确的。

关系运算符中只有==和!=可以用于判断 boolean 型和引用类型变量之间的关系，其他的四个关系运算符比较的对象只能是数值型的变量。但是，对于使用==和!=判断两个引用类型变量是否相等时，判断的是这两个引用类型变量的引用值是否相等，也就是说如果这两个引用类型变量都引用同一对象，则两个变量是相等的，反之两个变量是不相等的。如例 4.11 中的两个 Student 类型的变量 stu1 和 stu2，虽然 stu1 和 stu2 两个 Student 对象的姓名和学号都相同，但它们却是两个不同的对象，stu1 和 stu2 分别指向这两个不同的 Student 对象，所以关系表达式 stu1==stu2 的结果为 false。这表明，关系运算符==或!=是用于判断两个引用类型的变量是否引用的是同一对象，而要判断两个对象是否相等时，需要使用 equals 方法，而且通常需要重写 equals 方法，以设置判断两个对象相等的条件。

4.2.3 位运算符

Java 中的位运算符只用于处理整数类型的数据。所有的数据在计算机中都是以二进制数的形式保存和处理的。位运算符基于每个 bit 位进行运算处理。位运算表达式的结果也是一个整型数据。按位操作的运算主要包括按位的"与"、"或"、"非"、"异或"操作以及位移操作。

按位"与"操作，运算符是 &，这是一个二元运算符，操作数都是整型数据。两个操作数按其二进制形式在每一 bit 位上进行"&"运算，最终每一个 bit 位的"&"运算的结果，就是两个操作数"&"运算的结果。二进制数的每一位上只能有两个取值：1 和 0，则按 bit 位操作的两个可能的操作数就是 1 和 1、1 和 0 以及 0 和 0，它们之间的"与"操作的规则如表 4.5 所示。

表 4.5　按位"&"操作的规则

位操作数 x	位操作数 y	x&y 的结果
1	1	1
1	0	0
0	1	0
0	0	0

也就是说,两个操作数都为 1 时,"&"运算的结果为 1,反之都为 0。

按位"或"操作,运算符是"|",这也是一个二元运算符,操作数都是整型数。两个操作数按其二进制形式在每一 bit 位上进行"|"运算,最终每一个 bit 位的"|"运算的结果就是两个操作数"|"运算的结果,1 和 0 之间的"|"运算的规则如表 4.6 所示。

表 4.6　按位"|"操作的规则

位操作数 x	位操作数 y	x&y 的结果
1	1	1
1	0	1
0	1	1
0	0	0

也就是说,两个操作数都为 0 时,"|"运算的结果为 0,反之都为 1。

按位"非"操作,运算符是"~",这是一个一元运算符,操作数为整型数。"~"运算是对操作数的二进制数按位取反,最终得到的二进制数就是操作数的"~"运算的结果,二进制数只有 1 和 0,所以"~"运算的规则非常简单,如表 4.7 所示。

表 4.7　按位"~"操作的规则

位操作数 x	~x 的结果
1	0
0	1

按位"异或"操作,运算符是"^",这也是一个二元运算符,操作数都是整型数。两个操作数按其二进制形式在每一 bit 位上进行"^"运算,最终每一个 bit 位的"^"运算的结果就是两个操作数"^"运算的结果,1 和 0 之间的"^"运算的规则如表 4.8 所示。

表 4.8　按位"^"操作的规则

位操作数 x	位操作数 y	x^y 的结果
1	1	0
1	0	1
0	1	1
0	0	0

总结来说就是，两个 bit 位相同就为 0，反之则为 1。

Java 中有三个位移运算符，位移运算符也是二元运算符，具体见表 4.9。

表 4.9 位移运算符

位移运算符	运算操作描述	用法范例
<<	左操作数按位左移右操作数指定的位数	x << 2
>>	左操作数按位右移右操作数指定的位数	x >> 2
>>>	左操作数按位右移右操作数指定的位数，左边空出位用 0 填充	x >>> 2

下面以具体的运算实例来学习使用位移运算符。

【例 4.12】 位移运算符的使用。

```
package javabook.ch4;
public class BitOperators {
    public static void main(String[] args) {
        int x=88; /* 88=0101 1000 */
        int y=23; /* 23=0001 0111 */
        int z=0;
        System.out.println("x="+x);
        System.out.println("y="+y);
        z=x & y;
        /*      0101 1000=88    */
        /*      0001 0111=23    */
        /*  & ——————————        */
        /*      0001 0000=16    */
        System.out.println("x & y=" + z);

        z=x | y;
        /*      0101 1000=88    */
        /*      0001 0111=23    */
        /*  | ——————————        */
        /*      0101 1111=95    */
        System.out.println("x | y=" + z);

        z=x^y;
        /*      0101 1000=88    */
        /*      0001 0111=23    */
        /*  ^ ——————————        */
        /*      0100 1111=79    */
        System.out.println("x^y=" + z);

        z=~x;
        /*      0101 1000=88    */
        /*  ~ ——————————        */
```

```
          /*         1010 0111=-89     */
         System.out.println("~x=" + z);

         z=x << 2;
         /*              0101 1000=88     */
         /* <<2    ------------------     */
         /*         01 0110 0000=352      */
         System.out.println("x << 2=" + z);

         z=x >> 2;
         /*              0101 1000=88     */
         /* >>2    ------------------     */
         /*              01 0110=22       */
         System.out.println("x >> 2  =" + z);

         //负数的左右位移
         x=-19;
         System.out.println("修改 x, x="+x);
         z=x << 2;
         /*      1111 1111 1111 1111 1111 1111 1110 1101=-19    */
         /* <<2  --------------------------------------         */
         /*      1111 1111 1111 1111 1111 1111 1011 0100=-76    */
         System.out.println("x << 2=" + z);

         z=x >> 2;
         /*      1111 1111 1111 1111 1111 1111 1110 1101=-19    */
         /* >>2  --------------------------------------         */
         /*           11 1111 1111 1111 1111 1111 1011=-5       */
         System.out.println("x >> 2=" + z);

         z=x >>> 2;
         /*      1111 1111 1111 1111 1111 1111 1110 1101=-19    */
         /* >>>2 --------------------------------------         */
         /*           0011 1111 1111 1111 1111 1111 1011=1073741819 */
         System.out.println("x >>> 2=" + z);
      }
   }
```

位运算是以二进制数的一个 bit 位进行运算的,但例 4.12 中的位运算的结果都是以十进制整数的形式输出,为了更直观地理解位移运算符的处理过程,在例中的注释中给出了每个操作数的二进制表示以及位运算以后的二进制形式。

需要注意的是,整数的长度是 32 bit,操作数如果是正整数就可以忽略掉高位的 0,而如果是负整数的话,就必须转换为补码的形式,而且最高位为符号位。对于负整数的位运算也是用其补码形式做位运算。下面以例 4.12 中对 x 进行向右位移运算为例说明正整数和负整数的位运算的差别。

当 x 为正整数 88 时，
  88 >> 2=22
  88 >>> 2=22
而当 x 为负整数 19 时，则：
  -19>> 2=-5
  -19>>>2=1073741819

由此可知，对于负整数，>> 和 >>> 这两个位运算的结果差别很大。这是因为负整数是以补码的形式参与运算，-19>>2 右移 2 位后符号位不变，还是负数，而-19 >>>2 右移 2 位后在高位填充了 0，使得负数变成了正数，所以两种运算的结果差别很大。而对于正整数而言，符号位不会发生变化，位移后的结果是一样的。

对于正整数的位移运算相当于做乘除法，向右位移 1 位相当于除以 2，向左位移 1 位相当于乘以 2，这样的运算效率是很高的。

4.2.4　逻辑运算符

逻辑运算符在逻辑表达式中使用，其操作数必须是布尔型数据。位运算符中的 &、|、~ 和 ^ 也可以看成是逻辑运算符，只是它们是按 bit 位进行逻辑运算，而本节中介绍的逻辑运算符的操作数是布尔型数据。表 4.10 中列举了三个逻辑运算符，范例中用到的变量为布尔型的变量：boolean x=true, y=false。

表 4.10　逻辑运算符

逻辑运算符	运算操作描述	用法范例
&&	逻辑与运算符，二元运算符，当两个操作数都为 true 时，结果为 true，反之则为 false	x && y
||	逻辑或运算符，二元运算符，当两个操作数任意一个为 true 时，结果为 true，反之则为 false	x || 2
!	逻辑非运算符，一元运算符，当操作数为 true 时，结果为 false，反之当操作数为 false 时，结果为 true	! x

【例 4.13】　逻辑运算符的使用。

```
package javabook.ch4;
public class LogicOperatiors {
    public static void main(String[] args) {
        boolean b1=false;
        boolean b2=true;
        System.out.println("b1 && b2=" + (b1&&b2));
        System.out.println("b1 || b2=" + (b1||b2));
        System.out.println("! b1=" + (! b1));
        int y=5;
        if (b1 && (10>y++)) {    //短路"与"运算
            System.out.println("y=" +y);
```

```
        }
        if(b1 || (10>y++)){
            System.out.println("y=" +y);
        }
        y=5;
        if(b2 || (10>y++)){  //短路"或"运算
            System.out.println("y=" +y);
        }
    }
}
```

例 4.13 运行结果如图 4.9 所示。

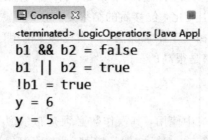

图 4.9 例 4.13 运行结果

Java 逻辑运算符中的 && 和|| 都是"短路"运算符。当 && 运算符的左操作数为 false 时,则不管右操作数是 true 还是 false,其结果都是 false,如果右操作数中包含了逻辑表达式,也不会对表达式进行运算。同样地,当||运算符的左操作数为 true 时,则不管右操作数是 true 还是 false,其结果都是 true,如果右操作数中包含了逻辑表达式,也不会对表达式进行运算。所以例 4.13 中输出的两个 y 的值是不同的,就是因为一个执行了 y++,而另外一个因为短路没有执行 y++。

4.2.5 赋值运算符

赋值运算符在赋值表达式中使用,用于为变量赋值。除了最基本的赋值运算符"="以外,还有一些是赋值与算术运算或位运算相结合的赋值运算符。比如 x=x+4;这个表达式中包含了加法运算和赋值运算,可以简写为 x+=4,这样+=就成为了一种特殊的赋值运算符。表 4.11 中列举出了 Java 中的所有赋值运算符。

表 4.11 赋值运算符

逻辑运算符	运算操作描述	用法范例
=	基本的赋值运算符,将右操作数的值赋值给左操作数	x=y
+=	加与赋值运算符,将左操作数和右操作数相加再赋值给左操作数	x+=y
-=	减与赋值运算符,将左操作数和右操作数相减再赋值给左操作数	x-=y
*=	乘与赋值运算符,将左操作数和右操作数相乘再赋值给左操作数	x*=y
/=	除与赋值运算符,将左操作数除以右操作数的商赋值给左操作数	x/=y

续表

逻辑运算符	运算操作描述	用法范例
%=	求模与赋值运算符,将左操作数和右操作数求模后的余数赋值给左操作数	x %= y
<<=	左位移与赋值运算符,将左操作数向左位移右操作数位数后再赋值给左操作数	x <<= y
>>=	右位移与赋值运算符,将左操作数向右位移右操作数位数后再赋值给左操作数	x >>= y
&=	按位与赋值运算符,将左操作数和右操作数按位与运算后再赋值给左操作数	x &= y
^=	按位异或与赋值运算符,将左操作数和右操作数按位异或运算后再赋值给左操作数	x ^= y
|=	按位或与赋值运算符,将左操作数和右操作数按位或运算后再赋值给左操作数	x |= y

【例 4.14】 赋值运算符的使用。

```
package javabook.ch4;
public class AssignmentOperators {
    public static void main(String args[]) {
        int x=25;
        int y=5;
        int z=0;
        z=x + y;
        System.out.println("z=x + y=" + z);
        z+=x;
        System.out.println("z+=x =" + z);
        z-=x;
        System.out.println("z-=x=" + z);
        z*=x;
        System.out.println("z*=x=" + z);
        x=15;
        z=25;
        z/=x;
        System.out.println("z/=x=" + z);
        x=15;
        z=25;
        z%=x;
        System.out.println("z%=x =" + z);
        z<<=2;
        System.out.println("z<<=2=" + z);
        z>>=2;
        System.out.println("z>>=2=" + z);
        z&=x;
```

```
            System.out.println("z &=2   =" + z );
            z^ =x ;
            System.out.println("z^ =x   =" + z );
            z |=x ;
            System.out.println("z |=x   =" + z );
        }
    }
```

例 4.14 运行结果如图 4.10 所示。

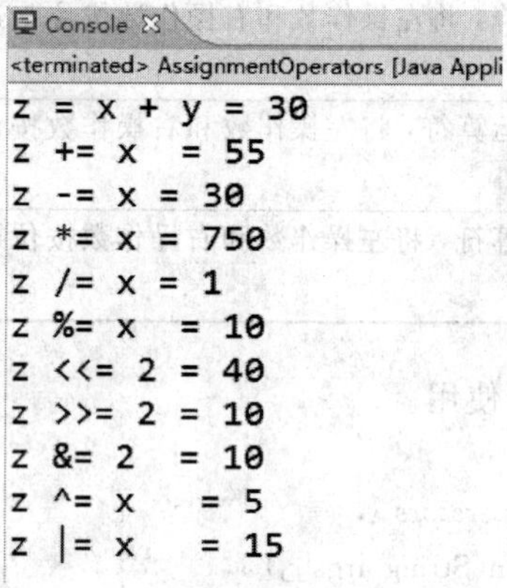
Console
<terminated> AssignmentOperators [Java Appli
z = x + y = 30
z += x = 55
z -= x = 30
z *= x = 750
z /= x = 1
z %= x = 10
z <<= 2 = 40
z >>= 2 = 10
z &= 2 = 10
z ^= x   = 5
z |= x   = 15

图 4.10　例 4.14 运行结果

4.2.6　其他运算符

除了上述成套的运算符外，Java 中还有一些其他的运算符，下面将一一介绍。

1. 条件运算符 ? :

条件运算符是一个三元运算符，也就是说这个运算符有三个操作数。? : 运算符相当于 if-else 语句的简化用法，其基本语法格式如下：

```
variable x=expression 1? expression 2 : expression 3
```

其中，expression 1 是一个逻辑表达式，其结果是一个布尔型数据。如果 expression 1 为 true，则返回 expression 2 表达式的结果，反之则返回 expression 3 表达式的结果。表达式 expression 2 和 expression 3 都要有返回值，而且它们的返回值必须是同一个数据类型。条件运算符? : 的使用范例如例 4.15 所示。

【例 4.15】　三元条件运算符的使用。

```
package javabook.ch4;
public class ConditionOperator {
    public static void main(String[] args) {
        int x=10;
        int y=20;
        boolean b=x < y ? true: false;
        System.out.println("x 小于 y: "+b);
        String str=x >=y ? "x 大于等于 y": "x 小于 y";
        System.out.println(str);
```

	}
}

运行结果如图 4.11 所示。

```
Console
<terminated> ConditionOperator [Jav
x小于y: true
x小于y
```

图 4.11　例 4.15 运行结果

2. 字符串连接运算符

字符串是计算机程序中最常用的一种数据类型，Java 中的字符串并不是一种基本数据类型，而是一种类类型。Java 的基础类库中定义了 String 类用于表示字符串，一个字符串就是一个 String 类的对象。由于字符串是最常用的数据类型，为了简化字符串的使用，Java 中的字符串变量可以直接用字符串字面量进行初始化，而不用显式地调用构造器，比如：

　　String str="Hello World";

为了更方便地处理字符串，Java 定义了字符串连接符，该运算符是用于将多个字符串数据连接成一个字符串数据。Java 中的字符串连接符就是算术运算符中的加法运算符：+，+作为加法运算符时，其两个操作数都必须是数值型数据，而+用作字符串连接符时，则至少有一个操作数为字符串对象。

【例 4.16】　字符串连接符的使用。

```
package javabook.ch4;
public class StringOperator {
    public static void main(String[] args) {
        String s1="Hello ";
        String s2="World!";
        System.out.println(s1+s2);
        System.out.println(s1+"Java "+2016);
    }
}
```

例 4.16 运行的结果如图 4.12 所示。

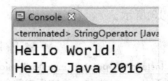

图 4.12　例 4.16 运行的结果

从例 4.16 中可以看出，字符串连接符是二元操作符，至少有一个操作数为字符串对象，而另一个操作数可以是基本数据类型。如果是基本数据类型数据，会将其数据值转换成字符串数据进行连接处理。

3. instanceof 运算符

instanceof 运算符是一个二元运算符,用于判断一个对象是否是某个类或其子类的实例。instanceof 运算符的左操作数为一个任意对象的变量或表达式,而右操作数则是某个特定的类或接口,其返回值必须是一个布尔型数据。如果左操作数表示的对象是右操作数指定的类或接口的一个实例对象,则返回 true,反之返回 false。

【例 4.17】 instanceof 运算符的使用。

```
package javabook.ch4;
public class InstanceofOperator {
    public Object getObject(int length) {
        if (length==32) {
            return new Integer(length);
        }else if (length==64) {
            return new Long(length);
        }else{
            return new Double(length);
        }
    }
    public static void main(String[] args) {
        InstanceofOperator operator=new InstanceofOperator();
        int length=32;
        Object obj1=operator.getObject(length);
        System.out.println("obj1 对象是 Integer 类的一个实例对象?"
                +(obj1 instanceof Integer));
        System.out.println("obj1 对象是 Long 类的一个实例对象?"
                +(obj1 instanceof Long));
        length=64;
        Object obj2=operator.getObject(length);
        System.out.println("obj2 对象是 Integer 类的一个实例对象?"
                +(obj2 instanceof Integer));
        System.out.println("obj2 对象是 Long 类的一个实例对象?"
                +(obj2 instanceof Long));
    }
}
```

例 4.17 运行的结果如图 4.13 所示。

```
obj1对象是Integer类的一个实例对象? true
obj1对象是Long类的一个实例对象? false
obj2对象是Integer类的一个实例对象? false
obj2对象是Long类的一个实例对象? true
```

图 4.13 例 4.17 运行结果

4.2.7 运算符的优先级

程序中的有些表达式中会同时使用多个运算符,而这些表达式并不是简单地按照从左到右或从右到左的顺序进行运算,表达式的运算顺序是由运算符的优先级决定的。表 4.12 列举出了 Java 中的所有运算符的优先级,按优先级从高到低排序,优先级为 1 的等级最高,依次类推。

表 4.12 运算符的优先级

优先级	运算符	结合性	类别
1	()［］.	从左到右	后缀
2	！＋(正) －(负) ～ ++ －－	从右向左	一元运算符
3	＊ / ％	从右向右	乘除
4	＋(加) －(减) ＋(字符串连接运算符)	从左向右	算术加减/字符串连接
5	<< >> >>>	从左向右	位移运算
6	< <= > >= instanceof	从左向右	关系运算
7	== ！=	从左向右	相等/不相等
8	&	从左向右	按位与
9	^	从左向右	按位异或
10	|	从左向右	按位或
11	&&	从左向右	逻辑与
12	||	从左向右	逻辑或
13	？:	从右向左	三元条件运算
14	=＋=－=＊=/=％=&=|=^= ～= <<= >>= >>>=	从右向左	赋值

掌握了运算符的优先级,才能写出正确的运算表达式,得到正确的运算结果。优先级最高的三个运算符分别是:圆括号、方括号和点运算符。圆括号可用于提高运算的优先级,方括号用于表示数组的下标,点运算符则用于连接对象与其成员。

运算符的结合性是指运算符结合的顺序,通常的运算顺序都是从左到右。从右向左的运算符最典型的就是负号,例如 5＋(－7),表示 5 加－7,符号首先和运算符右侧的内容结合。

4.3 表达式与语句

计算机程序中的表达式是由运算符和操作数组合而成的序列,表示一个运算过程,并会产生一个值,比如:

x+5

x>5

而程序中的语句则类似于自然语言中的句子,一条语句构成了一个完整的执行单元。Java 语句通常是由表达式、关键字、变量以及常量等组成,一条语句可能包含一个或多个表达式,也可能不包含表达式。Java 语句以分号";"作为结束标志,单独的一个分号被认为是一条空语句,空语句不做任何事情。

Java 语句可以分为表达式语句、声明语句以及流程控制语句。

表达式语句是在表达式后加上分号,比如常见的赋值表达语句:i=3+5;。

声明语句是常见的声明类、方法、变量或常量。

流程控制语句用于调节语句执行的顺序。正常情况下,程序按语句书写的先后顺序执行,这称为顺序语句。另外,还有两种流程控制语句:分支语句和循环语句,这也是程序中经常会使用的语句结构。流程控制语句一定是在成员方法体中使用的,不能脱离成员方法而在类中使用。

4.3.1 分支语句

顺序语句只能顺序执行,而分支语句则提供了判断和选择的功能,使得程序有条件地选择特定的分支代码执行。分支语句主要有两种:if 语句和 switch 语句。

1. if 语句

一条 if 语句包含了一个布尔表达式,由此在程序顺序中设置了一个条件分支。if 语句可以单独使用,其语法格式如下:

```
if(布尔表达式){
    //如果布尔表达式为 true 时将执行的一条或多条语句
}
```

如果 if 语句中的布尔表达式为 true,将执行 if 语句代码块中的语句,反之则跳过 if 语句代码块继续往下执行。

(1) if...else 语句。

通常 if 语句后面会跟着 else 语句,if...else 语句构造了两个执行分支,根据 if...else 语句中的布尔表达式的值来决定执行哪一个分支。if...else 语句的语法格式如下:

```
if(布尔表达式){
    //如果布尔表达式为 true 时将执行的一条或多条语句
}else{
    //如果布尔表达式为 false 时将执行的一条或多条语句
}
```

(2) if...else if...else 语句。

当遇到多种条件多种分支时,if 语句后面可以跟多个 else if 语句,构成 if...else if...else 语句,其语法格式如下:

```
if(布尔表达式){
    //如果布尔表达式为 true 时将执行的一条或多条语句
}else if(布尔表达式){
    //如果布尔表达式为 false 时将执行的一条或多条语句
```

```
    }else if(布尔表达式){
        //如果布尔表达式为false时将执行的一条或多条语句
    }
    ……
    else{
        //如果前面的if以及若干else if的布尔表达式都为false时将执行的语句
    }
```

在使用if...else if...else语句时需要注意:

if后面只能有一个else语句,但可以有若干个else if语句,else语句必须在所有else if语句之后,而若干个else if语句必须在if和else语句之间。

一旦一个else if语句的布尔表达式为true,则其他else if以及else代码块都不会执行。

(3) if...else嵌套语句。

在if...else语句中可以再嵌套使用if...else语句,这相当于在一个条件分支语句中再划分出多个子分支。if...else嵌套语句可以多次嵌套,其基本结构的语法格式如下:

```
    if(布尔表达式){
        //如果布尔表达式为true,将再次进行条件选择
        if(布尔表达式){
            //如果布尔表达式为true时将执行的一条或多条语句
        }else{
            //如果布尔表达式为false时将执行的一条或多条语句
        }
    }else{
        //如果布尔表达式为false时将执行的一条或多条语句
    }
```

上面列举出了多种if分支语句的语法格式,if语句的使用见例4.18。

【例4.18】 if语句的使用范例。

```java
package javabook.ch4;
public class IfStructure {
    /* if语句 */
    public void ifStatement() {
        if (true) {
            System.out.println("这是if语句");
        }
    }
    /* if...else语句 */
    public void if_ElseStatement(float score) {
        if (score >= 60) {
            System.out.println("成绩及格");
        }else{
            System.out.println("成绩不及格");
        }
    }
```

```java
/* if...else if...else 语句   */
public void if_ElseIf_ElseStatement(int clock) {
    if(clock==7){
        System.out.println("早上好!");
    }else if(clock==12) {
        System.out.println("中午好!");
    }else if(clock==20) {
        System.out.println("晚上好!");
    }else if(clock==24){
        System.out.println("晚安!");
    }else {
        System.out.println("你好!");
    }
}
public static void main(String[] args) {
    IfStructure ifStructure=new IfStructure();
    ifStructure.ifStatement();
    ifStructure.if_ElseStatement(78.0f);
    ifStructure.if_ElseIf_ElseStatement(20);
    ifStructure.if_Else_NestedStatement(75.5f);
    ifStructure.if_Else_NestedStatement(93.3f);
}
}
```

例 4.18 的运行结果如图 4.14 所示。

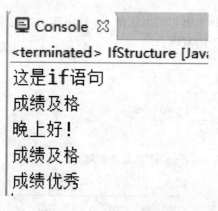

图 4.14　例 4.18 运行结果

2. switch 语句

虽然 if...else if...else 语句可以处理多种条件分支的情况，但是当条件分支过多时，会使 if...else if...else 语句的可读性以及执行效率下降。switch 语句是另外一种具有处理多种条件分支能力的流程控制语句。

switch 通过判断给定表达式的值，从多个执行分支中选择一个分支执行。switch 语句的基本语法格式如下：

```
switch(表达式){
    case value1:
    //case 执行分支 1
    [break;]
    ……
    case valueN:
        //case 执行分支 N
    [break;]
    [default:
        //默认执行分支
    break;]
}
```

switch 语句的语法规则如下：

(1) 表达式的值必须是整型(包括 byte、short、int 和 char，但不包括 long)、字符串类型或枚举类型。

(2) 允许有任意多个 case 分支，每个 case 分支的 value 值(从 value1 到 valueN)的数据类型必须与表达式值的数据类型相同。程序按 case 分支的顺序检查 case 的 value 值是否与表达式的值相同，如果相同就执行该 case 分支中的语句，反之继续检查下一个 case 分支。

(3) 每个 case 分支结尾可以有一个 break 语句，用于终止执行后面的所有 switch 语句，相当于结束了 switch 语句。break 语句是可选项，如果没有 break 语句，执行完本分支语句后将继续执行后面的 switch 语句。

(4) 当所有分支条件都不满足时，可以用 default 语句作为默认执行语句。default 语句也是可选项，不是一定要有。

(5) switch 语句中没有明确规定 case 语句以及 default 语句的顺序，但最好是有逻辑地安排 case 语句，并将 default 语句放到最后，以提高程序的可读性。

【例 4.19】 switch 语句的使用范例。

```
package javabook.ch4;
public class SwitchCaseStatement {
    public static void main(String[] args) {
        int clock=20;
        switch (clock) {
        case 7:
            System.out.println("现在是早上"+clock+"点，早上好!");
            break;
        case 12:
            System.out.println("现在是中午"+clock+"点，中午好!");
            break;
        case 20:
            System.out.println("现在是晚上"+clock+"点，晚上好!");
            break;
        case 24:
```

```
                System.out.println("现在是午夜0点,晚安!");
                break;
            default:
                System.out.println("现在是"+clock+"点!");
                break;
        }
    }
}
```

例4.19的运行结果如图4.15所示。

图 4.15 例 4.19 运行结果

4.3.2 循环语句

顺序语句在程序中以顺序运行且只能执行一次。如果需要多次反复执行特定语句时,就要用到循环语句。Java 语言提供了以下四种循环语句结构:

1. while 循环

while 循环是最基本的循环语句,while 循环语句的语法格式如下:

```
while(布尔表达式){
    //循环体:循环执行的语句
}
```

While 循环语句中的表达式为布尔表达式,其值一定是一个布尔型数据。当表达式的值为 true 时,循环体中的语句将会被反复执行,直到表达式的值变为 false 为止。

2. do...while 循环

对于 while 循环,如果其布尔表达式的值一开始就为 false,则循环体内的语句一次都不会执行。如果需要至少先执行一次循环体内代码,再决定是否继续循环的话,就要使用 do...while 循环。do...while 循环与 while 循环的差别在于 do...while 循环至少会执行一次循环体中的代码。do...while 循环的语法结构如下:

```
do{
    //循环体:循环执行的语句
}while(布尔表达式)
```

do...while 循环先执行一次循环体中的语句,再判断布尔表达式的值,如果为 true,则继续下一次循环,直到布尔表达式的值变为 false 为止。

while 循环与 do...while 循环的用法没有太大的差异,具体参见例 4.20。

【例 4.20】 while 循环与 do...while 循环的使用范例。

```
package javabook.ch4;
public class WhileLoop {
    public static void main(String[] args){
```

```
        int day=1;
        while (day<=5) {
            System.out.println("今天是星期："+day+"，要上学!");
            day++;
        }
        day=1;
        do {
            System.out.println("今天是星期："+day+"，要上班!");
            day++;
        } while (day<7);
    }
}
```

例 4.20 运行的结果如图 4.16 所示。

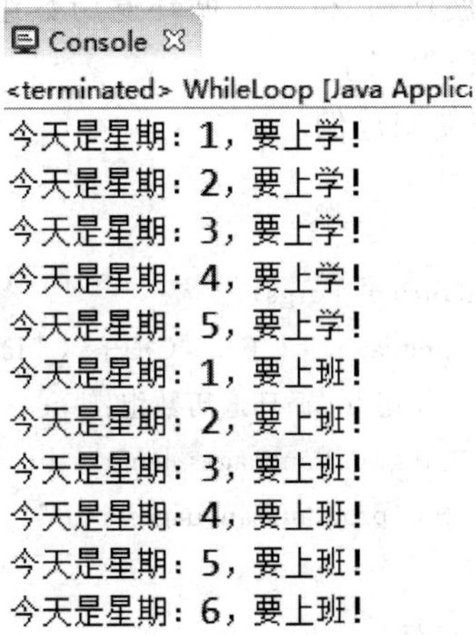

```
 Console ⊠
<terminated> WhileLoop [Java Applic
今天是星期：1，要上学!
今天是星期：2，要上学!
今天是星期：3，要上学!
今天是星期：4，要上学!
今天是星期：5，要上学!
今天是星期：1，要上班!
今天是星期：2，要上班!
今天是星期：3，要上班!
今天是星期：4，要上班!
今天是星期：5，要上班!
今天是星期：6，要上班!
```

图 4.16 例 4.20 运行结果

while 和 do...while 循环的布尔表达式中某个变量通常会做迭代变换，以触发终止循环。如果布尔表达式的值是固定不变的，则要么循环永远执行下去（布尔表达式为 true），要么循环体不会执行或只执行一次（布尔表达式为 false）。while 和 do...while 循环的常用场景很多，包括遍历数据集合、遍历数据库查询的结果集、从数据流中读取数据直到数据流结尾等。

3. for 循环

for 循环语句也是一种常见的循环语句结构，for 循环也是实现程序语句的循环执行，for 循环和 while 循环能完成相同的功能。while 循环的特点是简单易用，但 while 循环是不定次循环，也就是其循环次数是不确定的。而 for 循环能指定循环的次数，当循环次数确定的时候，一般都用 for 循环。

for 循环语句的语法格式如下：

```
for（初始化；布尔表达式；迭代){
    //循环体
}
```

for 循环的语法规则是：

（1）首先执行初始化语句，在初始化语句中声明循环次数控制变量，可以初始化一个或多个循环次数控制变量，也可以是空语句。

（2）根据布尔表达式的值决定是否执行循环体中的语句，如果布尔表达式为 true，则执行，并进入下一次循环，反之则结束 for 循环语句。

4. foreach 循环

foreach 循环是 Java 5.0 中引入的新的循环语句，可以说是一种增强的 for 循环语句，主要用于遍历数组和集合元素。用 foreach 循环遍历数组和集合元素比 for 循环的语句更简洁。foreach 循环的语法结构是：

```
for(数组或集合元素的数据类型 元素变量：数组/集合){
    //循环体
}
```

例 4.21 中分别使用了 for 循环和 foreach 循环遍历数组，既展示了 for 循环和 foreach 循环的用法，也对比了两种循环的区别。

【例 4.21】 foreach 循环的使用范例。

```java
package javabook.ch4;
public class ForeachLoop {
    public static void main(String[] args) {
        String[] programLanguages={"C","C++","Java","Basic","Python"};
        System.out.print("使用for循环遍历数组：");
        for (int i=0; i < programLanguages.length; i++) {
            System.out.print(programLanguages[i]+"  ");
        }
        System.out.println();
        System.out.print("使用foreach循环遍历数组：");
        for (String str : programLanguages) {
            System.out.print(str+"  ");
        }
    }
}
```

例 4.21 运行结果如图 4.17 所示。

```
使用for循环遍历数组：C  C++  Java  Basic  Python
使用foreach循环遍历数组：C  C++  Java  Basic  Python
```

图 4.17 例 4.21 运行结果

两种循环语句输出的结果都是一样的，显然 foreach 循环在遍历数组或集合时代码更简洁。foreach 语句中没有初始化语句、迭代变量以及布尔表达式，还无需通过下标访问数组元素，foreach 语句只需要设定要遍历的目标数组（programLanguages）以及声明目标数组元素类型的变量（str）。在每次循环中，变量 str 就表示数组中的一个元素。虽然 foreach

循环语句更简洁,但 foreach 循环语句并不能代替 for 循环语句,这是因为 foreach 循环语句具有局限性。由于 foreach 循环中没有迭代变量,也就无法使用数组或集合的索引,所以 foreach 循环只能将数组或集合从头到尾遍历一遍,而无法像 for 循环语句那样灵活地控制循环次数,for 循环语句可以有选择的遍历数组或集合元素。总的说来,foreach 循环语句的出现提供了更多的选择。

4.3.3　break 和 continue

while 循环语句和 for 循环语句中都包含有布尔表达式,布尔表达式的值通常是决定循环是继续还是终止的条件。但在循环体中,也可以使用 break 语句和 continue 语句来控制循环是否继续执行。掌握 break 和 continue 语句的使用,也是灵活控制循环语句的重要环节。

1. break 语句

break 语句可以在分支语句和循环语句中使用,其基本用途就是结束分支语句或循环语句。比如 switch 语句遇到 break 语句,将结束整个 switch 语句而继续执行 switch 之后的语句。而在循环语句中的 break 语句用于结束当前循环,当前循环体中的其他语句以及循环判断布尔表达式都会被忽略。如果是多层循环嵌套的循环语句,break 语句结束了当前循环,并不表示整个循环都要终止,外层循环还是要继续进行,直到触发终止条件或又遇到 break 语句。总之,break 语句是就近原则,结束当前的整个循环。

2. continue 语句

循环语句中 continue 语句也是用于终止循环,只不过 continue 语句是用于终止本次循环,即跳过本次循环中 continue 语句后面未执行的语句,提前进入循环条件判断,如果布尔表达式还是为 true,则继续下一次循环。这就是 continue 语句与 break 语句的最大区别。

【例 4.22】 break 语句与 continue 语句的使用范例。

```
package javabook.ch4;
public class BreakAndContinue {
    public static void main(String[] args) {
        System.out.println("break 语句的使用范例:");
        for (int i=0; i<5; i++) {
            if (i==3) {
                break;
            }
            System.out.println("迭代变量 i="+i);
        }
        System.out.println("continue 语句的使用范例:");
        for (int i=0; i<5; i++) {
            if (i==3) {
                continue;
            }
            System.out.println("迭代变量 i="+i);
        }
```

			}
		}
例 4.22 运行结果见图 4.18。

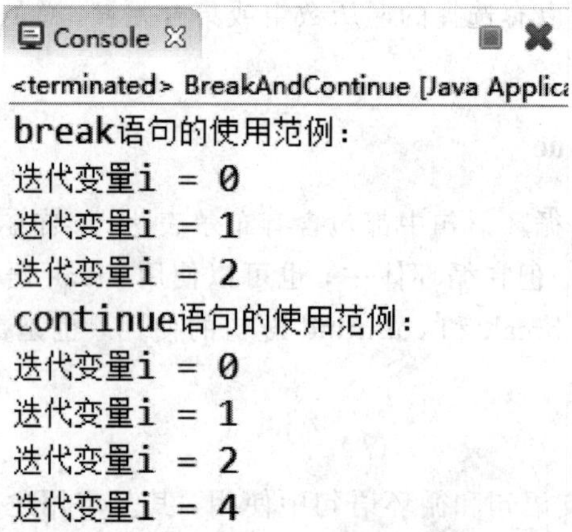

```
break语句的使用范例：
迭代变量i = 0
迭代变量i = 1
迭代变量i = 2
continue语句的使用范例：
迭代变量i = 0
迭代变量i = 1
迭代变量i = 2
迭代变量i = 4
```

图 4.18 例 4.22 运行结果

例 4.22 在两个类似的 for 循环中分别使用了 break 语句和 continue 语句，从程序运行的结果可以更加直观地了解 break 语句和 continue 语句的用法区别。break 语句终止了整个 for 循环，所以不会输出 3 和 4。而 continue 循环只是终止了 i==3 的这次循环，还是继续输出了 4。

思考与练习

4.1 什么是数据类型，程序中定义数据类型的目的是什么？
4.2 如何理解基本数据类型与引用类，它们之间的区别是什么？
4.3 整数类型和浮点数类型的区别有哪些？
4.4 掌握各种运算符的使用以及优先级。
4.5 掌握分支语句与循环语句的使用。
4.6 下面哪一种数据类型不是 Java 语言中的基本数据类型_____。
A. boolean   B. int   C. String   D. char
4.7 下面哪一条声明语句是合法的_____。
A. boolean b=1;
B. byte b=345;
C. float f=30.0
D. long l=123312L;
4.8 下面哪一种声明 char 类型变量并赋值的代码是错误的_____。
A. char c='A';
B. char c='\u0012';
C. char c='\d0020';
D. char c=23012;

4.9 一个 Unicode 字符占用_____。
A. 8 位　　　　　　B. 16 位　　　　　　C. 32 位　　　　　　D. 一个字节

4.10 将长整型(long)数据转换为整型(int)数据，要进行_____。
A. 类型的自动转换　　　　　　B. 类型的强制转换
C. 无需转换　　　　　　　　　D. 无法实现

4.11 下面的代码运行的结果是_____。
```
int i=10;
    while (i>0) {
        i++;
        if (i==10) {
            break;
        }
    }
```

A. while 循环执行 10 次
B. while 循环执行 1 次
C. 死循环
D. while 循环 1 次都不执行

4.12 编写程序，输出 0～100 之间的所有素数。

第 5 章 继　　承

继承是面向对象软件技术中的一个概念。关于继承的概念，实际上已经在第 2 章中从类"抽象"出"父类"的问题中引了出来。继承非常容易理解，因为这跟真实的客观世界并无两样。比如"猿类"和"人类"都"继承"了"哺乳动物类"的一些基本属性和行为，如体温恒定、有哺乳行为等；儿子"继承"了父亲或者母亲的某种五官特征；火箭与飞机都"继承"了"飞行器类"的一些基本参数及功能，等等。这种技术使得复用以前的代码变得非常容易，且能够大大缩短开发周期，降低开发费用。比如可以先定义一个类叫车，车有以下属性：车体大小、颜色、方向盘、轮胎，而又由车这个类派生出轿车和卡车两个类，为轿车添加一个小后备箱，而为卡车添加一个大货箱。

5.1　继承的基本概念

继承是面向对象程序设计的一个最显著的特征。类的继承也称类的派生，从已有的类中派生出新的类，新的类具有前者的属性和行为，并能扩展新的能力。将被继承的类称为父类，派生出来的类称为子类，其中父类又叫超类或基类，子类又叫派生类。父类是子类的一般化，子类是父类的特化（具体化）。

5.2　Java 继承的语法

5.2.1　子类与超类

在 Java 语言中，用 extends 保留字创建一个子类，格式如下：
　　class 子类名 extends 父类名
假设有如下一个 Person 类，代表一个人，有姓名、性别、年龄。
```
public class Person {
    String name;
    String gender;
    int   age;
}
```
在创建一个公民时，公民首先是一个独立的人，具有姓名、性别、年龄等每个人必须具备的属性。同时，公民还具备了社会属性，有在社会中区别于其他人的一串唯一的数字编码身份证号码，还有国籍等属性。显然，通过 Person 类派生出公民类 Citizen 比从头到尾创建一个全新的 Citizen 类更好，既节约了时间又省去了重复的代码。

【例 5.1】 使用 extends 保留字创建新类 Citizen。

```
public class Citizen extends Person {
    String idCardNumber;
    String nationnality;
}
```

由于继承关系，对于公民 Citizen 类而言，除了定义的身份证号码、国籍外还具有从 Person 类继承的姓名、性别、年龄等基本属性。

5.2.2 子类能继承的属性及方法

所谓继承，是子类继承父类的属性和方法，作为自己的属性和方法，就像直接在子类中声明一样。在 Java 中子类可以继承父类所有的非私有的属性和方法，这里又分两种情况：当子类和父类位于同一个包中，则继承父类 public、protected 和默认访问级别的成员变量与成员方法；如果位于不同的包中，则只继承 public、protected 的成员变量和成员方法，不包含默认访问级别的成员变量和成员方法。还是以 Person、Citizen 类为例，假设其位于同一包中。

【例 5.2】 子类和父类位于同一个包中。

```
public class Person {
    Boolean isAdult() {
        if (age >=18 ) {
            return true;
        } else {
            return false;
        }
    }
}
public class Citizen extends Person {
    boolean hasVoteRight() {
        beturn isAdult();
    }
}
```

由于父类的成员变量和成员方法都是默认级别的，子类 Citizen 不仅继承了父类的成员变量，还继承了其成员方法。当判断一名公民是否具有选举权时，Citizen 直接调用继承自父类的 isAdult 成员方法，如果年满 18 周岁则具有选举权，反之则没有选举权。

5.2.3 构造方法的继承（super 关键字）

构造方法作为一种特殊的方法（没有返回值、与类同名）是不允许被继承的。一方面，如果子类继承父类的构造函数，那么子类中将存在与自身类名不同名的构造函数，与构造函数的定义不符；另一方面，子类在实例化过程中需要调用父类构造函数实现对父类数据成员的继承。换句话说，父类构造函数是子类实现继承的一种手段，与继承是某种意义上的因果关系，子类对父类构造函数的重载或者覆盖可能破坏这种因果关系。因此，构造方法不能继承，只能被调用，以确保对象能够正确的构建。由于子类没有继承父类的构造函数，因此不能直接使用父类构造函数名，需要用到 Java 提供的 super 关键字。

下面分两种情况来讨论子类对父类构造函数的调用。

(1) 父类中仅有无参构造函数。这里又分两种情况，一种是有显示定义的无参构造函数，另一种是在无显示定义的构造函数时，Java 默认创建无参构造函数。

【例 5.3】 显示定义的无参构造函数。

```java
class Father {
    private int a, b;
    Father() {
        System.out.println("father done");
    }
    void show() {
        System.out.println(a);
    }
}
class Son extends Father {
    private int c, d;
    Son(int c, int d) {
        this.c = c;
        this.d = d;
    }
}
```

上例的输出结果为 father done。Father 类有显示定义的无参构造函数，可以在 Son 的构造函数的第一行通过语句 super() 调用父类 Father 的无参构造函数，如果没有显示的调用，Java 会自动调用，以确保对象能够正确的创建。

(2) 父类中定义了有参构造函数。此时 Java 不会默认创建无参构造函数，如果定义了无参构造函数，调用方法同例 5.3。如果没有在父类中定义无参构造函数，那么在子类中必须显示调用父类的有参构造函数，否则就会出错，因为 Java 无法传递参数，不能自动调用，如例 5.4 所示。

【例 5.4】 父类中未定义无参构造函数。

```java
class Father {
    private int a, b;
    Father(int a, int b) {
        this.a = a;
        this.b = b;
    }
    void show() {
        System.out.println(a);
    }
}
class Son extends Father {
    private int c, d;
```

```
        Son(int c, int d) {
            this.c=c;
            this.d=d;
        }
    }
    public class ConstructionTest {
        public static void main(String args[]) {
            Son s=new Son(2,3);
            s.show();
        }
    }
```

5.2.4 方法的重载

在 Java 中,同一个类中的两个或两个以上的方法可以有同一个名字,只要它们的参数声明不同即可。在这种情况下,该方法就被称为重载,这个过程称为方法重载。方法重载是 Java 实现多态性的一种方式。当一个重载方法被调用时,Java 用参数的类型、个数、顺序来表明实际调用的重载方法的版本。因此,每个重载方法的参数的类型、个数、顺序至少有一项必须是不同的。虽然每个重载方法可以有不同的返回类型,但返回类型并不足以区分所使用的是哪个方法。当 Java 调用一个重载方法时,参数与调用参数匹配的方法被执行。

设想如果需要一个求两个变量的较大值并返回的方法,而对于不同类型的变量,其参数表和返回值都不同,在不支持方法重载的语言中(如 C 语言),就需要编写多个不同名称的方法来实现这一功能。

【例 5.5】 求两个变量的较大值并返回。

```
    int imax(int a, int b){
        return a > b ? a : b;
    }
    float fmax(float a, float b){
        return a > b ? a : b;
    }
    double dmax(double a, double b){
        return a > b ? a : b;
    }
```

在 Java 中,相关方法可以起同一个名字,如例 5.6 所示。

【例 5.6】 使用重载方法求两个变量的较大值并返回。

```
    Class overloadDemo{
        int max(int a, int b){
            return a > b ? a : b;
        }
        float max(float a, float b){
            return a > b ? a : b;
        }
```

```
    double max(double a, double b){
        return a > b ? a : b;
    }
}
```

程序在调用 max 方法时，Java 虚拟机先判断给定参数的类型，然后决定到底执行哪个 max 方法。重载的价值在于它允许相关的方法可以使用同一个名字来访问，屏蔽了参数的特性，实现同样的功能，某种意义上实现了对方法的一种封装，使得代码更清晰、简洁，调用更简单。

5.2.5 方法的覆盖

覆盖是指派生类中存在重新定义的函数，其函数名、参数列、返回值类型必须与父类中相对应的被覆盖函数保持严格一致。覆盖函数和被覆盖函数只有函数体不同。当派生类对象调用子类中该同名函数时，会自动调用子类中的覆盖版本，而不是父类中被覆盖的版本，这种机制称为覆盖。也就是说，覆盖的意义是调用子类中的覆盖函数，而不是父类中的被覆盖函数。

【例 5.7】 方法的覆盖。

```
Class student {
    void greeting() {
        println("hello!");
    }
}
Class englishStudent extends student{
}
Class chineseStudent extends student{
    void greeting() {
        println("你好!");
    }
}
Class JapaneseStudent extends student{
    void greeting() {
        println("konn ni qi wa!");
    }
}
Class hawaiiStudent extends student{
    void greeting() {
        println("aloha!");
    }
}
Class overideTest {
    public static void main(String[] args) {
        Set international=new HashSet();
        international.add(new chineseStudent());
```

```
            international.add(new englishStudent());
            international.add(new japaneseStudent());
            international.add(new hawaiiStudent());
            ……………
            iterator i=international.iterator();
            while(i.hasNext()){
                student s=(student)i.next();
                s.greeting();
            }
        }
    }
```

上例中,假如有一个国际班,国际班有来自各个国家的学生,不同国家的学生有很多共同点,因此抽象出基类 Student 表示其共同的特征和行为,尽可能提高代码的重用性。由于英语是世界语言,很多国家将英语作为母语,因此用 hello 作为学生打招呼的一种缺省的方式。但是,中国学生、日本学生、夏威夷学生都有自己民族语言所特有的打招呼方式,这时就需要改变继承自父类的打招呼的行为模式,而改写为子类需要的行为模式。Java 中子类继承父类,子类也可以重写父类中的方法,这是 Java 多态性的表现,5.5 小节将对 Java 的多态性进行进一步的阐述。

覆盖除了要求子类方法的名称、参数签名和返回类型必须与父类方法的名称、参数签名和返回类型完全一致外,还必须满足以下约束:

(1) 子类方法不能缩小父类方法的权限。比如,在父类中是 public 的方法,如果子类中将其访问权限降低为 private,那么子类中重写后的方法对于外部对象就不可访问了,这就破坏了继承的含义。

(2) 子类不能抛出父类异常以外的其他异常。

【例 5.8】 子类不能抛出父类异常以外的其他异常。

```
    public class Parent {
        public void a() throw AException {}
    }
    public class Child extends Parent {
        public void a() throw AException, BException {}
    }
    public class Test {
        public void main(String[] args) {
            Parent parent=new Child();
            try {
                parent.a();
            } catch(AException e) {
                doSomething();
            }
        }
    }
```

当 Java 虚拟机调用 parent 变量引用的 Child 实例的方法时,由于父类只会抛出 Aexception,而子类多抛出 Bexception,该异常无法被捕获,将导致程序异常终止。从本质上解释,子类和父类是 is—a 的关系,即子类继承父类,凡是使用父类的地方,也可以用子类代替。如果子类比父类多抛出异常,就破坏了这一原则。

(3) 方法覆盖只存在于子类和父类(包括直接父类和间接父类)之间,在同一个类中方法只能被重载,不能被覆盖。覆盖的定义就是使子类能够改写父类的行为,因此覆盖只存在于子类和父类之间。

5.2.6 方法覆盖与重载的区别

方法覆盖和重载的相同点是方法名称都必须相同。

方法覆盖和重载的不同点如下:

(1) 方法重载的参数列表必须不同,可以是参数个数不同、类型不同、顺序不同,而方法覆盖的参数列表必须相同。

(2) 方法重载的返回类型可以相同,也可以不同,而方法覆盖的返回类型必须相同。

(3) 方法重载发生在同一类中,而方法覆盖发生在子类和父类中。

(4) 方法覆盖中子类方法不能有比父类方法更严格的访问权限,也不可以抛出比父类更多的异常,而方法重载没有这些限制。

5.2.7 Java 的上下转型

Java 允许有继承关系的对象进行类型之间的转换,对象类型的转换与基本数据类型相似,有两种方式:子类转换成父类,称为向上转型;父类转换成子类,称为向下转型,如图 5.1 所示。

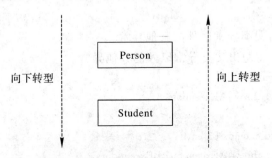

图 5.1 向上转型和向下转型示例图

向上转型是自动进行的,例如,对于父类 Person 类和子类 Student 类有 Person p1=new Student(),这容易理解,由于子类和父类之间的关系是"is—a"的关系,子类就是父类,学生就是人,与篮球就是球,小狗就是动物的道理一样。但向下转型不能自动进行,人可能是学生也可能不是学生,当确定一个人是学生时,可以通过强制类型转换的方式把他转换为学生类型,这种转换是有意义的,也是允许的。

在进行引用变量的类型转换时,通过引用变量访问它所引用的实例的静态属性、静态方法、实例属性、实例方法以及从父类继承的方法和属性时,Java 虚拟机会采用不同的绑定机制。下面通过具体的例子来演示。在父类和子类中定义了同名的实例变量 var、静态变量 staticVar、实例函数 func、静态函数 staticFunc,同时子类中定义了自己的实例变量 specVar 和实例方法 specFunc。

【例 5.9】 变量的类型转换。

```java
public class father{
    String var="fatherVar";
    static String staticVar="fatherStaticVar";
    public void func()
    {
        System.out.println("fatherFunc");
    }
    public static void staticFunc()
    {
        System.out.println("fatherStaticFunc");
    }
}
public class son extends father {
    String var="sonVar";
    static String staticVar="sonStaticParam";
    String specVar="sonSpecVar";
    public void func()
    {
        System.out.println("sonFunc");
    }
    public static void staticFunc()
    {
        System.out.println("sonStaticFunc");
    }
    public void specFunc()
    {
        System.out.println("sonSpecFunc");
    }
}
```

通过向上转型，用父类引用指向子类对象。编写测试代码：

```java
father f=new son()
Syetem.out.println(f.var+"::"+f.staticVar);
f.func();
f.staticFunc();
```

执行后测试结果为：

```
fatherVar::fatherStaticVar
sonFunc
fatherStaticFunc
```

因此，可以得出结论：实例变量、静态成员变量、静态成员方法在编译期间就已经绑定了，将其称之为静态绑定，而普通方法实行的是动态绑定。当调用参数或者方法时，参数和静态方法会根据当前声明的类型去调用声明对象对应的参数,而普通方法会根据实际创建的对象类型去调用相应的参数。

分析以下代码:

Syetem. out. println(f. specVar);
f. specFunc();

该代码编译不通过,虽然父类引用指向的对象是子类对象,但由于向上转型,使得上转型对象无法对子类新增成员变量和新增方法进行操作和使用。

Java 转型问题其实并不复杂,只要记住一句话:父类引用指向子类对象。子类和父类中定义同名的变量时,仅仅是隐藏了,变量没有多态性;而对于覆盖的方法,Java 表现出多态性,会调用更具体的子类里面的方法,无论从哪里调用以及使用什么引用类型调用。

5.2.8 继承的利弊与使用原则

继承的优点:对于新类的实现很容易,因为大部分属性和功能是继承而来的。很容易修改和扩展已有的功能实现。

继承的缺点:继承打破了封装的规则,因为基类向子类暴露了实现细节;白盒重用,因为基类的内部细节通常对子类是可见的;当父类的实现改变时可能需要相应地对子类做出改变;不能在运行时改变由父类继承来的实现。

由此可见,组合比继承具有更大的灵活性和更稳定的结构,一般情况下应该优先考虑组合。只有当下列条件满足时才考虑使用继承:

(1) 子类是一种特殊的类型,而不只是父类的一个角色;
(2) 子类的实例不需要变成另一个类的对象;
(3) 子类需要扩展,而不是覆盖或者使父类的功能失效。

5.3 终止继承

Java 的继承性确实在特定条件下简化了代码,缩短了开发周期,但是在某些情况下,不希望一个类去继承其他类的属性和方法,那么怎么来阻止这个类去继承其他类呢? Java 语言提供的一个关键字"final"可以用来履行该任务。源代码范例如下:

public final class FinalDemo {
}

下面来定义另一个类,它将会继承上面声明的类:

public class FinalDemo2 extends FinalDemo {
}

编译时,JDK 编译器报错,提示无法继承自 final 类。final 表示"不可改变的"或"到此为止",除了用于终止继承外,还有以下用法:

(1) final 可以用来修饰方法,修饰的方法不能被子类重写。被 final 修饰的方法为静态绑定,不会产生多态(动态绑定),程序在运行时不需要再检索方法表,能够提高代码的执行效率。在 Java 中,被 static 或 private 修饰的方法会被隐式地声明为 final,因为动态绑定没有意义。

（2）final 可以用来修饰变量，修饰的变量（成员变量或局部变量）即成为常量，只能赋值一次。需要注意的是，如果将引用类型（任何类的类型）的变量标记为 final，那么该变量不能指向任何其他对象。但可以改变对象的内容，因为只有引用本身是 final 的。

（3）final 不能用来修饰抽象类（关于抽象类，5.4 小节开始介绍），因为抽象类必须被继承才有意义，而 final 的意义是终止类的继承，因此与抽象类的概念本身有冲突；final 也不能用来修饰抽象方法，因为抽象方法必须被重写，而 final 修饰的方法不能被子类重写；final 亦不能用来修饰构造方法，final 修饰方法其内涵表示该方法能够被继承，不能被重写，但实际上子类并不会继承父类的构造方法。

5.4 抽 象 类

在面向对象的概念中，所有的对象都是通过类来描绘的，但是反过来却不是这样。并不是所有的类都是用来描绘对象的，如果一个类中没有包含足够的信息来描绘一个具体的对象，这样的类就是抽象类。抽象类往往用来表征对问题领域进行分析、设计中得出的抽象概念，是对一系列看上去不同，但是本质上相同的具体概念的抽象。比如长方形、正方形、圆形、椭圆形，它们的共同特征就是都属于图形，得出图形概念的过程，就是抽象的过程。

在面向对象领域，抽象类主要用来进行类型隐藏。比如可以构造出一个固定的一组行为的抽象描述，但是这组行为却能够有任意个可能的具体实现方式。这个抽象描述就是抽象类，而这一组任意个可能的具体实现则表现为所有可能的派生类。对于抽象类与抽象方法的限制如下：

（1）凡是用 abstract 修饰符修饰的类被称为抽象类。凡是用 abstract 修饰符修饰的成员方法被称为抽象方法。

（2）抽象类中可以有零个或多个抽象方法，也可以包含非抽象的方法。

（3）抽象类中可以没有抽象方法，但是，有抽象方法的类必须是抽象类。

（4）对于抽象方法来说，在抽象类中只指定其方法名及其类型，而不书写其实现代码。

（5）抽象类可以派生子类，在抽象类派生的子类中必须实现抽象类中定义的所有抽象方法。

（6）抽象类不能创建对象，创建对象的工作由抽象类派生的子类来实现。

（7）如果父类中已有同名的 abstract 方法，则子类中就不能再有同名的抽象方法。

（8）abstract 不能与 final 并列修饰同一个类。

（9）abstract 不能与 private、static、final 或 native 并列修饰同一个方法。

【例 5.10】 抽象类的使用。

```
public abstract class Shapes {
    public int x, y;
    public int width, height;
    public Shapes(int x, int y, int width, int height) {
        this.x=x;
        this.y=y;
        this.width=width;
```

```java
        this.height=height;
    }
    abstract double getArea();
    abstract double getPerimeter();
}
public class Circle extends Shapes {
    public double r;
    public double getArea() {
        return (r * r * Math.PI);
    }
    public double getPerimeter() {
        return (2 * Math.PI * r);
    }
    public Circle(int x, int y, int width, int heigh) {
        super(x, y, width, heigh);
        r=(double) width / 2.0;
    }
}

public class Square extends Shapes {
    public double getArea() {
        return (width * height);
    }
    public double getPerimeter() {
        return (2 * width + 2 * height);
    }
    public Square(int x, int y, int width, int height) {
        super(x, y, width, height);
    }
}
public class Triangle extends Shapes {
    public double c;
    public double getArea() {
        return (0.5 * width * height);
    }
    public double getPerimeter() { }
}
```

5.5 多 态

在讲述方法的覆盖以及对象的向上转型时已经讲到了多态的概念，下面对多态进行总结。

1. 多态的概念

（1）面向对象的三大特性：封装、继承、多态。从一定角度来看，封装和继承几乎都是为多态而准备的。

（2）多态的定义：允许不同类的对象对同一消息做出响应。即同一消息可以根据发送对象的不同而采用多种不同的行为方式（发送消息就是函数调用）。如发送 draw 消息后，长方形对象执行的是画出长方形的行为，而圆形对象执行的是画出圆形的行为，如图 5.2 所示。

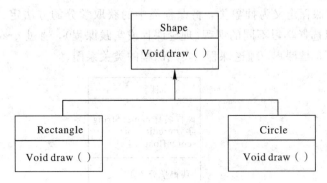

图 5.2　继承关系图

（3）实现多态的技术称为动态绑定（Dynamic Binding），是指在执行期间判断所引用对象的实际类型，根据其实际类型调用相应的方法。

（4）多态的作用就是消除类型之间的耦合关系。

2. 多态的必要条件

多态的必要条件是：有继承；有方法覆盖；父类引用指向子类对象（也就是 5.2 小节讲述的 Java 上转型）。

3. 多态的好处

（1）可替换性。多态对已存在的代码具有可替换性。例如，多态对长方形类、圆形类工作，对其他任何几何体，如正方形、三角形等也同样工作。

（2）可扩充性。多态对代码具有可扩充性，增加新的子类不影响已存在类的多态性、继承性，以及其他特性的运行和操作。例如，在实现了长方形、圆形的多态基础上，很容易增添其他如三角形等类的多态性。

（3）接口性。多态是超类通过方法签名，向子类提供了一个共同接口，由子类来完善或者覆盖它而实现多态的。如图 5.2 中超类 Shape 规定了一个实现多态的接口方法 draw，子类 Rectangle 和 Circle 为了实现多态，完善或者覆盖这个接口方法。

（4）灵活性。多态在应用中体现了灵活多样的操作，提高了使用效率。

（5）简化性。多态简化对应用软件的代码编写和修改过程，尤其在处理大量对象的运算和操作时，这个特点尤为突出和重要。

考虑这样一个例子：有一个学生类 Student 包含属性：姓名（name）、学号（id）、专业（speciality）、课程（course）；包含行为：public boolean graduate()，该方法根据 course 是否获取了学分来判断学生是否能毕业，如果获取了学分，就输出"可以毕业"并返回 true，反之输出"不能毕业"并返回 false。

课程类 Course 包含属性：课程名（name）、学分（credit）和分数（score）；包含行为：获得学分 public boolean obtainCredit()；

学生通过学习课程(Course)来获取学分,学生学习的课程又分为理论课程(Theory Course)和实践课程(Practice Course)。

理论课程和实践课程都继承于课程,但是两者获得学分(obtainCredit)的方式不一样,理论课程是参加闭卷考试,分数大于等于60分就输出"本课程获得学分"并返回true,反之输出"本课程未获得学分"并返回false;实践课程是参加上机考试,分数大于等于80分才能获取学分。故可将课程定义为抽象类,将课程类中的获取学分的方法定义为抽象方法。不同的学生对象可以选择学习不同的课程(理论课程或实践课程),通过graduate方法来显示多态的应用。图5.3是课程、理论课程、实践课程的类关系图。

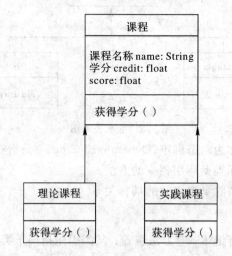

图 5.3　课程、理论课程、实践课程的类关系图

学生类:

```
public class Student {
    private  String name;
    private String id;
    private String speciality;
    private Course course;
    public Student(String name, String id, String speciality, Course course){
        this();
        this.name=name;
        this.id=id;
        this.speciality=speciality;
        this.course=course;
    }
    public Student(){
    }
    public void setName(String name) {
        this.name=name;
    }
    public String getName(){
        return name;
```

```java
        }
        public String getId() {
            return id;
        }
    public void setId(String id) {
            this.id=id;
    }
        public String getSpeciality() {
            return speciality;
        }
        public void setSpeciality(String speciality) {
            this.speciality=speciality;
        }
        public Course getCourse () {
            return course;
        }
        public void setCourse (Course course) {
            this.course=course;
        }
        public boolean graduate(){
            boolean flag=false;
            flag=course.obtainCredit();
            return flag;
        }
    }
```

课程类：
```java
    public abstract class Course{
        private String name;
        private float credit;
        private float score;
        public Course(String name, float credit, float score){
            this.name=name;
            this.credit=credit;
            this.score=score;
        }
        public String getName() {
            return name;
        }
        public void setName(String name) {
            this.name=name;
        }
        public float getCredit() {
            return credit;
```

```java
        }
        public void setCredit(float credit) {
            this.credit = credit;
        }
        public float getScore() {
            return score;
        }
        public void setScore(float score) {
            this.score = score;
        }
        abstract public boolean obtainCredit();
    }
```

理论课程类：
```java
    public class TheoryCourse extends Course{
        public TheoryCourse(String name, float credit, float score){
            super(name, credit, score);
        }
        public boolean obtainCredit(){
            System.out.println("参加理论考试");
            boolean flag = false;
            if(getScore() >= 60){
                System.out.println("本课程获得学分");
                flag = true;
            } else{
                System.out.println("本课程未获得学分");
            }
            return flag;
        }
    }
```

实践课程类：
```java
    public class PracticeCourse extends Course{
        public PracticeCourse(String name, float credit, float score){
            super(name, credit, score);
        }
        public boolean obtainCredit(){
            System.out.println("参加实践考试");
            boolean flag = false;
            if(getScore() >= 80){
                System.out.println("本课程获得学分");
                flag = true;
            } else{
                System.out.println("本课程未获得学分");
                return false;
```

```
                }
                return flag;
            }
    }
```

测试类:
```
    public class Test{
        public static void main(String args[]){
            Course math=new TheoryCourse("数学",2,65);
            Course c=newPracticeCourse("C语言",2,62);
            Student s1=new Student("李明",20110101,"计算机应用",math);
            Student s2=new Student("王华",20110202,"计算机应用",c);
            s1.graduate();
            s2.graduate();
        }
    }
```

5.6 Object 类

Object 类是类层次结构的根,Java 中所有的类从根本上都继承自这个类。Object 类是 Java 中唯一没有父类的类。其他所有的类,包括标准容器类,比如数组,都继承了 Object 类中的方法。下面介绍 Object 类中主要的几个成员方法。

1. protected object clone()方法

克隆方法用于创建对象的拷贝。这个方法比较特殊,首先,使用该方法的类必须实现 java.lang.Cloneable 接口,否则会抛出 CloneNotSupportedException 异常。Cloneable 接口中不包含任何方法,所以实现它时只要在类声明中加上 implements 语句即可。其次,比较特殊的地方在于这个方法是 protected 修饰的,覆写 clone()方法的时候需要写成 public,才能让类外部的代码调用。

java 提供一种叫浅拷贝(Shallow Copy)的默认方式实现 clone,创建好对象的副本后通过赋值拷贝内容,意味着如果类包含引用类型,那么原始对象和克隆都将指向相同的引用内容,这是很危险的,因为发生在可变的字段上任何改变将反应到它们所引用的共同内容上。为了避免这种情况,需要对引用的内容进行深度克隆。

2. boolean equals(Object obj)方法

对于 Object 类的 equals()方法来说,它判断调用 equals()方法的引用与传进来的引用是否一致,即这两个引用是否指向同一个对象。Object 类中的 equals()方法如下:
```
    public boolean equals(Object obj){
        return (this==obj);
    }
```
即 Object 类中的 equals()方法等价于==。只有当继承 Object 的类覆写(override)了 equals()方法之后,继承类实现了用 equals()方法比较两个对象是否相等,才可以说 equals()方法与==的不同。

3. int hashCode

当覆写（Override）了 equals()方法之后，必须也覆写 hashCode()方法，反之亦然。这个方法返回一个整型值（hash code value），如果两个对象被 equals()方法判断为相等，那么它们就应该拥有同样的 hash code。Object 类的 hashCode()方法为不同的对象返回不同的值，Object 类的 hashCode 值表示的是对象的地址。

4. String toString()

当打印引用，如调用 System.out.println()时，会自动调用对象的 toString()方法，打印出引用所指对象的 toString()方法的返回值。因为每个类都直接或间接地继承自 Object，所以每个类都有 toString()方法。Object 类中的 toString()方法定义如下：

```
public String toString() {
    return getClass().getName() + "@" + Integer.toHexString(hashCode());
}
```

思考与练习

5.1 当重载构造方法时，可以使用关键字（   ）来指代本类中的其他构造方法，而使用关键字（   ）来指代父类构造方法。

5.2 Java 语言中，类如果没有明确指定父类，那么这个类的父类是（   ）。

5.3 以下程序的输出结果是（   ）

```
class Base{
    public Base(){
        System.out.print("Base ");
    }
}
public class Sub extends Base {
    public Sub(){
        System.out.print("Sub");
    }
    publicstaticvoid main(String[] args) {
        Sub sub = new Sub();
    }
}
```

5.4 类一旦定义了带参构造方法以后，还可以继续使用虚拟机分配的无参构造方法。这句话对吗？

5.5 在同一个包中，子类能够继承到父类私有的方法，但是保护级别的无法继承。这句话对吗？

5.6 super 关键字可以用来访问父类中的方法及成员变量，但不是所有。这句话对吗？

5.7 Java 语言允许某个类型的引用变量引用子类的实例，而且可以对这个引用变量进行类型转换。这句话对吗？

5.8 方法覆盖只存在于子类与父类之间；同一个类中不存在覆盖，而只有重载。这句话对吗？

5.9 根据以下要求编写程序：

（1）已有一个类 employee 表示职员，有一个私有的成员变量，表示职员的名字，一个构造方法与相应的 getter 方法，以及方法 work()，返回职员的工作内容。

（2）根据已有 employee 类定义其一个子类 manager 表示经理类职员，在 employee 类的基础上，manager 类增加了一个 String 类型的属性 duty，表示经理的主要工作职责，为 duty 属性定义 setter 和 getter 方法。

（3）manager 类要覆盖父类的 work 方法，在 manager 类的 work 方法中将返回经理的主要工作职责，比如经理 xxx1 的主要职责是：xxx2。其中 xxx1 表示经理的姓名（name），xxx2 表示经理的工作职责（duty）。

（4）根据上述描述以及 emplyee 类和 demo 类中的代码，完成 manger 类的定义。

第6章 接 口

出于安全性的考虑，Java语言不支持类的多重继承，但是有的时候需要用到多重继承，因为现实世界是复杂的，同一个对象从不同的角度看往往具有不同的特征。比如，一个成年男子，从生物学的角度看，他是一个动物；从承担家庭责任的角度看，他可能身兼父亲、儿子、丈夫等多种角色；从从事职业的角度看，他可能是一个软件工程师，晚上兼职专车司机。为了解决这个问题，Java引入了接口，一个类只能有一个直接父类，但是可以实现多个接口。通过这种方式，Java语言对多继承提供了支持。多继承关系图如图6.1所示。

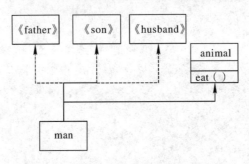

图6.1 多继承关系图

6.1 接口的概念与特性

在Java语言中接口的含义有两种，广义上的接口就是指对外提供的功能，如系统对外提供的服务、类对外提供的调用方法，可以称为系统接口、类接口。而本章要介绍的接口，准确地讲应该叫做Java接口类型，它是Java语言提供的，具有特定的语法和接口。

Java接口是一系列方法的声明，是一些方法特征的集合，一个接口只有方法的特征没有方法的实现，因此这些方法可以在不同的地方被不同的类实现，而这些实现可以具有不同的行为（功能）。在抽象类中，程序可以包含一个或多个抽象方法，但在接口中，所有的方法必须都是抽象的，不能有方法体，它比抽象类更加抽象，是一种更高层次的抽象。

6.2 接口的定义与使用

6.2.1 接口定义的语法

接口本质上就是一种行为规范或者说行为模板，定义这种行为规范的意义就是为了实现通用化。比如串口电脑硬盘，Serial ATA委员会制定了SATA规范，这种规范就是接口。希捷、西部数据等生产厂家按照规范生产符合接口的硬盘，这些硬盘就可以实现通用化，相互之间可以任意替换。作为一种行为规范，接口的方法必须是 public、abstract 类型的，即公有、抽象的；接口的成员变量作为行为模板的成员，应该是所有实现模板的实现类的公有特性，应当是 public、static、final 的，即公有的静态常量。下面来定义一个 SATA 硬盘接口：

```
//串行硬盘接口
public interface SataHdd{
    //连接线的数量
    public static final int CONNECT_LINE=4；
    //写数据
    public abstract void writeData(String data)；
    //读数据
    public abstract String readData()；
}
```

既然接口中的方法必须是 public、abstract 类型，属性必须是 public、static、final 类型，为了方便，Java 语言允许不显式地定义出来，默认就是以上类型。因此，SATA 硬盘接口也可以如下定义：

```
//串行硬盘接口
public interface SataHdd{
    //连接线的数量
    int CONNECT_LINE=4；
    //写数据
    void writeData(String data)；
    //读数据
    String readData()；
}
```

6.2.2 接口实现的语法

接口不能实例化，也就是不能通过 new 方法直接创建一个接口的对象，因此接口没有构造方法。要注意，能够实例化的是实现该接口的类。但允许定义接口类型的引用变量，该变量引用实现这个接口的类的实例如下：

```
public interface Iconnection{…}
public class TCPConnection implements Iconnection{}
iconnection myConn=new TCPConnetion()；
```

类实现一个接口时，必须实现其全部抽象方法，否则此类必须被定义为抽象类。

```
interface Target
{
    String getLook()；
    void putInfo()；
}
class Dog implements Target{
```

```
        String lookdes;
        public dog(String look)
        {
            lookdes=look;
        }
        public String getLook() {
            return lookdes+": it have a long tail";
        }
        public void putInfo() {
            System.out.println(getLook());
        }
    }
```

如上代码定义了接口 Target,该接口有两个方法,分别是 getLook 和 putInfo,另有一个类 Dog,该类实现了 Target 接口,因此该类必须实现(重写)Target 接口的两个方法,否则该类只能被定义为抽象类。类实现接口的方法如图 6.2 所示。

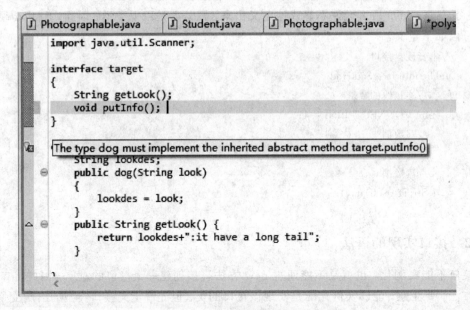

图 6.2 类实现接口方法

一个类只能直接继承一个父类,但可以同时实现多个接口。

```
    //A 接口
    interface A{
        public int getA();
    }
    //B 接口
    interface B{
        public int getB();
    }
    //实现了某个接口必须实现其全部的方法
```

```
public class ImpAB implements A，B{
  public int getA() {
    return 0;
  }
  public int getB() {
    return 0; }
}
```

6.3　比较接口与抽象类

接口和抽象类既有相似性，又有很大的区别。相似性如下：

(1) 接口和抽象类都不能用来实例化对象。

(2) 一个子类如果没有实现抽象类中的所有抽象方法，这个子类仍然是一个抽象类；一个类如果没有实现接口中的所有方法，这个类也是一个抽象类。

(3) 接口和抽象类都具有多态性。

接口和抽象类本质上又有很大的区别：抽象类是对一种事物的抽象，即对类抽象，而接口是对行为的抽象。抽象类是对整个类整体进行抽象，包括属性、行为，但是接口却是对类局部(行为)进行抽象。比如飞机和鸟，飞机是对一种人造飞行器的统称，鸟是对一种自然界中会飞的动物的统称，两种看起来完全不一样的事物，却具有相似的行为特征，即都可以飞。所以可以将飞机、鸟设计为抽象类，飞行设计为接口，各种不同的战斗机、轰炸机、直升机等直接继承自飞机类，乌鸦、麻雀等直接继承自鸟类，然后根据各自不同的飞行特点实现飞行接口。可以看出，抽象类所体现的是一种继承关系，要想使得继承关系合理，父类和派生类之间就必须存在"is-a"关系，即"是不是"的关系，而接口实现则是"有没有、具备不具备"的关系，如鸟会不会飞。

接口和抽象类的本质区别也导致在程序设计中展现出一些不同的特点：

(1)抽象类作为很多子类的父类，它是一种模板式设计。比如 PPT 里面的模板，如果用模板 A 设计了 PPT B 和 PPT C，PPT B 和 PPT C 公共的部分就是模板 A 了，如果它们的公共部分需要改动，则只需要改动模板 A 就可以了，不需要重新对 PPT B 和 PPT C 进行改动。抽象类中添加方法扩展抽象类的功能，不会对它的子类造成影响，因此能够提高代码的可重用性。而接口体现的是一种辐射式设计，一旦接口改变，所有实现这个接口的类都必须进行相应的改动。因此，接口必须十分稳定，接口一旦定制，就不允许随意更改。

(2) 接口是对行为的抽象，它的抽象层次比抽象类更高。打个比方，鸟、飞机、会飞的东西，三者中会飞的东西抽象层次更高，因为除了鸟和飞机以外，有些昆虫、穿上飞行衣的极限运动爱好者也会飞。抽象的层次越高，能够通过接口集合在一起的概念(类)就可能更多，通过接口交互就能够获得更好的松耦合。例如，谁可以当司机？答案是谁都可以，只要领取了驾照，就拥有司机的身份。所以不管你是学生、白领、蓝领还是老板，只要有驾照就是司机。

```
public interface DriverLicence {
  Licence getLicence()；
}
```

```
class Student implements DriverLicence { }
class WhtieCollarEmployee implements DriverLicence { }
class BlueCollar implements DriverLicence { }
class Boss implements Driver Licence { }
```

定义了"汽车"类后,就可以指定"司机"。

```
class Car {
setDriver(DriverLicence driver);
}
```

这时候,Car 的对象并不关心这个司机到底是干什么的,他们的唯一共同点是领取了驾照(都实现 DriverLicence 接口)。

在第 5 章举例讲述了通过抽象类实现多态,本章将学生获取学分的例子继续扩展,介绍通过接口实现多态的方法。学生除了参加课程学习可以获取学分外,还可以通过参加学术会议(Conference)来获取学分,学术会议不属于课程类,但学术会议同样具有获取学分(obtainCredit)的能力,作为学生的一种获取学分的有效方式。可以通过定义接口(CanObtainCredit)来实现上述描述,学术会议 Conference 与课程 Course 不同类,但都能供学生获取学分。修改 public boolean graduate()方法的具体实现就可以体现用接口来实现多态。

学生类:

```
public class Student {
    private  String name;
    private String id;
    private String speciality;
    private double credit;
    private CanObtainCredit coc;

    public Student(String name, String id, String speciality, CanObtainCredit coc){
        this();
        this.name=name;
        this.id=id;
        this.speciality=speciality;
        this.coc=cos;
    }
    public boolean graduate(){
        boolean flag=false;
        flag=coc.obtainCredit();
        return flag;
    }

    public Student(){

    }
    public String getId() {
```

```java
        return id;
    }

    public void setId(String id) {
        this.id=id;
    }
    public String getSpeciality() {
        return speciality;
    }
    public void setSpeciality(String speciality) {
        this.speciality=speciality;
    }
    public void setName(String name) {
        this.name=name;
    }
    public String getName(){
        return name;
     }
    public double getCredit() {
        return credit;
    }
    public void setCredit(double credit) {
        this.credit=credit;
    }
    public CanObtainCredit getCoc() {
        return coc;
    }
    public void setCoc(CanObtainCredit coc) {
        this.coc=coc;
    }
}
```

CanObtainCredit 接口：

```java
public interface CanObtainCredit {
    public boolean obtainCredit();
}
```

课程类：

```java
public abstract class Course implements CanObtainCredit{
    private String name;
    private float credit;
    private float score;

    public Course(String name, float credit, float score){
        this.name=name;
```

```java
        this.credit=credit;
        this.score=score;
    }
    public String getName() {
        return name;
    }
    public void setName(String name) {
        this.name=name;
    }
    public float getCredit() {
        return credit;
    }
    public void setCredit(float credit) {
        this.credit=credit;
    }
    public float getScore() {
        return score;
    }
    public void setScore(float score) {
        this.score=score;
    }
}
```

理论课程类：
```java
public class TheoryCourse extends Course{
    public TheoryCourse(String name, float credit, float score){
        super(name, credit, score);
    }

    public boolean obtainCredit(){
        System.out.println("参加理论考试");
        boolean flag=false;
        if(getScore()>=60){
            System.out.println("本课程获得学分");
            flag=true;
        }else{
            System.out.println("本课程未获得学分");
        }
        return flag;
    }
}
```

会议类：
```java
public class Conference implements CanObtainCredit{
    public boolean obtainCredit(){
```

```
            System.out.println("参加学术会议");
            boolean flag=true;
            System.out.println("获得学术会议学分");
            return flag;
        }
    }
```
测试类:
```
    public class Test{
        public static void main(String args[]){
            CanObtainCredit math=new TheoryCourse("数学",2,65);
            CanObtainCredit c=new Conference();
            Student s1=new Student("李明",20110101,"计算机应用",math);
            Student s2=new Student("王华",20110202,"计算机应用",c);
            s1.graduate();
            s2.graduate();
        }
```

6.4 基于接口的设计模式

6.4.1 定制服务模式

当一个系统需要对外提供多种类型的服务时,一种方式是设计粗粒度的接口,把所有的服务放在一个接口中声明,这个接口臃肿庞大,所有的使用者都访问同一个接口。还有一种方式是设计精粒度的接口,对服务精心分类,把相关的一组服务放在一个接口中,针对使用者的需求提供特定的接口。第二种方式使得系统更加容易维护,接口是设计时对外提供的契约,通过分散定义多个接口,可以预防未来变更的扩散,提高系统的灵活性和可维护性。

定制服务模式体现了如下面向对象设计的接口隔离原则:

(1) 使用多个专门的接口比使用单一的总接口好。

(2) 一个类对另外一个类的依赖性应当是建立在最小的接口上的。

(3) 一个接口代表一个角色,不应当将不同的角色都交给同一个接口。没有关系的接口合并在一起,形成一个臃肿的大接口,这是对角色和接口的污染。

(4) "不应该强迫客户依赖于他们不用的方法。接口属于客户,不属于它所在的类层次结构。"设计接口时要考虑到接口中的方法的所属角色,不要把不相关的其他方法也放置在同一个接口中,这样会强迫客户实现这个接口时也要实现这些对客户无用的方法。这种为适应接口而去勉强实现那些对客户无用的方法是不合适的,这可能会对客户的代码带来影响和改变。

比如说电子商务系统中的订单类,有三个地方会使用到,一个是门户,只能有查询方法,一个是外部系统,有添加订单的方法,一个是管理后台,会使用到类的所有方法(添加、删除、修改、查询)在设计时可以根据用户的需求,分别提供特定的接口,如图6.3所示。

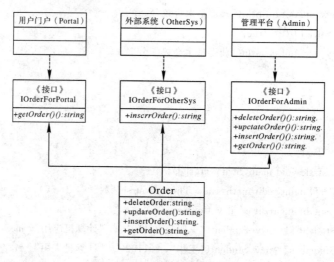

图 6.3 订单接口示意图

这样能很好地满足接口隔离原则，调用者只能访问他自己的方法，不能访问到其他方法。

6.4.2 适配器模式

生活中的适配器很多，比如笔记本电脑、手机都有一个电源适配器。电源适配器又叫外置电源，是小型便携式电子设备及电子电器的供电电压变换设备，常见于手机、笔记本电脑上。它的作用是将家用 220 V 高电压转换成适用于这些电子产品工作的 5~20 V 的稳定的低电压，使这些电子产品能正常工作。

1. 适配器的定义

适配器模式把一个类的接口变换成客户端所期待的另一种接口，从而使原本因接口不匹配而无法一起工作的两个类能够在一起工作。例如，在开发一个模块的时候，有一个功能点实现起来比较费劲，但是，之前有一个项目的模块实现了一样的功能点，而现在这个模块的接口和之前的那个模块的接口是不一致的。此时就应该在中间加一层 Wrapper，也就是使用适配器模式，将之前实现的功能点适配进新的项目。这样做有如下好处：

（1）降低了实现一个功能点的难度，只需对现有的类进行包装，就可以使用了。

（2）提高了项目质量，现有的类一般都是经过测试的，使用了适配器模式之后，不需要对旧的类进行全面的覆盖测试。

2. 适配器模式中的角色

适配器模式中的角色如下：

（1）目标接口(Target)：客户所期待的接口。目标可以是具体的或抽象的类，也可以是接口。

（2）需要适配的类(Adaptee)：需要适配的类或适配者类。

（3）适配器(Adapter)：通过包装一个需要适配的对象，把原接口转换成目标接口。

Adapter 模式通过在 Adapter 类中调用外部组件来实现功能，有如下两种实现方法：

（1）通过继承实现 Adapter，称为类适配器，参见图 6.4。

(2) 通过委让实现 Adapter，称为对象适配器，参见图 6.5。

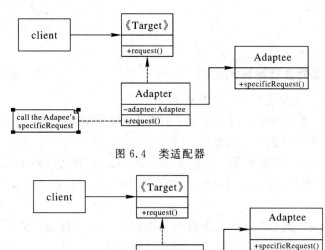

图 6.4 类适配器

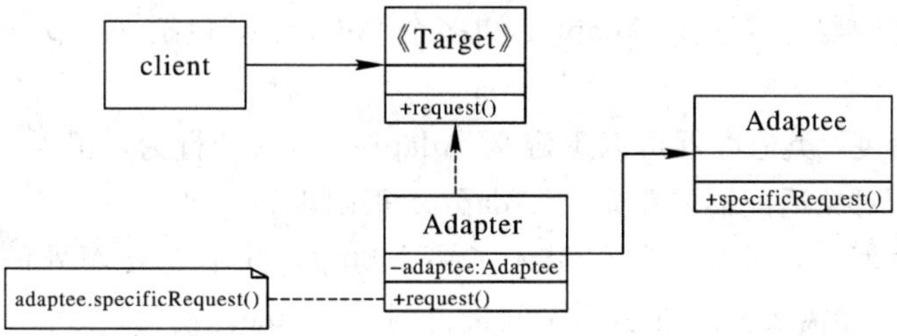

图 6.5 对象适配器

为了能更清楚地说明两种实现方法的区别，面下举例说明：比如，如果需要实现一个发送邮件的功能，就要用到一个名为 OutMailer 的外部组件，因为上述原因，决定用 Adapter 模式实现对 OutMailer 的透明调用。首先，把邮件发送的功能抽象成一个接口：

  interface IMailer {
  //发送邮件
    public void sendMail();
  }

然后定一个实现 IMailer 接口的 MailerAdapter 类。

通过继承实现 Adapter：

  class MailerAdapter extends OutMailer implements IMailer {
    //发送邮件
    public void sendMail() {
      //调用 OutMailer.sendMail()方法实现邮件发送 this.sendMail();
    }
  }

通过委让实现 Adapter：

  class MailerAdapter implements IMailer {
  private OutMailer outMailer＝new OutMailer();
  //发送邮件
  public void sendMail() {
  //调用 OutMailer.sendMail()方法实现邮件发送   outMailer.sendMail();
  }
  }

不管是通过继承实现 Adapter，还是通过委让实现 Adapter，调用方 MailerClient 的调

用方法完全一样,如下:

  IMailer mailer=new MailerAdapter();

  ...

  mailer.sendMail();

3. 类适配器和对象适配器的选择

关于类适配器和对象适配器的选择有如下原则:

(1) 从实现上,类适配器使用对象继承的方式,属于静态的定义方式。对象适配器使用对象组合的方式,属于动态组合的方式。

(2) 从工作模式上,类适配器直接继承了 Adaptee,使得适配器不能和 Adaptee 的子类一起工作。对象适配器允许一个 Adapter 和多个 Adaptee,包括 Adaptee 和它所有的子类一起工作。

(3) 从定义角度,类适配器可以重定义 Adaptee 的部分行为,相当于子类覆盖父类的部分实现方法。而对象适配器要重定义 Adaptee 很困难。

(4) 从开发角度,类适配器仅仅引入了一个对象,并不需要额外的引用来间接得到 Adaptee。对象适配器需要额外的引用来间接得到 Adaptee。

总的来说,建议使用对象适配器方式。

6.4.3 默认适配器模式

一般来说,如果一个类要实现某一个接口,则必须实现该接口的全部方法。但有些时候,类虽然不需要实现一个接口的全部方法,而对于没用的方法却仍然需要提供空的实现(空方法)。显然这种方式既不精简,逻辑上也不清晰。这时可以考虑使用一个中间类来解决这个问题,将该中间类定义为抽象的,并为接口中每个方法提供一个默认实现(空方法),然后让具体的类继承该抽象类,有选择地覆盖父类的某些方法来实现需求。

如图 6.6 所示,可将这个中间过渡类称为"缺省适配类",应用模式称为缺省适配模式。

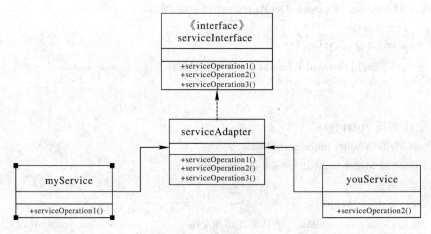

图 6.6 缺省适配类

在 Java GUI 编程(本书略)中,默认适配器模式有着大量的应用,例如 WindowLinstener 是用于接收窗口事件的侦听器接口,当通过打开、关闭、激活或停用、图标化或取消图标化而改变了窗口状态后,将调用该侦听器对象中的相关方法,并将 WindowEvent 传递给该方法。WindowLinstener 的定义如下:

```
public interface WindowListener{
    public void windowActivated(WindowEvent e);
    public void windowClosed(WindowEvent e);
    public void windowClosing(WindowEvent e);
    public void windowDeactivated(WindowEvent e);
    public void windowDeiconified(WindowEvent e);
    public void windowGainedFocus(WindowEvent e);
    public void windowIconified(WindowEvent e);
    public void windowLostFocus(WindowEvent e);
    public void windowOpened(WindowEvent e);
    public void windowStateChanged(WindowEvent e);
}
```

为了简化编程,JDK 为 WindowLinstener 接口提供了一个默认的适配器 WindowAdapter 实现了 WindowLinstener 接口,并为所有的方法提供了空的方法体。如下关于 WindowAdapter 类的定义所示:

```
public class WindowAdapter implements WindowListener{
    public void windowActivated(WindowEvent e){}
    public void windowClosed(WindowEvent e) {}
    public void windowClosing(WindowEvent e) {}
    public void windowDeactivated(WindowEvent e) {}
    public void windowDeiconified(WindowEvent e) {}
    public void windowGainedFocus(WindowEvent e) {}
    public void windowIconified(WindowEvent e) {}
    public void windowLostFocus(WindowEvent e) {}
    public void windowOpened(WindowEvent e) {}
    public void windowStateChanged(WindowEvent e) {}
}
```

在编写一个输入界面的过程中,当输入界面的窗口被激活聚焦时,需要焦点自动聚焦在界面中的输入控件,并且在输入控件中显示缺省的输入值。该需求仅仅需要实现 windowGainedFocus 方法,方法代码如下:

```
public class myInputWindowListener extends WindowAdapter{
    public void windowGainedFocus(WindowEvent e){
        //设置焦点在输入控件
        //为输入控件设置缺省值
    }
}
```

6.4.4 代理模式

代理模式属于结构型模式,是为其他对象提供一种代理以控制对这个对象的访问。有如下四种常用的代理:

（1）远程代理：为一个位于不同的地址空间的对象提供一个局域代表对象。好处是系统可以将网络的细节隐藏起来，使得客户端不必考虑网络的存在。客户完全可以认为被代理的对象是局域的而不是远程的，而代理对象承担了大部分的网络通讯工作。

（2）虚拟代理：根据需要创建一个资源消耗较大的对象，使得此对象只在需要时才会被真正创建。使用虚拟代理模式的好处就是代理对象可以在必要的时候才将被代理的对象加载；代理可以对加载的过程加以必要的优化。在一个模块的加载十分耗费资源的情况下，虚拟代理的好处就非常明显了。

（3）保护代理：控制对一个对象的访问，如果需要，可以给不同的用户提供不同级别的使用权限。保护代理的好处是它可以在运行时间对用户的有关权限进行检查，并在核实后决定将调用传递给被代理的对象。

（4）智能引用代理：当一个对象被引用时，负责提供一些额外的操作，比如将对此对象调用的次数记录下来等。

实例说明：某一信息查询系统，客户端通过远程方法调用的方式调用位于另一地址空间的对象查询信息，现希望能够以一种松耦合的方式向原有系统增加身份验证和日志记录功能，而且可能在将来还要在该信息查询模块中增加一些新的功能。

对于上述实例可以采用一种间接访问的方式来实现该商务信息查询系统的设计，在客户端对象和信息查询对象之间增加一个代理对象，让代理对象来实现网络连接及远程方法调用、身份验证和日志记录等功能，而无需直接对原有的商务信息查询对象进行修改，如图 6.7 所示。

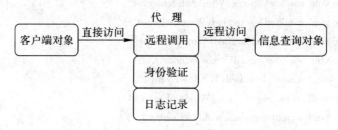

图 6.7　间接访问设计商务信息查询系统

使用代理模式设计该商务信息查询系统，其结构如图 6.8 所示。

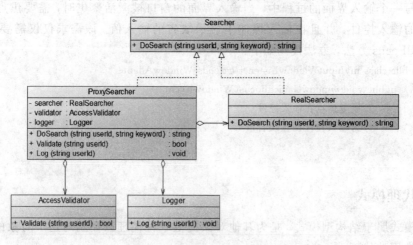

图 6.8　代理模式设计商务信息查询系统

在图 6.8 中，业务类 AccessValidator 用于验证用户身份，实现了保护代理的功能；业务类 Logger 用于记录用户查询日志，实现了引用代理的功能；RealSearcher 封装了原有代码中发起的网络连接，通过远程方法调用另一地址空间的对象查询信息，实现了远程代理的功能。可以看出，ProxySearcher 具有远程代理、保护代理、引用代理的多重特征，并且以后可以方便地添加其他功能。如下是业务类 AccessValidator 的基础实现，供参考。

```
class AccessValidator
{
    public bool Validate(string userId)
    {
        //验证用户权限
    }
}
class Logger
{
    public void Log(string userId)
    {
        //记录用户登录次数
    }
}
class RealSearcher : Searcher
{
    public string DoSearch(string userId, string keyword)
    {
        // 连接远程网络
        //远程方法调用
    }
}
class ProxySearcher : Searcher
{
    private RealSearcher searcher=new RealSearcher();  private AccessValidator validator;
    private Logger logger;
    public string DoSearch(string userId, string keyword)
    {
        //如果身份验证成功,则执行查询
        if (this.Validate(userId))
        {
            string result=searcher.DoSearch(userId, keyword);
            this.Log(userId); //记录查询日志
            return result; //返回查询结果
        }
        else
```

```
        {
            return null;
        }
    }
    //创建访问验证对象并调用其Validate()方法实现身份验证
    public bool Validate(string userId)
    {
        validator=new AccessValidator();
        return validator.Validate(userId);
    }
    //创建日志记录对象并调用其Log()方法实现日志记录
    public void Log(string userId)
    {
        logger=new Logger();
        logger.Log(userId);
    }
}
```

思考与练习

6.1 Java语言中的接口可以继承，一个接口通过关键字 extends 可以继承另一个接口，与类继承一样，是单继承，这句话对吗？

6.2 下面关于接口的叙述，正确的是_____。

A. 一个接口可以实现另外一个接口

B. 一个接口可以继承多个其他接口

C. 接口中只能定义抽象的方法和非静态的变量

D. 可以实例化一个接口的实例对象

6.3 关于Java的接口及其使用规则，下列说法正确的是_____。

A. 接口是Java中的一种数据类型，接口可以实现其他接口

B. 一个类实现接口时，就不能继承其他类，否则会带来多态绑定问题

C. 接口不能实例化，但接口可以定义部分具体实现的方法

D. 如果类没有完全实现接口的方法，则该类只能定义为抽象类

6.4 在声明类时，用 abstract 修饰符修饰一个类，表示_____。

A. 这个类不能被继承 B. 这个类是抽象类

C. 这个类的父类一定是抽象类 D. 这个类一定包含了抽象方法

6.5 关于接口与抽象类，下列说法错误的是_____。

A. 抽象类与接口均不能实例化对象

B. 接口中只包含抽象的方法

C. 接口与抽象类都不能包含具体的实现方法

D. 一个类能同时实现多个接口，但只能继承一个父类

6.6 如果抽象类的子类没有完全实现父类的抽象方法，则子类只能被定义为抽象类，

这句话对吗？

6.7 一个 Java 的类可以实现多个接口，它们通过关键字 implements 来实现，这句话对吗？

6.8 根据以下要求编写程序：

（1）target 定义为一个获取对象外观的接口。

（2）dog 类与 flower 类都实现了 target 接口，获取各自的外观属性，完成类 flower 代码。

（3）photoable 是一个具有可拍照功能的接口。

（4）videoclass 是一个具备录像功能的类的定义，且实现了录像的方法。

（5）完成类"mydv"的编写，该类继承 videoclass 的同时需要实现 photoable 接口，该类有一个 string 类型的参数 name 作为该类创建实体的名称。mydv 类中相关方法的输出参见如下第 7 点的输出说明。

（6）参考主类 polysimtest 代码逻辑完成 mydy 类的具体撰写。

（7）控制台如果输入如下内容：

  nikon

  mydog

  rose

那么 mydv 的相关方法最终输出：

  nikon 正在拍照：mydog：it have a long tail

  nikon 正在录像：rose：it is beautiful

如下是该题的主要代码，请按照要求完成 flower 类与 mydy 类的编写并将程序调试通过。

```
import java.util.Scanner;
interface target
{
    String getLook();
}
class dog implements target{
    String lookdes;
    public dog(String look)
    {
        lookdes=look;
    }
    public String getLook() {
        return lookdes+":it have a long tail";
    }
}
interface photoable
{
    void takephoto(target obj);
}
```

```java
class videoclass{
    public void starvideo(target obj)
    {
        System.out.println(obj.getLook());
    }
}
public class polysimtest {
    public static void main(String[] args) {
        // TODO Auto-generated method stub
        Scanner scan=new Scanner(System.in);
        String dvname=scan.next();
        String dogname=scan.next();
        String flowername=scan.next();
        dog onedog=new dog(dogname);
        flower wildflower=new flower (flowername);
        mydv mydevice=new mydv (dvname);
        System.out.println("output:");
        mydevice.takephoto(onedog);
        mydevice.starvideo(wildflower);
    }
}
```

第 7 章 内 部 类

在 Java 中，可以将一个类定义在另一个类里面或者一个方法里面，这样的类称为内部类。其实也就是一个类中还包含着另外一个类，如同一个人是由大脑、肢体、器官等部分组成，而内部类相当于其中的某个器官，例如心脏，它也有自己的属性和行为（血液、跳动）。显然，此处不能仅仅只用属性或者方法来表示一个心脏，应该需要一个类，而心脏又在人体当中，正如同是内部类在外部类当中。

7.1 内 部 类

7.1.1 内部类概述

内部类是指在一个外部类的内部再定义一个类。内部类作为外部类的一个成员，并且是依附于外部类而存在的。内部类主要有以下几类：成员内部类、局部内部类、匿名内部类、静态内部类。

7.1.2 成员内部类

成员内部类是最普通的内部类，它是定义在另一个类内部的类，形式如下例所示。

【例 7.1】 成员内部类。

```
class OutClass {
    private int age=12;

    class MemberInClass {
        private int age=13;
        public void print() {
            System.out.println("内部类变量：" + this.age);
            System.out.println("外部类变量：" + OutClass.this.age);
        }
    }
}
public class Demo {
    public static void main(String[] args) {
        Out.In in=new OutClass().new MemberInClass();
        in.print();
    }
```

}

运行结果：

内部类变量：13

外部类变量：12

类 MemberInClass 是类 OutClass 的一个成员，OutClass 称为外部类。成员内部类可以无条件访问外部类的所有成员属性和成员方法，包括私有成员和静态成员。当成员内部类拥有和外部类同名的成员变量或者方法时，会发生隐藏现象，即默认情况下访问的是成员内部类的成员。如果要访问外部类的同名成员，需要以下面的形式进行访问：

外部类.this.成员变量

外部类.this.成员方法

7.1.3 局部内部类

局部内部类是定义在一个方法或者一个作用域里面的类，它和成员内部类的区别在于局部内部类的访问仅限于方法内或者该作用域内。与局部变量类似，局部内部类不能有访问说明符，不能被 public、protected、private 以及 static 修饰。

【例 7.2】 局部内部类。

```
class OutClass {
    private int age=12;

    public void Print() {
        final int x=20;
        class LocalInClass {
            public void inPrint() {
                System.out.println(x);
                System.out.println(age);
            }
        }
        new LocalInClass().inPrint();
    }
}

public class Demo {
    public static void main(String[] args) {
        Outclass out=new OutClass();
        out.Print();
    }
}
```

7.1.4 匿名内部类

匿名内部类也就是没有名字的内部类，正因为没有名字，所以匿名内部类只能使用一次。它通常用来简化代码编写，但使用匿名内部类还有个前提条件是必须继承一个父类或实现一个接口。

【例 7.3】 匿名内部类。
```java
abstract class Person {
    public abstract void eat();
}
public class Demo {
    public static void main(String[] args) {
        Person p=new Person() {
            public void eat() {
                System.out.println("eat something");
            }
        };
        p.eat();
    }
}
```

7.1.5 静态内部类

静态内部类也是定义在另一个类里面的类,只不过在类的前面多了一个关键字 static。静态内部类是不需要依赖于外部类的,因此不能使用外部类的非 static 成员变量或者方法。

【例 7.4】 静态内部类。
```java
class Out {
    private static int age=12;

    static class StaticIn {
        public void print() {
            System.out.println(age);
        }
    }
}

public class Demo {
    public static void main(String[] args) {
        Out.StaticIn in=new Out.StaticIn();
        in.print();
    }
}
```

7.2 内部类的使用

为什么在 Java 中需要内部类?其原因主要有以下三点:
(1) 内部类提供了某种进入外部类的窗口,而每个内部类又能独立地继承一个接口,且不论外部类是否已经继承了某个接口。因此,内部类使多重继承的解决方案变得更加完整。接口解决了部分问题,而内部类又有效地实现了"多重继承"。

【例7.5】 内部类的"多重继承"。

```java
public abstract class A{
    public abstract void methodA();
}
public abstract class B{
    public abstract void methodB();
}
//两个抽象类,使用普通类无法实现多重继承

//使用内部类可以实现
public class C extends A{
    public void methodA(){
        System.out.println("methodA");
    }

    public class Inner extends B{
        public void methodB(){
            System.out.println("methodB");
        }
    }
}
```

(2) 内部类方便将存在一定逻辑关系的类组织在一起,还可以对外界隐藏具体细节。内部类是封装性的进一步体现。

【例7.6】 内部类的"封装性"。

```java
interface Driver{
    String getName();
};
public class Bus {
    private class Driver1 implements Driver{
        private String name="Driver1";
        public String getName() {
            return name;
        }
    }

    Driver getDriver(){
        return new Driver1();
    }
}
```

在客户类中不能访问Bus.Driver类,但是可以通过Bus类的getDriver方法获得Driver的实例,很好地实现了隐藏和封装性。

（3）匿名类可简化程序的编写。在编写事件监听的代码时使用匿名内部类不但方便，而且使代码更加容易维护。

【例 7.7】 匿名内部类示意。

```
scan_bt.setOnClickListener(new OnClickListener() {
            @Override
            public void onClick(View v) {
                // TODO Auto-generated method stub

            }
        });
```

思考与练习

7.1　匿名内部类是否可以继承其他类，是否可以实现接口？

7.2　什么是内部类？Static Nested Class 和 Inner Class 有什么不同？

7.3　Java 里面如何创建一个内部类的实例？

第8章 异常处理

在程序中总是存在各种异常情况,这将改变正常的流程,导致恶劣的后果。为了减少损失,应该实现充分预计所有可能出现的异常,并采取以下解决措施:
(1) 避免异常。
(2) 如果异常不可避免,就应该预先准备好处理异常的措施,从而降低异常造成的损失。

Java语言提供了一套完善的异常处理机制。正确运用这套机制,有助于提高程序的健壮性。所谓程序的健壮性,就是指程序在多数情况下能正常运行,返回预期的正确结果;如果偶尔遇到异常情况,程序也能采取合理的解决措施。

8.1 异常处理机制基础

8.1.1 什么是异常

异常的英文单词是exception,字面翻译就是"意外、例外"的意思,即非正常情况。事实上,异常本质上是程序上的错误,包括程序逻辑错误和系统错误。比如使用空的引用、数组下标越界、内存溢出错误等,这些都是意外的情况,背离程序本身的意图。错误在编写程序的过程中会经常发生,包括编译期间和运行期间的错误。在编译期间出现的错误有编译器帮助修正,然而运行期间的错误便不是编译器力所能及的了,并且运行期间的错误往往是难以预料的。假若程序在运行期间出现了错误,如果置之不理,程序便会终止或直接导致系统崩溃。因此,如何对运行期间出现的错误进行处理和补救呢?Java提供了异常机制来进行处理,通过异常机制来处理程序运行期间出现的错误更好地提升程序的健壮性。

8.1.2 Java异常处理机制的优点

在一些传统的编程语言,如C语言中,没有专门处理异常的机制,程序员通常用方法的特定返回值来表示异常情况。例8.1和例8.2演示了传统的异常处理方式。为了简化起见,仅仅考虑了职工开车上班时车子出故障的异常情况。

【例8.1】 传统的异常处理方式(一)。
```
public class Car {
    public static final int OK=1;     //正常情况
    public static final int WRONG=2;  //异常情况

    public int run() {
```

```
        if (车子没出故障)
            return OK;
        else
            return WRONG;
    }
}
```

【例 8.2】 传统的异常处理方式(二)。

```
public class Worker {
    private Car car;

    public static final int IN_TIME=1;    //正常情况,准时到达单位
    public static final int LATE=2;//异常情况,上班迟到

    public Worker(Car car) {this.car=car;}

    //开车去上班
    public int gotoWork() {
        if (car.run()==Car.OK)
            return IN_TIME;
    else {
      walk();
      return LATE;
    }
}

    //步行去上班
    public void walk(){}
}
```

以上传统的异常处理方式尽管是有效的,但存在以下的缺点:

(1) 表示异常情况的能力有限,仅靠方法的返回值难以表达异常情况所包含的所有信息。例如对于上班迟到这种异常,相关的信息包括迟到的具体时间和迟到的原因等。

(2) 异常流程的代码和正常流程的代码混在一起,会影响程序的可读性,容易增加程序结构的复杂性。

(3) 随着系统规模的不断扩大,传统异常处理方式已经成为创建大型可维护应用程序的障碍。

Java 语言按照面向对象的思想来处理异常,使得程序具有更好的可维护性。Java 异常处理机制具有以下优点:

(1) 把各种不同类型的异常情况进行分类,用 Java 类来表示异常情况,这种类被称为异常类。把异常情况表示成异常类,可以充分发挥类的可扩展和可重用的优势。

(2) 异常流程的代码和正常流程的代码分离,提高了程序的可读性,简化了程序的结构。

（3）可以灵活地处理异常，如果当前方法有能力处理异常，就捕获并处理它，否则只需要抛出异常，由方法调用者来处理。

下面的几个例子演示了 Java 异常处理机制。CarWrongException 和 LateException 类为异常类，分别表示车子出故障和上班迟到这两种异常情况。在 Car 类的 run() 方法中有可能抛出 CarWrongException 异常，在 Worker 类的 gotoWork() 方法中有可能抛出 LateException 异常。

【例 8.3】 Java 异常处理机制（一）。

```java
//表示车子出故障的异常情况
public class CarWrongException extends Exception {
    public CarWrongException() {}
    public CarWrongException(String msg) {super(msg);}
}
```

【例 8.4】 Java 异常处理机制（二）。

```java
import java.util.Data;

//表示上班迟到的异常情况
public class LateException extends Exception {
    private Date arriveTime;    //迟到的时间
    private String reason;      //迟到的原因


    public LateException(Date arriveTime, String reason) {
        this.arriveTime=arriveTime;
        this.reason=reason;
    }
    public Date getArriveTime() {return arriveTime;}
    public String getReason() {return reason;}
}
```

【例 8.5】 Java 异常处理机制（三）。

```java
public class Car {
    public void run() throws CarWrongException {
        //如果车子出故障，就创建一个 CarWrongException 对象，并将其抛出
        if(车子无法刹车) throw new CarWrongException("车子无法刹车");
        if(发动机无法启动) throw new CarWrongException("发动机无法启动");


    }
}
```

【例 8.6】 Java 异常处理机制（四）。

```java
public class Worker {
    private Car car;
    public Worker(Car car) {this.car=car;}
```

```
        public void gotoWork() throws LateException {
            try {
                car.run();
            } catch (CarWrongException e) {    //处理车子出故障的异常
                walk();
                Date date=new Date(System.currentTimeMillis());
                String reason=e.getMessage();
                throw new LateException(date.reason);  //创建一个LateException对象,并将其
                                                        抛出
            }
        }
    }
```

8.2 异常的处理

在 Java 中如果需要处理异常,必须先对异常进行捕获,然后再对异常情况进行处理。本节将介绍如何在应用程序中运用异常处理机制来处理实际的异常情况。

8.2.1 try...catch 捕获异常

在 Java 语言中,用 try...catch 语句来捕获异常。格式如下:

```
try {
    可能会出现异常情况的代码
} catch (SQLException e) {
    处理操纵数据库出现的异常
} catch (IOException e) {
    处理操纵输入流和输出流出现的异常
}
```

【例 8.7】 用 try...catch 语句捕获异常。

```
public class Demo1 {
    public static void main(String[] args) {
        try {
            int i=10/0;
            System.out.println("i="+i);
        } catch (ArithmeticException e) {
            System.out.println("Caught Exception");
            System.out.println("e.getMessage(): " + e.getMessage());
            System.out.println("e.toString(): " + e.toString());
            System.out.println("e.printStackTrace(): ");
            e.printStackTrace();
        }
    }
}
```

运行结果为：
    Caught Exception
    e.getMessage()：/ by zero
    e.toString()：java.lang.ArithmeticException：/ by zero
    e.printStackTrace()：
    java.lang.ArithmeticException：/ by zero
        at Demo1.main(Demo1.java：6)

结果说明：在try语句块中有除数为0的操作，该操作会抛出java.lang.Arithmetic-Exception异常。通过catch对该异常进行捕获。

观察结果可以发现，并没有执行System.out.println("i="+i)语句。这说明try语句块发生异常之后，try语句块中的剩余内容就不会再被执行了。

8.2.2 finally 子语句

由于异常会强制中断正常流程，这会使得某些不管在任何情况下都必须执行的步骤被忽略，从而影响程序的健壮性。在程序中，应该确保占用的资源被释放，比如及时关闭数据库连接，关闭输入流，或者关闭输出流。finally代码块能保证特定的操作总是会被执行。下面的例子中添加了finally语句。

【例8.8】 finally子语句示例。

```java
public class Demo2 {
    public static void main(String[] args) {
        try {
            int i=10/0;
            System.out.println("i="+i);
        } catch (ArithmeticException e) {
            System.out.println("Caught Exception");
            System.out.println("e.getMessage(): " + e.getMessage());
            System.out.println("e.toString(): " + e.toString());
            System.out.println("e.printStackTrace(): ");
            e.printStackTrace();
        } finally {
            System.out.println("run finally");
        }
    }
}
```

运行结果为：
    Caught Exception
    e.getMessage()：/ by zero
    e.toString()：java.lang.ArithmeticException：/ by zero
    e.printStackTrace()：
    java.lang.ArithmeticException：/ by zero
        at Demo2.main(Demo2.java：6)

runfinally

不管 try 代码块中是否出现异常，都会执行 finally 代码块。

8.2.3　throws 和 throw 子语句

throws 是方法可能抛出异常的声明。也就是说，throws 用在声明方法时，表示该方法可能要抛出异常。throw 语句用于抛出一个异常。

如果一个方法可能会出现异常，但没有能力处理这种异常，可以在方法声明处用 throws 子语句来声明抛出异常；而 throw 子语句则用于抛出异常。

【例 8.9】　throws 与 throw 子语句示例。

```java
class MyException extends Exception {
    public MyException() {}
    public MyException(String msg) {
        super(msg);
    }
}

public class Demo {
    public static void main(String[] args) {
        try {
            test();
        } catch (MyException e) {
            System.out.println("Catch My Exception");
            e.printStackTrace();
        }
    }
    public static void test() throws MyException{
        try {
            int i=10/0;
            System.out.println("i="+i);
        } catch (ArithmeticException e) {
            throw new MyException("This is MyException");
        }
    }
}
```

上例 test 方法执行过程中可能出现 ArithmeticException 异常，但是 test 方法无法处理该异常，因此 test 方法声明抛出 MyException 异常。

一个方法可能会出现多种异常，throws 子语句允许声明抛出多个异常，例如：

public void method() throws SQLException, IOException{...}

8.2.4　异常处理语句的语法规则

异常处理语句有如下语法规则：

（1）try 代码块不能脱离 catch 代码块或 finally 代码块而单独存在。try 代码块后面至少有一个 catch 代码块或 finally 代码块。孤立存在的 try 代码块会导致编译错误。

（2）try 代码块后面可以有零个或多个 catch 代码块，还可以有零个或至多一个 finally 代码块。如果 catch 代码块和 finally 代码块并存，finally 代码块必须在 catch 代码块后面。

（3）try 代码块后面可以只跟 finally 代码块，例如：

```
try {
    code 1
} finally {
    code 2
}
```

在 try 代码块中定义的变量的作用域为 try 代码块，在 catch 代码块和 finally 代码块中不能访问该变量。如果需要访问，则必须把变量定义在 try 代码块的外面。

（4）当 try 代码块后面有多个 catch 代码块时，Java 虚拟机会把实际抛出的异常对象依次和各个 catch 代码块声明的异常类型匹配，如果异常对象为某个异常类型或其子类的实例，就执行这个 catch 代码块，而不会再执行其他的 catch 代码块。在以下代码中，code1 语句抛出 FileNotFoundException 异常，FileNotFoundException 类是 IOException 类的子类，而 IOException 类是 Exception 的子类。Java 虚拟机先把 FileNotFoundException 对象与 IOException 类匹配，因此当出现 FileNotFoundException 时，程序的打印结果为：IOException。

```
try {
    code1;   //可能抛出 FileNotFoundException
} catch(SQLException e) {
    System.out.println("SQLException");
} catch(IOException e) {
    System.out.println("IOException");
} catch(Exception e) {
    System.out.println("Exception");
}
```

以下程序将导致编译错误，因为如果 code1 语句抛出 FileNotFoundException 异常，将执行 catch(Exception e)代码块，而 catch(IOException e)代码块永远不会被执行。

```
try {
    code1;   //可能抛出 FileNotFoundException
} catch(SQLException e) {
    System.out.println("SQLException");
} catch(Exception e) {
    System.out.println("Exception");
} catch(IOException e) {   //编译错误，这个 catch 代码块永远不会被执行
    System.out.println("IOexception");
}
```

（5）如果一个方法可能出现受检查异常，要么用 try...catch 语句捕获，要么用 throws 子句声明将它抛出，否则会出现编译错误。例如：

```
void method1() throws IOException {} //合法
//编译错误，必须捕获或声明抛出 IOException
void method2() {
  method1();
}

//合法，声明抛出 IOException
void method3() throws IOException
{
  method1();
}

//合法，声明抛出 Exception，IOException 是 Exception 的子类
void method4() throws Exception {
  method1();
}

//合法，捕获 IOException
  void method5() {
  try{
    method1();
  } catch (IOException e) {...}
}

//编译错误，必须捕获或声明抛出 Exception
void method6() {
  try {
    method1();
  }
  catch(IOException e) {throw new Exception();}
}

//合法，声明抛出 Exception
void method7() throws Exception {
  try {
    method1();
  } catch(IOException e) {throw new Exception();}
}
```

（6）throw 语句后面不允许紧跟其他语句，因为这些语句永远不会被执行。

8.3 Java 的异常类

8.3.1 异常的分类

在 Java 中,异常被当作对象来处理,根类是 java.lang.Throwable 类,在 Java 中定义了很多异常类(如 OutOfMemoryError、NullPointerException、IndexOutOfBoundsException 等),这些异常类分为两大类:Error 和 Exception。在 Java 中,异常类的结构层次图如图 8.1 所示。

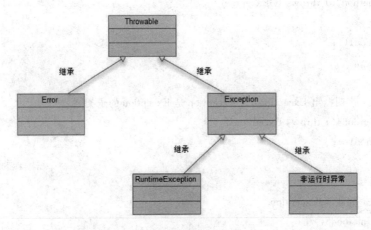

图 8.1 异常类的结构层次图

在 Java 中,所有异常类的父类是 Throwable 类,Error 类是 error 类型异常的父类,Exception 类是 exception 类型异常的父类,RuntimeException 类是所有运行时异常的父类,RuntimeException 以外的并且继承 Exception 的类是非运行时异常。

Error 是无法处理的异常,比如 OutOfMemoryError,一般发生这种异常,JVM 会选择终止程序。因此在编写程序时不需要关心这类异常。

Exception 是经常见到的一些异常情况,比如 NullPointerException、IndexOutOfBoundsException,这些异常是可以处理的异常。

典型的 RuntimeException 包括 NullPointerException、IndexOutOfBoundsException、IllegalArgumentException 等。

典型的非 RuntimeException 包括 IOException、SQLException 等。

8.3.2 运行时异常与受检查异常的区别

Exception 类的异常包括 checked exception 和 unchecked exception(注意:unchecked exception 也称运行时异常(RuntimeException)),当然这里的运行时异常并不是前面所说的运行期间的异常,只是 Java 中用运行时异常这个术语来表示,Exception 类的异常都是在运行期间发生的)。

unchecked exception(非检查异常),比如常见的 NullPointerException、IndexOutOfBoundsException。对于运行时异常,java 编译器不要求必须进行异常捕获处理或者抛出声明，由程序员自行决定。也就是说，当程序中可能出现这类异常时，即使没有用 try...catch 语句捕获它，也没有用 throws 子句声明抛出它，编译也会通过。

checked exception(受检查异常)，也称非运行时异常(运行时异常以外的异常就是非运行时异常)，Java 编译器强制程序员必须进行捕获处理，比如常见的 IOExeption 和 SQLException。对于非运行时异常如果不进行捕获或者抛出声明处理，编译都不会通过。也就是说，当程序中可能出现这类异常时，要么用 try...catch 语句捕获它，要么用 throws 子句声明抛出它，否则编译不会通过。

受检查异常表示程序可以处理的异常。如果抛出异常的方法本身的 catch 子句不能处理它，那么方法调用者应该捕获该异常并在自己的 catch 子句中处理它，从而使程序恢复运行，不至于终止程序。

运行时异常表示无法让程序恢复运行的异常，导致这种异常的原因通常是由于执行了错误的操作。一旦出现了错误操作，建议终止程序，因此 Java 编译器不检查这种异常。运行时异常应该尽量避免。在程序调试阶段，遇到这种异常时，正确的做法是改进程序的设计和实现方式，修改程序中的错误，从而避免出现该类异常。

8.3.3 异常与错误的区别

Error 类及其子类表示程序本身无法修复的错误，它与运行时异常的相同之处是 Java 编译器都不会检查它们，当程序运行中出现时，都会终止程序。

两者的不同之处是：Error 类及其子类表示的错误通常是由 Java 虚拟机抛出的，在 JDK 中预定义了一些错误类，比如 OutOfMemoryError 和 StackOutOfMemoryError。在应用程序中，一般不会扩展 Error 类来创建用户自定义的错误类。而 RuntimeException 类表示程序代码中的错误，它是可以扩展的，用户可以根据特定的问题领域来创建相关的运行时异常类。

8.4 自定义异常类

Java 可以根据需要自定义异常类，并与其他异常类一样抛出和捕捉异常。定义与使用自定义异常包括以下步骤：

使用自定义异常类之前，首先需要定义异常类：

```
public class MyException extends Exception {
    private int idNumber;
    public MyException(String reason, int id) {
        super(exception);
        this.idNumber=id;
    }
}
```

然后使用 throw 语句来抛出异常。

```
throw new MyException("Disconnection", 12);
```

同时使用 throws 语句来声明异常。

```
public void TestFunction() throws MyException{…}
```

自定义异常也是继承自根类 Exception，因此也包括 getMessage()和 printStackTrace()等方法。

8.5 异常处理原则

1. 异常只能用于非正常情况

异常只能用于非正常情况，不能用异常来控制程序的正常流程，尤其不能用抛出异常的手段来结束正常的循环流程。

滥用异常会造成如下结果：

(1) 降低程序性能。

(2) 用异常类来表示正常情况，违背了异常处理机制的初衷。

(3) 模糊了程序代码的意图，影响可读性。

(4) 容易掩盖程序代码中的错误，增加调试的复杂性。

2. 尽可能地避免异常

应该尽可能地避免异常，尤其是运行时异常。许多运行时异常是由于程序代码中的错误引起的，只要修改了程序代码的错误，或者改进了程序的实现方式，就能避免错误。

3. 保持异常的原子性

异常的原子性是指当异常发生后，各个对象的状态能够恢复到异常发生前的初始状态，而不至于停留在某个不合理的中间状态。

保持异常的原子性有以下办法：

(1) 先检查对象是否有效，确保当异常发生时还没有改变对象的初始状态。

(2) 编写一段恢复代码，由它来解释操作过程中发生的失败，并且使对象状态回滚到初始状态。这种办法不是很常用，主要用于永久性的数据结构，比如数据库系统的事务回滚机制就采用了这种办法。

(3) 在对象的临时拷贝上进行操作，当操作成功后，把临时拷贝中的内容复制到原来的对象中。

4. 避免过于庞大的 try 代码块

有些编程新手喜欢把大量代码块放入单个 try 代码块中，这看起来很省事，实际上不是好的编程习惯。try 代码块越庞大，出现异常的地方就越多，要分析发生异常的原因就越困难。有效的做法是分割各个可能出现异常的程序段落，把它们分别放在单独的 try 代码块中，从而分别捕获异常。

5. 在 catch 子句中指定具体的异常类型

有些编程新手喜欢用 catch(Exception ex)子句来捕获所有异常，这也不是好的编程习惯，理由如下：

(1) 对不同的异常通常有不同的处理方式，catch(Exception ex)子句意味着对各种异常采用同样的处理方式，这往往是不现实的。

（2）会捕获本应该抛出的运行时异常，掩盖程序中的错误。

6. 不要在 catch 代码块中忽略被捕获的异常

只要异常发生，就意味着某些地方出了问题，catch 代码块既然捕获了这种异常，就应该提供处理异常的措施，比如处理异常或重新抛出异常。

在 catch 代码块中调用异常类的 printStackTrace()方法对调试程序有帮助，但程序调试阶段结束之后，printStackTrace()方法就不应该再在异常处理代码块中负担主要责任，因为光靠打印异常信息并不能解决实际存在的问题。

思考与练习

8.1 分别简述异常机制中关键字 throw、throws 和 finally 的含义。

8.2 简述受检查异常和运行时异常的区别。

8.3 编写一个异常类 MyException，再编写一个 Student 类，该类有一个产生异常的 speak(int m)方法。要求参数 m 的值大于 1000 时，方法抛出一个 MyException 对象。最后编写主类，在主方法中创建 Student 对象，让该对象调用 speak()方法。

8.4 以下代码能否编译通过？假如不能编译通过，请修改后使之顺利编译；假如能编译通过，运行后将得到什么打印结果？

```
class MyException extends Exception {}
public class Sample {
    public static void main(String[] argsv) {
        Sample sample = new Sample();
        sample.foo();
    }
    public void foo() {
        try {
            bar();
        } finally {
            baz();
        } catch (MyException e) {}
    }
    public void bar() throws MyException{
        throw new MyException();
    }
    public void baz() throws RuntimeException{
        throw new RuntimeException();
    }
}
```

第9章　Java中的I/O系统

软件开发中，大部分程序都需要处理输入/输出问题，比如从键盘读取数据、向屏幕中输出数据、从文件中读或者向文件中写数据，以及在一个网络连接上进行网络数据的读写操作。

I/O(Input/Output)，即输入/输出，是一个软件中必不可少的部分，软件从哪里获取数据，如何加工处理，产生的数据结果如何持久(persistence)存放，可以说是绝大部分软件的基本活动过程，数据的读取与存储也就自然属于I/O的范畴。需要注意的是，在Java中I/O并非单独地指程序对计算机硬盘的访问与读写，而是包含了对文件、二进制流、网络及其他输入/输出方面的资源的处理。

体现I/O系统是Java及众多编程语言很重要的一部分知识，很多程序的瓶颈和操作耗时也都在I/O这部分的设计与实现上，解决好I/O问题对提高程序性能有很大的帮助。本章将系统地对Java I/O进行学习，通过理论和实践，希望读者能真正彻底的理解并掌握它。

9.1　认识输入流与输出流

"流是一个很形象的概念，当程序需要读取数据的时候，就会开启一个通向数据源的流，这个数据源可以是文件、内存，或是网络连接。类似地，当程序需要写入数据的时候，就会开启一个通向目的地的流。这时候可以想象数据好像在这其中'流'动一样。"Java中I/O是以流为基础进行输入/输出的，所有数据被串行化写入输出流，或者从输入流读入，如图9.1所示。

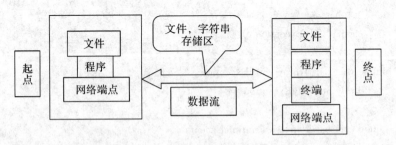

图9.1　Java中"流"的示意

在Java中，把不同类型的输入、输出源抽象为流(Stream)，而其中输入或输出的数据则称为数据流(Data Stream)，用统一的接口来表示，从而使程序设计简单明了，这包括文件读写、标准设备输入输出等。

Java I/O流分为输入流(Input Stream)和输出流(Output Stream)两类，但这种划分并不是绝对的。比如一个文件，当向其中写数据时，它就是一个输出流；当从其中读取数据时，它就是一个输入流。

如何区别一个"流"到底是输入"流"还是输出"流"？有一个非常简单且好用的办法，那就是站在程序的角度去观察数据流向，当需要从外部读入数据到程序中时，使用输入流相关的接口，但从程序中向外部（文件、网络、设备）输出数据时，使用输出流相关的接口，如图 9.2 与图 9.3 所示。

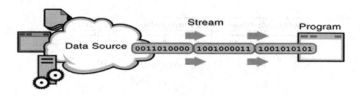

图 9.2　输入流示意

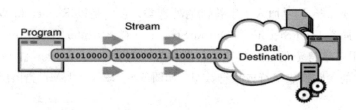

图 9.3　输出流示意

在 Java 类库中，java.io 包中提供了一系列的类和接口来实现输入/输出处理。标准输入/输出处理则是由包 java.lang 中提供的类来处理的，但这些类又都是从包 java.io 中的类继承而来，从 JDK 1.4 开始，Java 引入了新的 I/O 类库，位于 java.nio 包中。

在具体开始学习 Java I/O 的相关输入/输出流 API 之前，还必须对 Java 中"流"的类型有初步了解，根据具体处理的数据类型，Java 把数据流分为字节流和字符流两类。

1．字节流

字节流中处理的最小单元为一个字节（byte），适合处理图形文件、可执行文件等任意二进制文件。Java 中每一种字节流的基本功能都依赖于抽象类 InputStream（输入流）和 OutputStream（输出流），由于它们是抽象类，所以实际中通常使用其子类，如图 9.4、图 9.5 UML 类图所示。

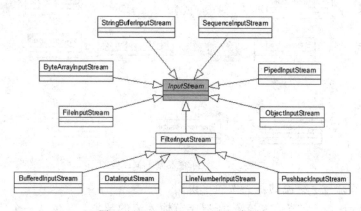

图 9.4　InputStream UML 类图

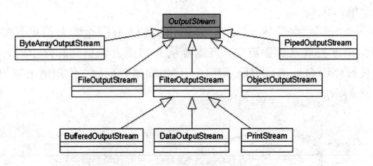

图 9.5　OutputStream UML 类图

2．字符流

字符流中处理的最小单元为一个字符(Java 中一个默认编码的字符是 2 个字节)。从 JDK 1.1 开始，java.io 包中加入了字符流的处理类，它们是以 Reader 和 Writer 为基类派生的一系列类。同类 InputStream 和 OutputStream 一样，Reader 和 Writer 也是抽象类，只提供了一系列用于字符流处理的接口。它们的方法与类 InputStream 和 OutputStream 类似，只不过其中的参数换成字符或字符数组。如图 9.6、图 9.7 UML 类图所示。

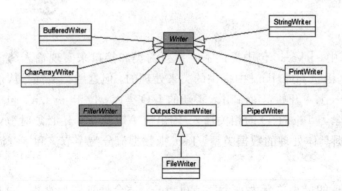

图 9.6　字符输出流 UML 类图

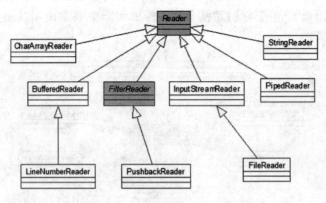

图 9.7　字符输入流 UML 类图

下面对字节流与字符流的基类做简单说明：

(1) InputStream(字节输入流)。所有字节输入流的超类，提供从一个字节输入流读取数据的基本方法。

（2）OutputStream（字节输出流）。所有字节输出流的超类，提供向一个字节输出流写入数据的基本方法。

（3）Reader（字符输入流）。所有字符输入流的超类，提供从一个字符输入流读取数据的基本方法。

（4）Writer（字符输出流）。所有字符输出流的超类，提供向一个字符输出流写入数据的基本方法。

需要注意的是，基于网络操作的 I/O 接口 Socket 相关的类和接口并不在 java.io 包下。

9.2 输 入 流

InputStream 类是个抽象类，对不同的数据源，Java 都设计了相关的子类来完成具体的功能，每一种数据源都有相应的 InputStream 子类（参考图 9.4），用来处理各种数据源的类都继承了 InputStream 类，例如下面这些类：

- ByteArrayInputStream：处理字节数组的类，允许将内存缓冲区当做 InputStream 使用。
- StringBufferInputStream：将 String 转换成 InputStream。
- FileInputStream：从文件中读取数据。
- PipedInputStream：用于从管道中读取数据。
- SequenceInputStream：将多个流对象转化成一个 InputStream。
- FilterInputStream：装饰器类，为其他 InputStream 类提供功能。

InputStream 类中定义了一系列方法供子类继承或覆盖，比如最基本的数据读入功能等，如表 9.1 所示。

表 9.1　InputStream 类中的基本方法

数据类型	方 法 摘 要
int	available() 返回此输入流下一个方法调用可以不受阻塞地从此输入流读取（或跳过）的估计字节数
void	close() 关闭此输入流并释放与该流关联的所有系统资源
void	mark(int readlimit) 在此输入流中标记当前的位置
boolean	markSupported() 测试此输入流是否支持 mark 和 reset 方法
abstract int	read() 从输入流中读取数据的下一个字节
int	read(byte[] b) 从输入流中读取一定数量的字节，并将其存储在缓冲区数组 b 中
int	read(byte[] b, int off, int len) 将输入流中最多 len 个数据字节读入 byte 数组
void	reset() 将此流重新定位到最后一次对此输入流调用 mark 方法时的位置
long	skip(long n) 跳过和丢弃此输入流中数据的 n 个字节

表 9.1 中列举的一系列方法，包括取得可读的流的字节数、位置标记、读取字节、重置流、关闭流等基本操作，其中有关读取字节的方法有三个，分别是 read()、read(byte b[])、read(byte b[], int off, int len)。read 用于读取单个的字节（每次只读一个字节）；read(byte b[])用于一次性读取多个字节到指定的 byte 数组中，该方法效率明显高于单个字节读取；read(byte b[], int off, int len)用于指定长度字节的读取以及填充到数组指定位置，程序员应根据自己的业务逻辑来选择合适的数据读取方法。

下面将 InputStream 中常用的几个子类进行逐一介绍。

9.2.1 字节数组输入流

字节数组输入流（ByteArrayInputStream），从内存中的字节数组中读取数据，数据源为字节数组，其构造方法如表 9.2 所示。

表 9.2 ByteArrayInputStream 的构造方法

数据类型	构造方法摘要
1	ByteArrayInputStream(byte[] buf) 创建一个 ByteArrayInputStream，使用 buf 作为其缓冲区数组
2	ByteArrayInputStream(byte[] buf, int offset, int length) 创建一个 ByteArrayInputStream，使用 buf 作为其缓冲区数组

【例 9.1】 ByteArrayInputStream 编程使用示例。

```java
import java.io.ByteArrayInputStream;
import java.io.IOException;
public class ByteArrayInputDemo {

    /**
     * @param args
     */
    public static void main(String[] args) {
        // TODO Auto-generated method stub
        byte[] buff={2, 15, 67, -1, -9, 9};
        ByteArrayInputStream bais=new ByteArrayInputStream(buff, 1, 4);
        int data=bais.read();
        while (data!=-1) {
            System.out.print(data+" ");
            data=bais.read();
        }
        try {
            bais.close();
        } catch (IOException e) {
            // TODO Auto-generated catch block
            e.printStackTrace();
        }
```

            }
    }

以上程序从数组 buff,{2,15,67,-1,-9,9}中构造出一个字节数组输入流 bais,注意构造方法中使用了指定从数组某个位置开始,以及所需要的字节长度来构造输入流 bais。读取时则采用单字节读取方式,当读取到的数据返回值为"-1"时,表示数据读完。最后将读取到的字节转换为 int 类型,并输出到屏幕,最终结果如下:

       15 67 255 247

读者请参照此程序自行编写并运行,试试看能否达到上述结果,并思考输出的结果为什么不是 15 67 -1 -9?

9.2.2 文件输入流

文件输入流(FileInputStream),从文件中读取数据,文件为数据源。

FileInputStream 以二进制格式并按顺序读取文件,处理的文件单元为字节,所以它不但可以读写文本文件,还可以读写图片、声音、影像文件。这种特点非常有用,可以把任意二进制文件变成流,读入到内存中继续处理。

表 9.3 是 FileInputStream 的构造方法。

表 9.3 FileInputStream 的构造方法

序号	构造方法摘要
1	FileInputStream(File file) 通过打开一个到实际文件的链接来创建一个 FileInputStream,该文件通过文件系统中的 File 对象 file 指定
2	FileInputStream(FileDescriptor fdObj) 通过使用文件描述符 fdObj 创建一个 FileInputStream,该文件描述符表示到文件系统中某个实际文件的现有连接
3	FileInputStream(String name) 通过打开一个到实际文件的连接来创建一个 FileInputStream,该文件通过文件系统中的路径名 name 指定

FileInputStream 有三个构造方法,其中第一个构造方法需要使用到 java.io 包下面的 File 类(注意这是个类而不是一个路径)来作为构造参数。第二个构造方法需要 FileDescriptor(文件描述符类)作为构造参数,FileDescriptor 表示与基础机器有关的某种结构的不透明句柄,该结构可以表示开放文件、开放套接字或者字节的另一个源或接收者(详情参考 Java API 文档)。第三个构造方法是经常用到的,也比较符合使用习惯,直接传入所需要处理文件的路径即可。

通过如下的 FileInputStreamDemo 程序来介绍如何使用 FileInputStream 这个类。

【例 9.2】 FileInput Stream 类示例。

```
import java.io.FileInputStream;
import java.io.IOException;
public class FileInputStreamDemo {
    /**
```

```
 * @param args
 */
public static void main(String[] args) throws IOException {
    // TODO Auto-generated method stub
    FileInputStream fis = new FileInputStream("c:/des.txt");
    int length = fis.available();
    while(length>0)
    {
        int info = fis.read();
        System.out.print((char)info);
        length--;
    }
    try {
        fis.close();
    } catch (IOException e) {
        // TODO Auto-generated catch block
        e.printStackTrace();
    }
}
```

上述程序用 FileInputStream 打开位于 C 盘根目录下的 des.txt 文件，并使用 FileInputStream 单字节的 read()读取方法，每读到一个字节即转换为 char 型输出到控制台，这里使用到了 available()方法来获取这个输入流中可读的字节长度(注意输入流使用完毕后应及时关闭，fis.close())。

des.txt 文件内容如图 9.8 所示。

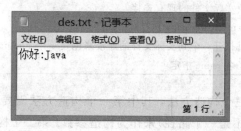

图 9.8　FileInputStreamDemo 使用到的文件示意

程序运行效果截图如图 9.9 所示。

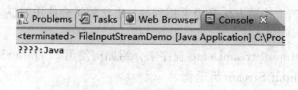

图 9.9　FileInputStreamDemo 运行效果

从图 9.9 可以看到,中文部分全部显示为乱码,英文部分正确得到输出,这是为什么?

通常文本可以用不同的方式存储,可以是普通的文本(UTF-8 编码方式)、ASCII 文本和 Unicode(Java 默认方式)文本,而一个汉字在内存中以 Unicode 方式编码存在时,占据的内存空间是 2 字节,本程序中 FileInputStream 单字节的 read()读取方法每次读取到一个字节,就立刻把这个字节转化为 char 型,因此不能正确显示汉字了。如果非要使用这种流方式来读取文本文件,可以把字符流对象进行必要的转换,从而读出正确的文本,当然使用该方式程序会比较复杂。

有人认为流文件不能读写文本文件,其实文本文件本质上也是由字节组成的,当然是流文件的一种。作为读写文件的整体,这是没问题的,但是,如果要处理每次读入的内容,就最好使用字符流。在处理文本文件时,使用字符流是最常用的方法。

9.2.3 文件字符输入流

Java.io.FileReader 是一个方便读取字符文件的类(上小节中的文本文档可以使用 FileReader 来进行无乱码的读取),FileReader 可以使用文件输入流 FileInputStream 来进行原始字节流的读取,这个类的构造方法假定默认字符编码和默认字节缓冲区大小都是适当的。表 9.4 是关于 FileReader 的构造方法说明。

表 9.4 FileReader 的构造方法说明

序 号	构造方法摘要
1	FileReader(File file) 创建一个新的 FileReader,从给定的文件读取
2	FileReader(FileDescriptor file) 创建一个新的 FileReader,从给出的 FileDescriptor 读取
3	FileReader(String fileName) 创建一个新的 FileReader,为要读取的文件的名称

接下来讨论上小节中关于有中文的文本文档读取问题该如何解决。

【例 9.3】 FileReader 使用示例。

```java
import java.io.FileReader;
import java.io.IOException;
public class FileReaderDemo {

    /**
     * @param args
     */
    public static void main(String[] args) throws IOException {
        // TODO Auto-generated method stub
        FileReader   isr=new FileReader("c://des.txt");
        int data=isr.read();
        while (data!=-1) {
            System.out.print((char)data);
            data=isr.read();
```

        }
        isr.close();
    }
}
```
程序运行输出如图 9.10 所示。

图 9.10　FileReaderDemo 运行结果

从图中可以清楚看到，使用 Reader 输入流来读取文本文档时，中文不再显示为乱码，因为 Reader 输入流在读取时，是按照单个字符来处理的。

### 9.2.4　Java 管道流

Java 管道流分为管道输出流（PipedOutputStream）和管道输入流（PipedInputStream），利用 PipedOutputStream 和 PipedInputStream 可以实现线程之间的二进制信息传输。PipedOutputStream 是 OutputStream 的直接子类，PipedInputStream 是 InputStream 的直接子类。

要进行管道输出，则必须把输出流连在输入流上。PipedOutputStream 和 PipedInputStream 往往成对出现、配合使用。

参考如下 TestPipe 代码（由于目前还没有涉及多线程知识，可以留待以后回顾学习），了解 Java 管道流的基本使用方法。

【例 9.4】　Java 管道流示例。
```
import java.io.IOException;
import java.io.PipedInputStream;
import java.io.PipedOutputStream;

public class TestPipe {
    public static void main(String[] args) {
        Send s=new Send();
        Receive r=new Receive();
        try {
            s.getPos().connect(r.getPis());// 连接管道
        }catch (IOException e) {
            e.printStackTrace();
        }
        new Thread(s).start();// 启动线程
```
```

```java
            new Thread(r).start();  // 启动线程
    }
}

class Receive implements Runnable {  // 实现 Runnable 接口
    private PipedInputStream pis=null;
    public Receive() {
        this.pis=new PipedInputStream();  // 实例化输入流
    }
    public void run() {
        byte b[]=new byte[1024];
        int len=0;
        try {
                    len=this.pis.read(b);  // 接收数据
                }catch (IOException e) {
                    e.printStackTrace();
                }
        try {
            this.pis.close();
                }catch (IOException e) {
                    e.printStackTrace();
                }
                System.out.println("接收的内容为:" + new String(b, 0, len));
    }
    public PipedInputStream getPis() {
        return pis;
        }
}

class Send implements Runnable {
// 实现 Runnable 接口
    private PipedOutputStream pos=null;  // 管道输出流
    public Send() {
        this.pos=new PipedOutputStream();  // 实例化输出流
        }
    public void run() {
        String str="Hello World!!!";
        try {
            this.pos.write(str.getBytes());  // 输出信息
        } catch (IOException e) {
                e.printStackTrace();
            }
        try {
```

```
            this.pos.close(); // 关闭输出流
        }catch(IOException e){
            e.printStackTrace();
        }
    }
    public PipedOutputStream getPos(){  // 通过线程类得到输出流
        return pos;
    }
}
```

该示例程序有三个类，一个发送类 Send，一个接收类 Receive 以及调用发送和接收类实例并开启线程的公共类 TestPipe。其中 Send 类与 Receive 是多线程类。TestPipe 通过 connect 方法进行输入/输出连接，实现了 Send 线程和 Receive 线程之间的通信。本例中使用了一个 1024 个字节固定大小的 byte 数组来作为循环缓冲区保存发送的数据。管道输入/输出流需要彼此存在，即 PipedInputStream 对象和 PipedOutputStream 对象只有互相存在才有意义，一般先构建对象，再连接（connect）。PipedInputStream 维护了一个 PipedOutputStream 对象的属性，而 PipedOutputStream 也维护了一个 PipedInputStream 对象属性。

9.3 过滤器输入流

前两小节中提到的关于 Java 中 InputStream 和 OutputStream 输入输出流，处理的是原始的字节流。过滤器输入流 FilterInputStream 以及过滤器输出流 FilterOutputStream 是经"装饰"过的封装了额外功能的字节流。这两个类是以"装饰器模式"实现的，提供了更多功能的封装类别字节流。

装饰器模式（Decorator），可对客户端以透明的方式扩展对象的功能，是继承关系的一个替代方案，提供比继承更多的灵活性。该模式可动态给一个对象增加功能，这些功能可以再动态地撤销。装饰器模式增加了由一些基本功能的排列组合而产生的非常多的功能。关于更多装饰器设计模式的信息，读者可以参考 Gang of Four 的《Design Patterns: Elements of Reusable Object-Oriented Software》（译本名为《设计模式——可复用面向对象软件的基础》）。FilterInputStream 包含其他一些输入流，它将这些流用作其基本数据源，可以直接传输数据或提供一些额外的功能。FilterInputStream 类本身只是简单地重写那些将所有请求传递给所包含输入流的 InputStream 的所有方法，而 FilterInputStream 的子类可进一步重写这些方法中的一些方法，并且还可以提供一些额外的方法和字段。

FilterInputStream 和 FilterOutputStream 分别是 InputStream 和 OutputStream 的子类。实现了 InputStream 和 OutputStream 这两个抽象类中未实现的方法。但是，FilterInputStream 和 FilterOutputStream 仅仅是"装饰器模式"封装的开始，它们在各个方法中的实现都是最基本的实现，都是基于构造方法中传入参数封装的 InputStream 和 OutputStream 的原始对象来构建的。

比如，在 FilterInputStream 类中，封装了这样一个属性：

```
    protected volatile InputStream in;
```

而对应的构造方法是：

```
protected FilterInputStream(InputStream in) {
    this.in=in;

}
```
其中，关于 read() 方法的实现则为
```
public int read() throws IOException {
    return in.read();
}
```
从其源代码来看其他方法的实现，以及 FilterOutputStream 也都是类似的。可以发现，FilterInputStream 和 FilterOutputStream 并没给出其他额外的功能实现，只是做了一层简单的封装。那么刚才提到的关于过滤器流额外的功能是在哪里实现的呢？

实际上，过滤器流额外的功能是由继承 FilterInputStream 和 FilterOutputStream 的各个具体子类来实现的。具体类图可以参考图 9.4 及图 9.5。

FilterInputStream 输入流有如下直接子类，具体可以参看 Java API 文档。

(1) BufferedInputStream(缓冲输入流)。

BufferedInputStream 支持 mark 和 reset 方法的能力。创建 BufferedInputStream 时即创建了一个内部缓冲区数组。读取或跳过流中的各字节时，必要时可根据所包含的输入流再次填充该内部缓冲区，可一次填充多个字节。mark 操作记录输入流中的某个点，reset 操作导致在从所包含的输入流中获取新的字节前，需再次读取自最后一次 mark 操作以来所读取的所有字节。

(2) CheckedInputStream(校验输入流)，可用于验证输入数据的完整性。

(3) CipherInputStream(加解密输入流)，需要 Chiper 对象配合使用。

CipherInputStream 由一个 InputStream 和一个 Cipher 组成，这样 read() 方法才能返回从基础 InputStream 读入但已经由该 Cipher 另外处理过的数据。在由 CipherInputStream 使用之前，该 Cipher 必须充分初始化。例如，假设 Cipher 初始化为解密，在返回解密的数据之前，CipherInputStream 将尝试读入数据并将其解密。

(4) DataInputStream(数据输入流)。

DataInputStream 允许应用程序以与机器无关的方式从基础输入流中读取基本 Java 数据类型(int、float、double 等)，应用程序可以使用数据输出流写入稍后由数据输入流读取的数据。

(5) DigestInputStream(消息摘要流)，用以完成流的消息摘要计算。

(6) InflaterInputStream，此类为解压缩 "deflate" 压缩格式的数据实现流过滤器。它还可作为其他解压缩过滤器(如 GZIPInputStream)的基础。

(7) ProgressMonitorInputStream(进度监测流)，监视读取某些 InputStream 的进度。ProgressMonitorInputStream 的使用大致用以下形式调用：
```
InputStream in=new BufferedInputStream(new ProgressMonitorInputStream(
        parentComponent, "Reading " + fileName, new FileInputStream(fileName)));
```
如上创建了一个进度监视器，以监视读取输入流的进度。如果需要一段时间，将会弹出 ProgressDialog 以通知用户。如果用户单击 Cancel 按钮，则在进行下一次读取操作时会抛出 InterruptedIOException。当关闭流时，会执行所有的正确清除(注意此代码为局部代

码,并不适宜在控制台模式下运行)。

(8) PushbackInputStream(推回输入流)。

PushbackInputStream 可向另一个输入流添加"推回(push back)"或"取消读取(unread)"一个字节的功能。这可以很方便地读取由特定字节值分隔的不定数量的数据字节。在读取终止字节后,该代码片段可以"取消读取"该字节,这样,输入流上的下一个读取操作将会重新读取被推回的字节。例如,表示构成标识符字符的字节可能由表示操作符字符的字节终止,其作业只是读取标识符的方法可以进行读取,直到该操作看到此操作符,然后将该操作符推回以进行重读。

9.3.1 DataInputStream 的使用

从读取数据的示例来看,数据读取时都是基于单个字节或者单个字符来完成的,当然也可以使用 read(byte[] b)方法来一次性读入多个字节的数据,如果假定数据源是二进制数据,其中连续存入了一些 int 型、float 型、double 型以及 char 型等占据不同内存空间大小的数据类型,那么每次都必须按照其数据类型占据的空间来设置 byte 数组的大小,这样写程序就稍显麻烦。DataInputStream 数据输入流允许应用程序以与机器无关的方式从基础输入流中读取基本 Java 数据类型,在 DataInputStream 类中直接提供了读取这些基本类型数据的方法,应用程序可以使用数据输出流写入,稍后再由数据输入流读取出数据。

【例 9.5】 DataInputStream 使用示例。

```
import java.io.*;
public class DataInput{
    public static void main(String[] args) throws Exception{
        FileInputStream in=new FileInputStream("c://Data.hhh");
        DataInputStream din=new DataInputStream(in);
        FileOutputStream out=new FileOutputStream("c://Data.hhh");
        DataOutputStream dout=new DataOutputStream(out);
        dout.writeByte(-12);
        dout.writeLong(12);
        dout.writeChar('1');
        dout.writeFloat(1.01f);
        dout.writeUTF("好 trtf");
        dout.close();

        System.out.println(din.readByte());
        System.out.println(din.readLong());
        System.out.println(din.readChar());
        System.out.println(din.readFloat());
        System.out.println(din.readUTF());
        din.close();
    }
}
```

以上代码原理描述为:使用文件输入流和输出流打开位于 C 盘根目录下的 Data.hhh

二进制文件，基于文件输入流和输出流，构造 DataInputStream 类型的输入流"din"和 DataOutputStream 类型的输出流"dout"；使用 dout 输出流向文件按照顺序写入 byte、long、char、float、utf 编码风格的字符串，然后关闭输出流，上述操作将数据已经写入到文件中了；接下来使用 din 来读取这些写入到文件中的数据并把它们打印在控制台。

程序运行结果如图 9.11 所示。

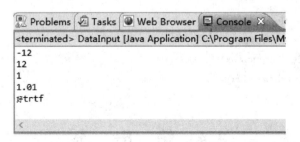

图 9.11　DataInputStream 与 DataOutputStream 使用示例

从运行结果可以看到，在文件中的二进制数据被成功读取到了。

思考一个问题：如果在使用 din 读取数据时，没有按照写入的顺序读取，会发生什么情况，还能正常读取到这些数据吗？为什么？

9.3.2　BufferedInputStream 的使用

BufferedInputStream(缓冲输入流)，支持 mark 和 reset 方法的能力。创建 BufferedInputStream 时即创建了一个内部缓冲区，默认为 8192 字节。每次调用 read 方法的时候，它首先尝试从缓冲区里读取数据，若读取失败(缓冲区无可读数据)，则选择从物理数据源(如文件)读取新数据(读取或跳过流中的各字节时，必要时可根据所包含的输入流再次填充该内部缓冲区，一次填充多个字节)放入到缓冲区中，最后再将缓冲区中的内容部分或全部返回给调用者。由于从缓冲区里读取数据远比直接从物理数据源读取速度快，所以 BufferedInputStream 具有很高的输入效率。

【例 9.6】　以读取文本的方法来演示 BufferedInputStream 的使用：

```
public void readFromFile(String filename) {
    BufferedInputStream bufferedInput=null;
    byte[] buffer=new byte[1024];
    try {
    //创建 BufferedInputStream 对象
    bufferedInput=new BufferedInputStream(new FileInputStream(filename));
    int bytesRead=0;
    //从文件中按字节读取内容，到文件尾部时 read 方法将返回-1
    while ((bytesRead=bufferedInput.read(buffer)) !=-1) {
    //将读取的字节转为字符串对象
    String chunk=new String(buffer, 0, bytesRead);
    System.out.print(chunk);
    }
    } catch (FileNotFoundException ex) {
```

```
            ex. printStackTrace();
        }catch (IOException ex) {
            ex. printStackTrace();
        }finally {
        //关闭 BufferedInputStream
            try {
                if (bufferedInput != null)
                    bufferedInput. close();
            }catch (IOException ex) {
                ex. printStackTrace();
            }}}
```

9.4 输出流

有了输入流的概念，掌握输出流就相对容易了，上述章节中部分示例已经初步展示了一些常见输出流的应用。OutputStream 跟 InputStream 类相似，它们都是抽象类，具体有 ByteArrayOutputStream、FileOutputStream、FilterOutputStream、PipedOutputStream 等子类(参见本章中图 9.5 UML 类图)。常见的输出流方法如表 9.5 所示。

表 9.5 OutputStream 中的部分方法说明

类 型	构造方法摘要
void	close() 关闭此输出流并释放与此流有关的所有系统资源
void	flush() 刷新此输出流并强制写出所有缓冲的输出字节
void	write(byte[]b) 将 b.length 个字节从指定的 byte 数组写入此输出流
void	write(byte[]b, int off, int len) 将指定 byte 数组中从偏移量 off 开始的 len 个字节写入此输出流
abstract void	write(int b) 将指定的字节写入此输出流

9.4.1 字节数组输出流

字节数组输出流(ByteArrayOutputStream)，此类实现了一个输出流，其中的数据被写入一个字节数组。缓冲区会随着数据的不断写入而自动增长。

ByteArrayOutputStream 类创建实例时有如下两种构造方法：

(1) ByteArrayOutputStream()，创建一个新的字节数组输出流。

(2) ByteArrayOutputStream(int size)，创建一个新的字节数组输出流，它可以指定缓冲区容量大小(以字节为单位)。

【例 9.7】 ByteArrayOutputStream 的基本使用示例。
```
import java.io.ByteArrayOutputStream;
import java.io.IOException;
public class ByteArrayOutputDemo {
    public static void main(String[] args) throws IOException{
        ByteArrayOutputStream baos=new ByteArrayOutputStream();
        baos.write(15);
        baos.write(16);
        baos.write(17);
        byte[] buf=baos.toByteArray();//获取内存缓冲中的数据
        int size=buf.length;
        for(int i=0;i<size;i++)
        {
            System.out.println(buf[i]);
        }
        baos.close();
    }
}
```

以上示例将3个整型数放置到了字节数组输出流中(内存中)，然后使用java.io从内存中将其输出到控制台展示。

9.4.2 文件输出流

文件输出流(FileOutputStream)跟文件输入流(FileInputStream)配对，可以向文件中写入数据，文件作为数据的目的地。无论是二进制数据还是字符数据(文本数据)都可以用文件输出流 FileOutputStream 以字节流的方式保存到所指定文件。需要注意的是，如果写字符数据，还是使用 FileWriter 更方便一些，FileWriter 除了提供了文件写入功能之外，还内置了字符编码功能。

【例 9.8】 FileOutputStream 类的使用。
```
import java.io.FileOutputStream;
import java.io.IOException;
import java.io.OutputStream;
public class FileOutputStreamDemo {
    public static void main(String[] args) throws IOException{
        // TODO Auto-generated method stub
        OutputStream os=new FileOutputStream("c://des.txt");
        String string="FilterInputStream 类是用于扩展输入流功能的装饰器";
        byte[] source=string.getBytes();
        os.write(source);
        os.close();
    }
}
```

以上示例中，使用 FileOutputStream 向目的文件 C 盘根目录下的 des.txt 写入字符"FilterInputStream 类是用于扩展输入流功能的装饰器"字样，程序运行完毕后，打开位于 C 盘根目录下的 des.txt 文件，可以看到如图 9.12 所示结果。

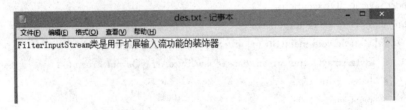

图 9.12 des.txt 文件内容

9.5　过滤器输出流

9.3 小节中提到，过滤器输入流（FilterInputStream）以及过滤器输出流（FilterOutputStream）是经"装饰"过的，封装了额外功能的字节流。这两个类是以"装饰器模式"实现，提供了更多功能的封装类别字节流，而非直接处理原始字节流的类。

9.5.1　FilterOutputStream

此类是过滤输出流的所有类的超类。这些流位于已存在的输出流（基础输出流）之上，它们将已存在的输出流作为其基本数据接收器，可以直接传输数据或提供一些额外的功能。FilterOutputStream 类本身只是简单地重写那些将所有请求传递给所包含输出流的 OutputStream 的所有方法。FilterOutputStream 的子类可进一步地重写这些方法中的一些方法，并且还可以提供一些额外的方法和字段。其构造方法为

FilterOutputStream(OutputStream out)

该方法可创建一个构建在指定基础输出流之上的输出流过滤器。程序中一般不直接使用该类，而是使用该类的三个子类，即 DataOutputStream、BufferedOutputStream 和 PrintStream 类。

9.5.2　DataOutputStream

DataOutputStream 是 FilterOutputStream 的直接子类，允许应用程序以适当方式将基本 Java 数据类型写入输出流中。然后，应用程序可以使用数据输入流将数据读入。具体应用参见 9.3.1 小节中关于 DataInputStream 的使用示例。

9.5.3　BufferedOutputStream

BufferedOutputStream 与 BufferedInputStream 缓冲输入流相似，为 InputStream、OutputStream 类增加缓冲区功能。

BufferedOutputStream 的数据成员 buf 也是一个位数组，默认大小也是 8192 字节。当使用 write()方法写入数据时，实际上会先将数据写到 buf 中，当 buf 已满时才会实现给定的 OutputStream 对象的 write()方法，将 buf 数据写到目的地，而不是每次都对目的地作写入的动作。

BufferedOutputStream 的构造方法如下：

• BufferedOutputStream(OutputStream out)，创建一个新的缓冲输出流，将数据写入到指定的基础输出流。

• BufferedOutputStream(OutputStream out，int size)，创建一个新的缓冲输出流，将数据与指定的缓冲区大小写入指定的基础输出流。

【例 9.9】 使用 BufferedOutputStream 向某文件写入内容的一个方法示例。

```java
public void writeToFile(String filename) {
    BufferedOutputStream bufferedOutput=null;
    try {
        //构建一个 BufferedOutputStream 对象
        bufferedOutput=new BufferedOutputStream(new FileOutputStream(filename));
        //开始向输出流中写入
        bufferedOutput.write("Line one".getBytes());
        bufferedOutput.write("\n".getBytes()); //写入新行，如果是 Windows 系统，使
                                               用\r\n
        bufferedOutput.write("Line two".getBytes());
        bufferedOutput.write("\n".getBytes());
    } catch (FileNotFoundException ex) {
        ex.printStackTrace();
    } catch (IOException ex) {
        ex.printStackTrace();
    } finally {
        //Close the BufferedOutputStream
        try {
            if (bufferedOutput !=null) {
                bufferedOutput.flush();
                bufferedOutput.close();
            }
        } catch (IOException ex) {
            ex.printStackTrace();
        }
    }
}
```

9.5.4 PrintStream

PrintStream 是 FilterOutputStream 的一个子类，PrintStream 为其他输出流添加了功能，使它们能够方便地打印各种数据值表示形式(boolean、char、double、float、int 等)，而非仅限于 byte 型。与其他输出流不同，PrintStream 不会抛出 IOException，异常情况仅设置可通过 checkError 方法测试的内部标志。PrintStream 的构造方法说明如下：

public PrintStream(OutputStream out，boolean autoFlush)//创建新的打印流

参数 out：将向其打印值和对象的输出流；boolean autoFlush 变量：如果为 true，则每当写入 byte 数组、调用其中一个 println 方法或写入换行符或字节（'\n'）时都会刷新输出缓冲区。

9.6 Reader 与 Writer

正如前面章节中所介绍，Java 的 I/O 流中的 InputStream 和 OutputStream 类是主要针对字节流来操作的，而 Reader 和 Writer 类主要是针对字符流来操作的（读写）。

Reader 是用于读取字符流的抽象类，子类必须实现的方法只有 read(char[], int, int) 和 close()。但是，多数子类将重写此处定义的一些方法，以提供更高的效率或其他功能。Reader 的直接子类有 BufferedReader、CharArrayReader、FilterReader、InputStreamReader、PipedReader、StringReader。

Writer 是写入字符流的抽象类，子类必须实现的方法仅有 write(char[], int, int)、flush() 和 close()。多数子类也将重写此处定义的一些方法，以提供更高的效率或其他功能。Writer 的直接子类有 BufferedWriter、CharArrayWriter、FilterWriter、OutputStreamWriter、PipedWriter、PrintWriter、StringWriter。

9.6.1 InputStreamReader 和 OutputStreamWriter

InputStreamReader 和 OutputStreamWriter 是字节流通向字符流的桥梁，它使用指定的字符集（charset，Java 平台的每一种实现都需要支持 US-ASCII、ISO-8859-1、UTF-8、UTF-16BE、TF-16LE 和 UTF-16)读取字节并将其解码为字符，它使用的字符集可以由名称指定或显式给定，否则可能接受平台默认的字符集。

每次调用 InputStreamReader 中的一个 read() 方法都会导致从基础输入流读取一个或多个字节。要启用从字节到字符的有效转换，可以提前从基础流读取更多的字节，使其超过满足当前读取操作所需的字节。

为了达到最高的效率，可考虑在 BufferedReader 内包装 InputStreamReader。例如（此实例是优化包装使用了 Java 的标准输入）：

  BufferedReader in=new BufferedReader(new InputStreamReader(System.in));

同样，每次调用 OutputStreamWriter 的 write()方法都会针对给定的字符（或字符集）调用编码转换器。在写入基础输出流之前，得到的这些字节会在缓冲区累积。可以指定此缓冲区的大小，不过，默认的缓冲区对多数用途来说已足够大。但是注意，传递到 write()方法的字符是未缓冲的。为了达到最高效率，可考虑将 OutputStreamWriter 包装到 BufferedWriter 中以避免频繁调用转换器。例如（此实例是优化包装使用了 Java 的标准输出）：

  Writer out=new BufferedWriter(new OutputStreamWriter(System.out));

构建一个 InputStreamReader 实例有如下四种构造方式：

（1）public InputStreamReader(InputStream in)//创建一个使用默认字符集的 InputStreamReader。

参数 in-InputStream：需要被包装使用的输入流。

（2）public InputStreamReader(InputStream in, String charsetName) throws UnsupportedEncodingException//创建使用指定字符集的 InputStreamReader。

参数：

in-InputStream：需要被包装使用的输入流；

charsetName：受支持的 charset 的名称，如"US-ASCII、ISO-8859-1、UTF-8"等。可能会抛出不支持指定的字符集异常 UnsupportedEncodingException。

（3）public InputStreamReader(InputStream in, Charset cs)//创建使用给定字符集的 InputStreamReader。

参数：

in-InputStream：需要被包装使用的输入流；

cs：给定的字符集对象(Charset 是一个类)。

（4）public InputStreamReader(InputStream in, CharsetDecoder dec)//创建使用给定字符集解码器的 InputStreamReader。

参数说明如下：

in-InputStream：需要被包装使用的输入流；

dec：字符集解码器实例。

OutputStreamWriter 类的构造方法与 InputStreamReader 类似，此处不再赘述，请读者自行参看 Java API 文档。

9.6.2 BufferedReader 和 BufferedWriter

从 9.6.1 小节可知，从输入流中读取字符或者向输出流写出字符，使用 BufferedReader 和 BufferedWriter 都将使性能得到提升。

通常，Reader 和 Writer 的每个读出/写入请求都会对基础字符或字节流进行相应的读取/写入请求，如果没有缓冲，则每次调用 read()/write() 或 readLine() 都会导致从文件中读取/写入字节，并将其转换为字符后返回，而这是极其低效的。

因此，Java 建议用 BufferedReader 包装所有 read() 操作可能开销很高的 Reader(如 FileReader 和 InputStreamReader)。例如：

BufferedReader in=new BufferedReader(new FileReader("foo.in"));

【例 9.10】BufferedReader 与 BufferedWriter 的使用示例(使用字符处理流实现文件复制)。

```
import java.io.*;
public class Charfilecopy{
    public static void main(String[] args)
    {
        try
        {
            //使用 BufferedReader 和 BufferedWriter 进行文件复制(操作的是字符,以行为单位读
              入字符)
            FileReader fr=new FileReader("source.txt");
            BufferedReader br=new BufferedReader(fr);
            FileWriter fw=new FileWriter("destnation.txt");
            BufferedWriter bw=new BufferedWriter(fw);
            String s=br.readLine();
            while(null!=s)
```

```java
            {
                bw.write(s);
                //由于BufferedReader的rendLIne()是不读入换行符的,所以写入换行时须
                   用newLine()方法
                bw.newLine();
                //read=fis.read(b);
                s=br.readLine();
            }
            br.close();
            bw.close();
        }
        catch (IOException e)
        {
            e.printStackTrace();
        }
    }
}
```

本例子中需要说明的另一个问题是,FileReader 以及 FileWriter 并非是 Reader 与 Writer 类的直接子类。实际上,FileReader 与 FileWriter 的父类是 InputStreamReader 和 OutputStreamWriter,这是用来读取/写入字符文件的便捷类。它们的构造方法假定默认字符编码和默认字节缓冲区大小都是适当的。

9.7 标准 I/O

Java 中的标准 I/O 其实一开始就在程序中使用到了,这就是经常使用的 System.out 与 System.in(接受键盘的输入)。实际上,Java.lang.System 类中有三个静态常量,分别是:

System.in:标准输入流,默认数据源为键盘;
System.out:标准输出流,默认目的地是控制台;
System.err:标准错误输出流。
它们均由 Java 虚拟机创建,一直处于打开状态。
System.in 是 InputStream 类型的对象。通常,此流对应于键盘输入或者由主机环境或用户指定的另一个输入源。

【例 9.11】 标准 I/O 使用示例(一)。

```java
import java.io.InputStream;
public class SystemInDemo {
    public static void main(String args[]) throws Exception {
        InputStream input=System.in;
        byte b[]=new byte[5]; //开辟数组空间,接收数据
        System.out.print("请输入内容: ");
        int len=input.read(b); // 接收数据
```

```
        System.out.println("输入的内容为："+ new String(b, 0, len));
        input.close();// 关闭输入流
    }
};
```

System.out 是"标准"输出流，通常，此流对应于显示器输出或者由主机环境或用户指定的另一个输出目标。对于简单独立的 Java 应用程序，编写一行输出数据的典型方式是：System.out.println(data)。

System.err 表示的是错误信息输出，如果程序出现错误，则可以直接使用 System.err 进行输出"标准"错误输出流。通常，此流对应于显示器输出或者由主机环境或用户指定的另一个输出目标。按照惯例，此输出流用于显示错误消息，或者显示那些即使用户输出流（变量 out 的值）已经重定向到通常不被连续监视的某一文件或其他目标，也应该立刻引起用户注意的其他信息。

【例 9.12】 标准 I/O 使用示例（二）。

```
public class SystemErrDemo {
    public static void main(String args[]) {
        String str=null;
        try {
            System.out.println(Integer.parseInt(str));// 转型
        } catch (Exception e) {
            System.err.println(e);
        }
    }
};
```

9.8 File 处理

在 java.io 包中，由 File 类提供了描述文件和目录的操作与管理方法。但 File 类不是 InputStream、OutputStream 或 Reader、Writer 的子类，因为它不负责数据的输入与输出，而专门用来管理磁盘文件与目录。因此，File 类也被称为非流式文件类。

关于 File 类中文件和目录路径名的抽象表示形式说明如下：

用户界面和操作系统使用与系统相关的路径名字符串来命名文件和目录。此类呈现分层路径名的一个抽象的、与系统无关的视图。

抽象路径名有两个组件：

• 一个可选的与系统有关的前缀字符串，比如盘符，"/" 表示 UNIX 中的根目录，"\\\\"表示 Microsoft Windows UNC 路径名。UNC 是一种命名惯例，主要用于 Windows 指定和映射网络驱动器。

• 零个或更多字符串名称的序列。

除了最后一个字符序列，抽象路径名中的每个名称代表一个目录，最后一个名称既可以代表目录，也可以代表文件。

路径名字符串与抽象路径名之间的转换与系统有关，无论是抽象路径名还是字符串路径名,都可以是绝对路径名或相对路径名。绝对路径名是完整的路径名,不需要任何其他信息就可以定位自身表示的文件。相反,相对路径名必须使用来自其他路径名的信息进行解释。默认情况下,java.io 包中的类总是根据当前用户目录来分析相对路径名。此目录由系统属性 user.dir 指定,通常是 Java 虚拟机的调用目录。

前缀的概念用于处理 UNIX 平台的根目录,以及 Microsoft Windows 平台上的盘符、根目录和 UNC 路径名,如下所示:

- 对于 UNIX 平台,绝对路径名的前缀始终是"/"。相对路径名没有前缀。表示根目录的绝对路径名的前缀为 "/" 并且没有名称序列。
- 对于 Microsoft Windows 平台,包含盘符的路径名的前缀由驱动器名和一个 ":" 组成。如果路径名是绝对路径名,后面可能跟着 "\\"。UNC 路径名的前缀是 "\\\\";主机名和共享名是名称序列中的前两个名称。没有指定驱动器的相对路径名无前缀。

File 类的实例是不可变的。也就是说,实例一旦创建,File 对象表示的抽象路径名将永不改变。

以下对 File 类中的绝对路径以及相对路径做进一步说明。

File f=new File("E:/Java/helloworld.java");

当 Java 虚拟机执行这句话后会在内存的堆空间中创建一个文件对象(helloworld.java),这个对象只含有文件的属性(如大小、是否可读、修改时间等),不包含文件的内容,文件长度 length 为 0。当对文件操作时,如执行 f.createNewFile()命令,虚拟机会将抽象路径转化为实际的物理路径,然后到这个转化后的物理路径进行文件的创建。这时如果在 E 盘没有"Java"文件夹,那么程序就会抛出异常,如果有"Java"文件夹,就可以创建成功。代码如下所示:

File file=new File("a.txt");
file.createNewFile();

假设 JVM 是在"D:\"下启动的,那么 a.txt 就会生成在 D:\a.txt。此外这个参数还可以使用一些常用的路径表示方法,例如".”或".\"代表当前目录,这个目录也就是 JVM 启动路径。所以如下代码能得到当前目录的完整路径:

File f=new File(".");
String absolutePath=f.getAbsolutePath();
System.out.println(absolutePath);//D:\

9.8.1 创建文件与目录

File 类的一些基本方法与使用可以参考如下例子来理解。

【例 9.13】 File 类的使用示例。

```
import java.io.File;
import java.io.IOException;
public class FileDemo {
    public static void main(String[] args) throws IOException{
        // TODO Auto-generated method stub
        File cDisk=new File("c://javaSample//");
        if(! cDisk.exists()){
```

```
            cDisk.mkdirs();
        }
        File file=new File(cDisk,"source.txt");
        if(!file.exists()){
            file.createNewFile();
        }
        System.out.println(file.getPath());
    }
}
```

该例子完成了以下功能：创建了指向指定目录以及在该目录下的一个 source.txt 文件对象引用，但该目录和文件不存在时，就在指定路径下新建文件目录和一个文件，最后使用 getPath()方法获取其路径并打印。

File 类的构造方法说明如下：

（1）File(File parent, String child) //根据 parent 抽象路径名和 child 路径名字符串创建一个新 File 实例。

（2）File(String pathname) //通过将给定路径名字符串转换成抽象路径名来创建一个新 File 实例。

（3）File(String parent, String child) 根据 parent 路径名字符串和 child 路径名字符串创建一个新 File 实例。

（4）File(URI uri)通过将给定的 file：URI 转换成一个抽象路径名来创建一个新的 File 实例。

以下列举一些常见 File 类方法说明：

（1）获取文件名称：String getName();//返回文件名称。

（2）获取文件路径：

String getAbsolutePath();//返回文件绝对路径(带有盘符)。

String getPath();//返回文件相对路径(相对该 Java 工程文件夹)。

（3）获取文件大小：long length();//翻译文件的大小，单位为字节。如果对象为目录，返回值不确定。

（4）获取修改时间：long lastModified();//返回文件的最后修改时间，单位为毫秒。

文件创建与删除相关：

• boolean createNewFile();//创建文件，当创建成功时返回 true，否则返回 false。当对象存在时，创建失败。

• boolean mkdir();//创建单层目录。当该目录的父目录不存在时返回 false。

• boolean mkdirs();//创建多层目录。包括不存在的父目录。

• boolean delete();//删除文件或者目录。当删除成功时返回 true，文件不存在时返回 false。在删除目录时，目录中为空，才能将其删除。当该目录对象为多层时，删除的是最底层目录。

文件/目录判断相关(is)方法：

• boolean exists();//对象是否存在。

• boolean isFile();//对象是否为文件。

- boolean isDirectory();//对象是否为目录。当判断对象是否为文件目录时,最好先判断对象是否存在,否则有可能出现都为 false 的情况。

9.8.2 随机文件访问

随机文件访问类(RandomAccessFile)不属于流。它具有随机读写文件的功能,可从任意位置开始对文件进行读写操作。

此类的实例支持对随机存取文件的读取和写入。随机存取文件的行为类似存储在文件系统中的一个大型字节数组,存在指向该隐含数组的光标或索引,称为文件指针。输入操作从文件指针开始读取字节,并随着对字节的读取而前移此文件指针。如果随机存取文件以读取/写入模式创建,则输出操作也可用。输出操作从文件指针开始写入字节,并随着对字节的写入而前移此文件指针。写入隐含数组的当前末尾之后的输出操作会导致该数组扩展。该文件指针可以通过 getFilePointer()方法读取,并通过 seek()方法设置。

通常,如果此类中的所有读取例程在读取所需数量的字节之前已到达文件末尾,则抛出 EOFException(文件结束异常,一种 IOException)。如果由于某些原因无法读取任何字节,而不是在读取所需数量的字节之前已到达文件末尾,则抛出 IOException,而不是 EOFException。需要特别指出的是,如果流已被关闭,则可能抛出 IOException。

RandomAccessFile 类的构造方法如下:

RandomAccessFile(String name, String mode)throws FileNotFoundException

该方法创建了从中读取和向其中写入(可选)的随机存取文件流,该文件具有指定名称。mode 参数指定用以打开文件的访问模式。允许的值及其含意如下:

"r":以只读方式打开。调用结果对象的任何 write 方法都将导致抛出 IOException。

"rw":打开以便读取和写入。如果该文件尚不存在,则尝试创建该文件。

"rws":打开以便读取和写入,对于"rw"还要求对文件的内容或元数据(数据的数据)的每个更新都同步写入到基础存储设备。

"rwd":打开以便读取和写入,对于"rw"还要求对文件内容的每个更新都同步写入到基础存储设备。

【例 9.14】 RandomAccessFile 的使用示例。

```
import java.io.IOException;
import java.io.RandomAccessFile;
public class TestRandomAccessFile {
    public static void main(String[] args) throws IOException {
        RandomAccessFile rf=new RandomAccessFile("c:/rtest.dat","rw");
        for (int i=0;i < 10;i++) {
            //写入基本类型 double 数据
            rf.writeDouble(i * 1.414);
        }
        //直接将文件指针移到第 5 个 double 数据后面
        rf.seek(0);
        rf.seek(5 * 8);
        //覆盖第 6 个 double 数据
```

```
        rf.writeDouble(490.0001);
        rf.seek(0);
        for (int i=0; i < 10; i++) {
            System.out.println("Value " + i + ": " + rf.readDouble());
        }
        rf.close();
    }
}
```

程序运行结果如图 9.13 所示。

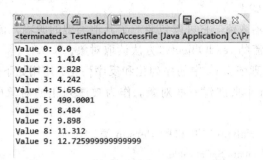

图 9.13　TestRandomAccessFile 运行示意

从图中运行结果可以看到,第六个数被后面写入的"490.0001"所覆盖。

请读者思考代码"rf.seek(5 * 8)"中为什么要乘以 8?

9.9　对象的序列化与反序列化

介绍 Java 中的对象序列化与反序列化之前,首先来认识另外一个与之相关的概念——对象的持久化。什么是对象的持久化?

应用程序运行中会产生许多的对象(程序中使用关键字 new 创建对象),程序运行完毕后退出或者运行过程中断电,对象就会消失,也就是说在内存中的对象是不稳定的,状态不能持久。持久化是一种将程序数据在持久状态和瞬时状态间转换的机制,就是把内存中的对象保存到外存中,让以后能够取回。

在一定周期内保持不变就是持久化,持久化是针对时间来说的。将数据存放到文件或数据库中就是一种持久化,而保存和取回的过程恰好就需要经过序列化和对象 I/O 来完成。

把 Java 对象转换为字节序列的过程称为对象的序列化。把字节序列恢复为 Java 对象的过程称为对象的反序列化。实现 java.io.Serializable 接口的类对象可以转换成字节流(序列化)或从字节流恢复(反序列化)成对象。序列化解决了对象的传输问题,使对象传输可以在线程之间、进程之间、内存外存之间、主机之间进行,可以利用对象的序列化来辅助实现对象的持久化。

那么如何实现 Java 序列化与反序列化呢?

JDK 中关于序列化的 API 为如下相关类提供:

- java.io.ObjectOutputStream:代表对象输出流,它的 writeObject(Object obj)方法可对参数指定的 obj 对象进行序列化,把得到的字节序列写到一个目标输出流中。

- java.io.ObjectInputStream：代表对象输入流，它的 readObject()方法从一个源输入流中读取字节序列，再把它们反序列化为一个对象，并将其返回。

注意：只有实现了 Serializable 和 Externalizable 接口的类的对象才能被序列化。Externalizable 接口继承自 Serializable 接口，实现 Externalizable 接口的类完全由自身来控制序列化的行为，而仅实现 Serializable 接口的类可以采用默认的序列化方式。

对象序列化的步骤如下：
(1) 创建一个对象输出流，它可以包装一个其他类型的目标输出流，如文件输出流；
(2) 通过对象输出流的 writeObject()方法写对象。

对象反序列化的步骤如下：
(1) 创建一个对象输入流，它可以包装一个其他类型的源输入流，如文件输入流；
(2) 通过对象输入流的 readObject()方法读取对象。

为了读者能清晰地理解 Java 中的序列化和反序列化，使用如下代码来演示说明：

假设定一个 Person 类来创建一些对象，作为被序列化的对象的类。Person 需要实现"Serializable"接口。

【例 9.15】 实现 Serializable 接口的 Person 类。

```java
class Person implements Serializable {
    private static final long serialVersionUID=1200388499;// 序列化 ID
    private int age;
    private String name;
    private String sex;
    public int getAge() {
        return age;
    }
    public String getName() {
        return name;
    }
    public String getSex() {
        return sex;
    }
    public void setAge(int age) {
        this.age=age;
    }
    public void setName(String name) {
        this.name=name;
    }
    public void setSex(String sex) {
        this.sex=sex;
    }
}
```

上述代码定义了一个实现 Serializable 接口的 Person 类。其中成员变量"serialVersionUID"，其字面意思是序列化的版本，凡是实现 Serializable 接口的类都有一个表示序列化版本标识符的静态变量。如果类中没有 serialVersionUID，那么会出现如图 9.14 所示的警告。

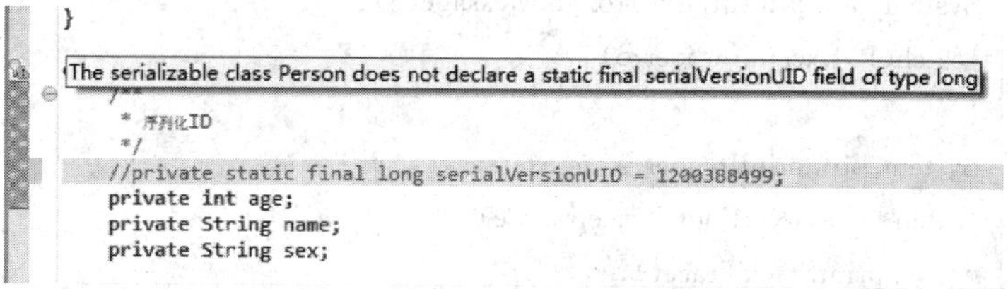

图 9.14　无序列化标识时的警告信息

【例 9.16】　以下是具体的序列化使用示意代码 ObjSerializeDemo 类的定义及相关说明。

```
import java.io.File;
import java.io.FileInputStream;
import java.io.FileNotFoundException;
import java.io.FileOutputStream;
import java.io.IOException;
import java.io.ObjectInputStream;
import java.io.ObjectOutputStream;
import java.io.Serializable;
public class ObjSerializeDemo {
    public static void main(String[] args) {
        Person person=new Person();
        person.setName("helinbo");
        person.setAge(36);
        person.setSex("男");
        try
        {
            //ObjectOutputStream 对象输出流，将 Person 对象存储到 E 盘的 Person.txt 文件中，完成对 Person 对象的序列化操作
            ObjectOutputStream oo=new ObjectOutputStream(new FileOutputStream(new File("E:/Person.txt")));
            oo.writeObject(person);
            System.out.println("Person 对象序列化成功!");
            oo.close();
            //开始反序列化
            ObjectInputStream ois=new ObjectInputStream(new FileInputStream(new File("E:/Person.txt")));
            Person newperson=(Person)ois.readObject();
            System.out.println("Person 对象反序列化成功!");
            System.out.println(newperson.getName()+","+newperson.getAge()
                    +","+newperson.getSex());
            ois.close();
        }catch(FileNotFoundException fileerro)
```

```
            {
                System.out.println(fileerro.getMessage());
            }catch(IOException ioerro)
            {
                System.out.println(ioerro.getMessage());
            }catch (ClassNotFoundException e) {
                e.printStackTrace();
            }
        }
    }
```

以上代码先创建了一个 person 对象，然后使用 ObjectOutputStream 将其序列化到 E 盘的 Person.txt 文件中，再使用 ObjectInputStream 将 Person.txt 文件中的二进制内容恢复成一个对象"newperson"。

程序运行结果如图 9.15 所示。

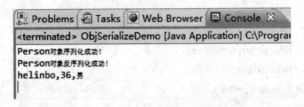

图 9.15　ObjSerializeDemo 类运行结果

打开 E 盘的 Person.txt 文件，如图 9.16 所示。

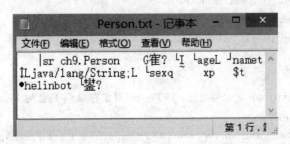

图 9.16　序列化文件内容展示

可以看到文件内容为乱码，无法识别，分析其原因。

实际上，上述对象序列化后的文件 Person.txt，可以使用任何字符充当其后缀名，并非只是 txt。

思考与练习

9.1　如何区分什么时候该使用输入流，什么时候该使用输出流？

9.2　如何理解字节流与字符流？如果使用 Java 的 I/O 相关 API 从压缩文件 wiz.zip 中读取数据，应该使用哪种流？

9.3　类 System 的三个成员域_____、_____、_____分别指向标准输入流、标准输出流和标准错误输出流。

9.4 什么是装饰器模式？使用 Java 流中的过滤器流相关类有什么好处？

9.5 _____类提供了管理文件或目录的方法，其实例表示真实文件系统中的一个文件或目录。

A. FileInputStream

B. FileReader

C. File

D. RandomAccessFile

9.6 FilterInputStream 是所有字节输入流过滤器类的父类，下面_____不是 FilterInputStream 类的子类。

A. DataInputStream

B. FileInputStream

C. BufferedInputStream

D. LineNumberInputStream

9.7 下列关于 Java I/O 的叙述中，错误的是_____。

A. InputStream 类中定义的 read() 方法实现从输入流中读取一个 8 位字节，如果遇到输入流的结尾，则返回－1

B. BufferedInputStream 类利用缓冲区来提高读数据的效率

C. InputStreamReader 类用于把 Reader 类型转换为 InputStream 类型

D. System.out 代表标准的输出流，默认是输出到控制台

9.8 File 类中文件的绝对路径与相对路径如何理解？

9.9 什么是对象的持久化、序列化与反序列化？

9.10 线程之间的相互通信一般使用什么流比较好？

第 10 章　Java 多线程

和前面几章所讲的程序设计相比，多线程（并发）程序的编写常常会存在一些无法预料的错误。那为什么要进行多线程编程呢？其实在现实生活中人类自身就是一个并行处理任务的高手，比如在公交车或地铁上，随处可见有的在玩手机、有的在听音乐，有的在看书，有的在聊天。此时，坐车的行为和其他一些活动同时进行，并没有相互影响和干扰。

10.1　线程的基本概念

多线程编程的出现就是要将那些异步的工作流转换为多个串行工作流，最大限度地利用 CPU 资源，更好地模拟人类的工作方式和交互方式。比如在图形用户界面应用程序中，利用多线程可大幅提高响应用户的灵敏度，而在 Web 服务器应用系统中，可以提升服务器资源的利用率及系统的吞吐率。

当然，并非所有的场景都需要多线程处理，因此只有在很好理解线程的基本内容和设计思想后，才能编写好正确的多线程（并发）程序，把复杂的异步处理程序化繁为简，并充分发挥出现代多核处理器的强大计算能力。

10.1.1　进程与线程

线程的概念源于现代操作系统，但在讲线程之前，不得不提到进程及相关概念。那什么是进程呢？先来看一个很常见的例子。人们在利用电脑进行日常办公的时候，经常会一边放着音乐，一边使用办公软件来编辑文字。放音乐和文字编辑对操作系统来讲，其实是执行两个不同的应用程序（任务），只不过是利用处理器强大的计算能力，让人们感觉两个任务是"同时"在进行。基本上现在的操作系统（Windows 或 Linux）都支持多任务，其中的任务可以理解为进程。一般情况下，当运行一个应用程序的时候，就启动了一个进程，当然有些会启动多个进程，比如谷歌浏览器，可以通过使用 Windows 的任务管理器来查看其进程数，如图 10.1 所示。

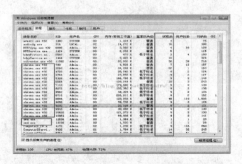

图 10.1　在任务管理器中查看进程和线程

通常把一个正在运行的程序看作是一个进程,而线程是进程中具体代码的执行单元。在一个进程里面,允许至少有一个或多个线程存在。可以用一个形象的比喻来理解程序、进程、线程这三者的关系。一个现代制造工厂(应用程序),它里面包含完成不同组件的生产车间(进程),而在某个生产车间里面是完成具体工作的一线工人(线程)。所以说线程是作为调度和分配的基本单位(实体),进程作为拥有资源的基本单位(容器)。在新建一个进程时,操作系统就会为其分配独立的内存地址空间及相关资源。就如同新建一个生产车间一样,需要给生产车间具体的房屋、水电、设备等资源。

10.1.2 线程的运行机制

一个线程从创建到消亡称为线程的生命周期。如图10.2所示,线程的生命周期可以分为五个部分:

(1) 创建状态(New)。
(2) 就绪状态(Runnable),也被称为"可执行状态"。
(3) 运行状态(Running)。
(4) 阻塞状态(Blocked)。
(5) 消亡状态(Dead)。

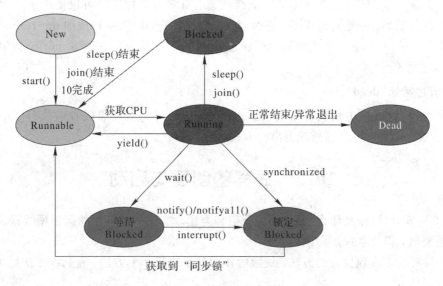

图 10.2 线程的生命周期

线程间的五个状态是如何转换的呢?

一个线程创建之后,总是处于生命周期的某个状态之中,线程的状态表明线程当前的活动,而线程的状态是可以通过程序来控制的。这些操作包括启动(Start)、终止(Stop)、睡眠(Sleep)、挂起(Suspend)、恢复(Resume)、等待(Wait)和通知(Notify)。每个操作都对应了一个方法,这些方法都是由软件包 java.lang 提供的。

1. 创建状态(New)

如果创建了一个线程而没有启动它,那么此线程就处于创建状态。比如 Thread myThread=new Thread();处于创建状态的线程还没有获得应有的资源,所以这是一个空的线程，线程只有通过启动后，系统才能给它分配资源。对于创建的线程只有两种状态可以转换，要么 start，要么 stop，一旦 stop 就标志该线程不存在了。start 是启动线程的方法，其功能是为线程分配必要的系统资源，并且把线程置于可运行状态，以便系统可以调用这个线程。

2．就绪状态（Runnable）

如果对一个创建的线程进行启动操作，那么这个线程就处于就绪状态。通过调用 myThread.start()方法，myThread 线程进入就绪状态，上述语句实际是调用了线程体的 run()方法。线程处于就绪状态说明它具备了运行条件，但就绪状态并不是运行状态，一个线程是否处于运行状态，除了必须处于就绪状态，还取决于系统的调度。

3．运行状态（Running）

线程获取 CPU 权限进行执行。需要注意的是，线程只能从就绪状态进入到运行状态。

4．阻塞状态（Blocked）

阻塞状态是由运行状态转变过来的，一个运行状态的线程如果遇到挂起（suspend）操作、等待（wait）操作、睡眠（sleep）操作，就会进入阻塞状态。另外，如果一个线程跟 I/O 操作有关，外设的速度远远低于处理器的速度，该线程可能会被阻塞，从而进入不可运行状态。外设处理完后，该线程会自动进入就绪状态。通常由三种途径可以把一个线程从阻塞状态转为就绪状态。一是自动恢复，通过 sleep 或者由于 I/O 阻塞造成的 not runnable 可以自动恢复；二是由 resume 来恢复到就绪状态（由 suspend 挂起）；三是由 notify 方法来恢复处于 wait 的线程。

5．消亡状态（dead）

一个线程在 run()方法执行结束后进入消亡状态。不过，如果线程内执行了 interrupt 或 stop 方法，那么它也会以异常退出的方式进入消亡状态。

10.2 线程的创建与启动

10.1 小节对"线程是什么"做了相关介绍和类比。本节中将讲述如何使用线程。其实使用线程很简单，需要掌握下面两点：

（1）编写需要线程执行的方法。线程的作用就是执行一个方法，直到该方法结束，线程也就完成了使命。

（2）启动一个线程。当创建好线程，并指定了要执行的方法后，只需要启动线程就可以了。

在 Java 中，线程的实现有两种方式：继承 java.lang.Thread 类，实现 java.lang.Runnable 接口。

10.2.1 继承 Thread 类

为了使用线程，首先要学习 Thread 类的三个重要方法。

（1）Thread()：这是 Thread 类的一个构造函数，它不需要任何参数。

（2）void start()：start()方法就是启动线程的方法，它是线程类中最核心的方法之一。

当调用这个方法后，在 JVM 中会启动一个线程，并让该线程去执行指定的方法，"指定的方法"就是 run()方法。

(3) void run()：run()方法是 Thread 类中的一个普通方法，它的特殊之处在于 start()方法会将它作为线程的起点。

那如何让这些方法变成线程要去执行的方法呢？这里就要用到第 5 章所讲的继承和覆盖。首先把要执行的方法类去继承 Thread 类，然后为这个方法类添加一个 run()方法，这样子类就会覆盖 Thread 类中原来的 run()方法。根据 Java 中覆盖的原则，当在子类中调用父类 Thread 的 start()方法而触发运行 run()方法时，其实调用的就是子类的 run()方法。简要地讲，就是在 Thread 类的子类的 run()方法中，编写需要让线程执行的代码就可以了。

下面通过一个例子来演示这种方式，首先创建一个 Thread 类的子类，并覆盖 Thread 类中的 run()方法。

【例 10.1】 MyThread 类示例。

```
package ch10;                                    //程序包
public class MyThread extends Thread{            //MyThread 类继承 Thread 类
    public void run(){                           //覆盖 Thread 类的 run()方法
        System.out.println("新线程执行的代码。");  //此处编写要线程执行的代码
    }
}
```

编写好线程类后，下面就是如何调用 MyThread 类。

```
package ch10;                                    //程序包
public class TestThread{                         //Thread 类
    public static void main(String[] args) {     //程序入口函数
        MyThread myThread=new MyThread();
        myThread.start();
    }
}
```

编译并运行上面的例程，控制台输出如下内容：

新线程执行的代码。

10.2.2 实现 Runnable 接口

在 Java API 文档中，对 Runnable 有这样一段说明："大多数情况下如果只想重写 run()方法，而不重写其他 Thread 方法，那么应使用实现 Runnable 接口。这一原则很重要，因为除非程序员打算修改或增强 Thread 类的基本行为，否则不应为该类创建子类"。因此在实际开发中，多以实现 Runnable 接口来创建线程。实现 Runnable 接口的步骤如下：

(1) 定义一个类实现 Runnable 接口。
(2) 覆盖 Runnable 接口的 run 方法，将线程要运行的任务代码放置到该方法中。
(3) 通过 Thread 类创建线程对象，并将实现的 Runnable 接口对象作为 Thread 类构造函数的参数进行传递。
(4) 调用 Thread 类的 start 方法，开启线程。

【例 10.2】 通过实现 Runnable 接口实现的多线程程序。

```
class MyThread implements Runnable{
    private int ticket=5;
    public void run(){
        for(int i=0;i<10;i++){
            if(ticket>0){
                System.out.println("ticket="+ticket--);
            }
        }
    }
}
public class RunnableDemo{
    public static void main(String[] args){
        MyThread my=new MyThread();
        new Thread(my).start();
        new Thread(my).start();
        new Thread(my).start();
    }
}
```

程序运行结果如图 10.3 所示。

图 10.3 运行结果

通过和继承 Thread 类相比,实现 Runnable 接口有如下优势:
- 避免了继承 Thread 单继承的局限性。
- Runnable 接口更符合面向对象的程序设计,将线程单独进行封装。
- Runnable 降低了线程对象和线程任务的耦合性。

10.3 线程中常见的方法

在上一节中学习了创建线程的两种方式,在本节将学习如何使用线程中常见的 4 种方法。

10.3.1 start()方法

线程 start()方法对应于启动操作,它完成两个方面的功能:一方面为线程分配必要的资源,使线程处于可运行状态;另一方面是调用线程的 run()方法来执行线程体。调用 start()的方法很简单,为:ThreadName.start()。用 start()方法来启动线程,真正实现了多线程运行,这时无需等待 run 方法体代码执行完毕而直接继续执行下面的代码。

通过调用 Thread 类的 start()方法来启动一个线程时,此线程处于就绪(可运行)状态,但并没有运行,只有在得到 CPU 的时间片后,才开始执行 run()方法。这里的方法 run()称为线程体,它包含了要执行的这个线程的内容,run()方法运行结束,此线程随即终止。

注意:如果直接调用 run()方法,程序中依然只有主线程这一个线程,其程序执行路径还是顺序执行。

10.3.2 sleep()方法

sleep()方法是一个静态方法,没有返回值。调用此方法可使当前线程(即调用该方法的线程)暂停执行一段时间,让其他线程有机会继续执行,但并不释放对象锁。也就是说即使有 synchronized 同步块,其他线程仍然不能访问共享数据。注意该方法要捕捉异常。

例如有两个线程同时执行(没有 synchronized),一个线程优先级为 MAX_PRIORITY,另一个为 MIN_PRIORITY。如果没有 sleep()方法,只有高优先级的线程执行完毕后,低优先级的线程才能够执行。但是高优先级的线程执行 sleep(500)后,低优先级就有机会执行了。

总之,sleep()可以使低优先级的线程得到执行的机会,当然也可以让同优先级、高优先级的线程有执行的机会。

【例 10.3】 sleep()方法示例。

```
/**
 * Java 线程:子线程
 */
class MyRunnable implements Runnable{
    @Override
    public void run() {
        System.out.println("Thread started:::" + Thread.currentThread().getName());
        try {
            Thread.sleep(1000);
        } catch (InterruptedException e) {
            e.printStackTrace();
        }
        System.out.println("Thread ended:::" + Thread.currentThread().getName());
    }
}
/**
 * Java 线程:主线程
```

```java
    */
public class TestSleepDemo {
    public static void main(String[] args) {
        String threadName=Thread.currentThread().getName();
        System.out.println(threadName + " Thread start......");
        Thread t1=new Thread(new MyRunnable(),"Thread1");
        Thread t2=new Thread(new MyRunnable(),"Thread2");
        t1.start();
        t2.start();

        try {
            Thread.sleep(4000);
        } catch (InterruptedException e) {
            e.printStackTrace();
        }
        System.out.println(threadName + " Thread end!");
    }
}
```

程序运行结果如图 10.4 所示。

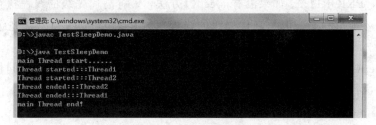

图 10.4　sleep 方法运行实例

10.3.3　yield()方法

　　yield()方法也是 Thread 类的静态方法。当线程执行 yield()方法后,如果此时可运行池里面有其他具有相同等级的线程,则 JVM 会把当前线程放入可运行池里面并运行其他线程。如果没有则什么也不做。yield()方法与 sleep()类似,只是不能由用户指定暂停多长时间,并且 yield()方法只能让同等或更高优先级的线程有执行的机会。二者执行后所转到的状态也不同,当线程执行 sleep()方法后,线程是转到阻塞状态,而执行 yeild()方法后,当前线程是转到就绪状态。

10.3.4　join()方法

　　Java Thread 类的实例方法 join()方法可以用来暂停当前线程的执行,直到特定线程终止运行(Dead)。该方法有以下三种重载形式:

　　(1) public final void join():该方法使当前线程进入等待状态,直到调用该方法的线程终止运行。如果调用线程被中断,会抛出中断异常 InterruptedException。

(2) public final synchronized void join(long millis):该方法使当前线程进入等待状态,直到调用该方法的线程终止运行或毫秒时间结束。由于线程执行由操作系统实现,不能保证当前线程只等待给定时间。

(3) public final synchronized void join(long millis, int nanos):该方法设置等待时间为给定的毫秒加上纳秒。

下面是一个简单的 join()方法实例演示,该程序的目的是确保主线程是最后一个结束的线程且当 A 线程终止后 B 线程才能结束。

【例 10.4】 join()方法示例。

```
/**
 * Java 线程:A 线程
 */
class AThread extends Thread{
    public AThread() {
        super("[AThread] Thread");
    };
    @Override
    public void run() {
        String threadName=Thread.currentThread().getName();
        System.out.println(threadName + " start.");
        try {
            for (int i=0; i < 5; i++) {
                System.out.println(threadName + " loop at " + i);
                Thread.sleep(1000);
            }
            System.out.println(threadName + " end.");
        } catch (Exception e) {
            System.out.println("Exception from " + threadName + ".run");
        }
    }
}
/**
 * Java 线程:B 线程
 */
class BThread extends Thread {
    AThread at;
    public BThread(AThread at) {
        super("[BThread] Thread");
        this.at=at;
    }
    public void run() {
        String threadName=Thread.currentThread().getName();
```

```java
        System.out.println(threadName + " start.");
        try {
            at.join();              //确保 A 线程执行完后，B 线程再执行
            System.out.println(threadName + " end.");
        } catch (Exception e) {
            System.out.println("Exception from " + threadName + ".run");
        }
    }
}
/**
 * Java 线程：主线程
 */
public class TestJoinDemo {
    public static void main(String[] args) {
        String threadName = Thread.currentThread().getName();
        System.out.println(threadName + " Thread start.....");
        AThread at = new AThread();
        BThread bt = new BThread(at);
        try {
            at.start();
            Thread.sleep(2000);     //避免 B 线程先于 A 线程被执行
            bt.start();
            bt.join();              //确保最后是 main 线程结束
        } catch (Exception e) {
            System.out.println("Exception from main");
        }
        System.out.println(threadName + " Thread end!");
    }
}
```

程序运行结果如图 10.5 所示。

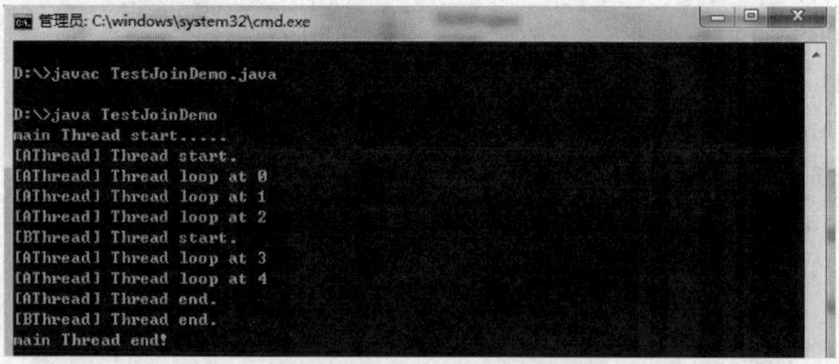

图 10.5　join 方法运行实例

10.4 线程的状态转换

如图 10.6 所示为线程的状态图，不熟悉线程的生命周期和相互的转换控制，是无法写好并发代码的。

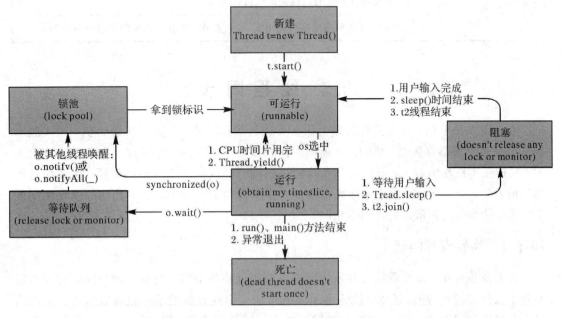

图 10.6　线程状态图

线程间的状态转换：

(1) 新建(New)：新创建了一个线程对象 t。

(2) 就绪(Runnable)：线程对象 t 创建后，其他线程(比如 main 线程)调用了该对象 t 的 start()方法。该状态的线程位于可运行线程池中，等待被线程调度选中，获取 CPU 的使用权。

(3) 运行(Running)：就绪状态的线程获得了 CPU 时间片(timeslice)，执行程序代码。

(4) 阻塞(Block)：阻塞状态是指线程因为某种原因放弃了 CPU 使用权，也即让出了 CPU timeslice，暂时停止运行。直到线程进入就绪状态，才有机会再次获得 cpu timeslice 转到运行状态。阻塞情况分以下三种：

- 等待阻塞：运行的线程调用 wait()方法，JVM 会把该线程放入等待队列(waiting queue)中。

- 同步阻塞：运行的线程在获取对象的同步锁时，若该同步锁被别的线程占用，则 JVM 会把该线程放入锁池(lock pool)中。

- 其他阻塞：运行的线程执行 Thread.sleep(休眠时间)或 t.join()方法，或者发出了 I/O 请求时，JVM 会把该线程置为阻塞状态。当 sleep()状态超时、join()等待线程终止或者超时、或者 I/O 处理完毕时，线程重新转入就绪状态。

(5) 消亡(Dead)：线程 run()、main() 方法执行结束，或者因异常退出了 run()方法，则该线程结束生命周期。消亡的线程不可再次复生。

表 10.1　几个方法的比较

方　法	是否释放锁	备　注
wait	是	wait 和 notify/notifyAll 是成对出现的,必须在 synchronize 块中被调用
sleep	否	可使低优先级的线程获得执行机会
yield	否	yield 方法使当前线程让出 CPU 占有权,但让出的时间是不可设定的

10.5　线程同步

在学习本小节前,首先需要明确为什么要进行线程同步。以火车售票为例,同一张车票可以在多个售票点售卖,那如何才能确保同一张火车票在同一个时间点上不被多次购买呢?同样在多线程编程中,可能有几个线程试图同时访问同一个有限的资源。为预防这种情况的发生,引入了同步机制:在线程使用一个资源时为其加锁,这样其他的线程便不能访问那个资源,直到解锁后才可以访问。

10.5.1　临界资源问题

在并发编程中,多线程同时并发访问的资源叫做临界资源,当多个线程同时访问对象并要求操作相同资源时,会分割原子操作,有可能会出现数据的不一致或数据不完整的情况,为避免这种情况的发生,应采取同步机制,以确保在某一时刻,方法内只允许有一个线程。

为解决在并发编程中临界资源问题,Java 引入了锁机制来进行处理。

10.5.2　互斥锁

多数编程语言在解决临界资源共享冲突问题的时候都是采用序列化访问共享资源的方案。通常就是通过在原有代码的前面加上一条锁语句来实现,这样就保证了在一段时间内只有一个线程能够执行此段代码。凡采用 synchronized 修饰符实现的同步机制叫做互斥锁机制,它所获得的锁叫做互斥锁。当调用某对象的 synchronized 方法时,也就获取了该对象的互斥锁。例如,synchronized(obj)就获取了 obj 这个对象的互斥锁。

通过互斥锁,就能在多线程中实现对"对象/方法"的互斥访问。例如,现在有线程 A 和线程 B,它们都会访问对象 obj 的互斥锁。假设,在某一时刻,线程 A 获取到 obj 的互斥锁并在执行一些操作。而此时,线程 B 也企图获取 obj 的互斥锁,但线程 B 会获取失败,它必须等待,直到线程 A 释放了该对象的互斥锁之后线程 B 才能获取到 obj 的互斥锁,从而才可以运行。

10.5.3　多线程的同步

为理解同步的必要性,下面从一个应该使用同步却没有用的简单例子开始。如下程序有三个简单类,首先是 Callme,它有一个简单的 call( )方法。call( )方法有一个名为 msg

的 String 参数。该方法试图在方括号内打印 msg 字符串。为能直观显示出多线程的竞争，主动调用 Thread.sleep(1000)，该方法使当前线程暂停 1 秒。

其次是类的构造函数 Caller，该类引用了 Callme 的一个实例以及一个 String，它们被分别存储在 target 和 msg 中。构造函数也创建了一个调用该对象的 run( )方法的新线程，该线程立即启动。Caller 类的 run( )方法通过参数 msg 字符串调用 Callme 实例 target 的 call( )方法。最后，Synch 类由创建 Callme 的一个简单实例和 Caller 的三个具有不同消息字符串的实例开始。

【例 10.5】 线程同步问题示例。

```java
// File Name：Callme.java
// This programnot synchronized.
class Callme {
    void call(String msg) {
        System.out.print("[" + msg);
        try {
            Thread.sleep(1000);
        } catch (InterruptedException e) {
            System.out.println("Interrupted");
        }
        System.out.println("]");
    }
}

// File Name：Caller.java
class Caller implements Runnable {
    String msg;
    Callme target;
    Thread t;
    public Caller(Callme targ, String s) {
        target=targ;
        msg=s;
        t=new Thread(this);
        t.start();
    }

    public void run() {
    target.call(msg);
    }
}
// File Name：Synch.java
public class Synch {
    public static void main(String args[]) {
        System.out.println("main thread is start!");
```

```
        Callme target=new Callme();
        Caller ob1=new Caller(target,"Hello");
        Caller ob2=new Caller(target,"Synchronized");
        Caller ob3=new Caller(target,"World");

        // wait for threads to end
        try {
            ob1.t.join();
            ob2.t.join();
            ob3.t.join();
        } catch(InterruptedException e) {
            System.out.println("Interrupted");
        }
        System.out.println("main thread is over!");
    }
}
```

该程序运行结果如图10.7所示。

图10.7 线程未同步前的运行结果

在本例中，通过调用 sleep()，call()方法允许执行转换到另一个线程。该结果是三个消息字符串的混合输出。该程序中，没有阻止三个线程同时调用同一对象的同一方法的方法存在。这是一种竞争，因为三个线程争着完成方法。在大多数情况下，竞争是更为复杂和不可预知的，因为无法确定何时上下文转换会发生，这会造成程序时而运行正常时而出错。

在 Java 编程语言中提供了两种同步方式：同步方法和同步语句。

1. 同步方法

要让一个方法成为同步方法，只需要在方法声明中加上 synchronized 关键字。为达到上例所想达到的目的，就必须在某一时刻，限制只有一个线程可以支配它。为此，需在 call()方法前加上关键字 synchronized，如下：

```
class Callme {
    synchronized void call(String msg) {
        ……
    }
}
```

把 synchronized 加到 call()前面以后，这就阻止了在一个线程使用 call()时其他线程进入 call()。程序输出如图10.8所示。

图 10.8 使用线程同步方法后的运行结果

2. 同步语句

尽管在类的内部创建同步方法是获得同步的一种简单和有效的方法,但它并非在任何时候都有效。假设想获得不为多线程访问设计的类对象的同步访问,也就是,该类没有用到 synchronized 方法,而且该类不是自己写的,而是第三方创建,无法改动它的源代码。这样,就不能在相关方法前加 synchronized 修饰符了。那么怎样才能使该类的一个对象同步化呢?解决方法很简单,只需将对这个类定义的方法的调用放入一个 synchronized 块内就可以了。下面是 synchronized 语句的普通形式:

```
synchronized(object) {
    // statements to be synchronized
}
```

其中,object 是被同步对象的引用。如果想要同步的只是一个语句,那么不需要大括号。一个同步块确保对 object 成员方法的调用仅在当前线程成功进入 object 管程后发生。

下面是例 10.5 程序的修改版本,在 Caller 的 run( )方法内用了同步块:

```
class Caller implements Runnable {
    String msg;
    Callme target;
    Thread t;
    public Caller(Callme targ, String s) {
        target=targ;
        msg=s;
        t=new Thread(this);
        t.start();
    }
    // synchronize calls to call()
    public void run() {
        synchronized(target) { // synchronized block
            target.call(msg);
        }
    }
}
```

程序输出如图 10.9 所示。

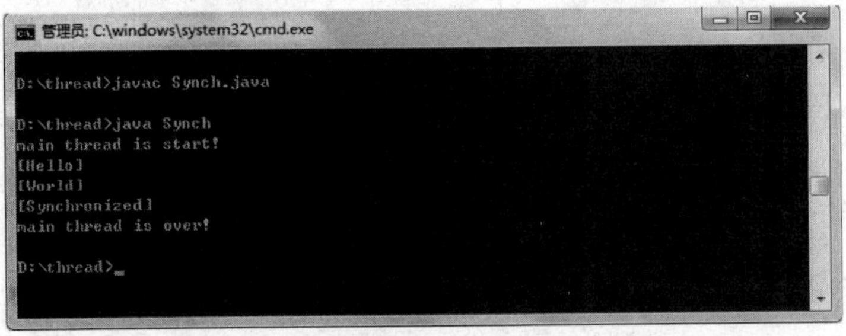

图 10.9　使用线程同步语句后的运行结果

10.5.4　同步与并发

当两个或多个线程需要访问一个共享资源时（并发）会引发冲突或竞争，它们需要一些方法来确保该资源在一个时间内仅由一个线程访问。这个操作的实现过程称为线程同步。Erlang 的发明者 Joe Armstrong 在他的一篇博文中曾形象地比喻了并发的概念，如图 10.10 所示。

图 10.10　并发示意

并发意味着多个执行实体（等待咖啡的人）可能需要竞争同一资源（咖啡机），因此就不可避免地带来竞争和同步的问题。每个等待者在使用咖啡机之前不仅需要知道排在他前面那个人是否已经使用完了咖啡机，还需知道另一个队列中排在首位的人是否也正准备使用咖啡机。要解决这些问题，就需要锁机制和线程间的调度和通信。

10.5.5　对象锁与线程通信

Java 的每个对象都有一个 monitor（锁对象），这个锁对象就是用来解决并发问题的互斥量（mutex）。当线程拥有这个锁对象时才能访问这个资源，没有锁对象便进入锁池。任何一个对象系统都会为其创建一个锁对象，这个锁是为了分配给线程的，防止打断原子操作。

如果有一个任务需要多个线程协作完成，那么一些线程可能需要等另一些线程准备好资源后才能运行，这时就需要通过线程之间的通信来安排这些线程执行的先后。Java 中提供了多种协调线程执行先后的方法即线程通信方法，其中有三个非常重要的方法：wait()、notify()、notifyall()，它们都继承于 Object 对象。

wait()方法：

调用 wait()方法可以使调用该方法的线程释放共享资源的锁，然后从线程退出，进入等待队列（等待池），直到被再次唤醒。

notify()方法：

调用 notify()方法可以唤醒等待队列中的第一个等待同一共享资源的线程,使~程退出等待队列,并进入可运行状态。

notifyall()方法:

调用 notifyall()方法可以唤醒在等待队列中等待同一共享资源的所有线程从等待队列中退出,并都进入可运行状态。

下面举一个例子,以便对上述知识点有一个更好的了解:

例 10.6 采用 Java 多线程技术设计实现了一个符合生产者和消费者问题的程序。该例对一个对象(枪膛)进行操作,其最大容量是 5 颗子弹。生产者线程是一个压入线程,它不断向枪膛中压入子弹;消费者线程是一个射出线程,它不断从枪膛中射出子弹。

【例 10.6】 对象锁的使用示例。

```java
import java.util.ArrayList;
import java.util.List;
/*
 *模拟手枪对象 Gun
 */
class Gun {
    List<Integer> Bullet=new ArrayList<Integer>();
    public synchronized void shootBullet(int i) {
        if (Bullet.size()==0) {
            try {
                wait();        //弹夹为空后,射击线程进入等待池
            } catch(InterruptedException e) {
                e.printStackTrace();
            }
        }
        System.out.println("射出一个子弹");
        Bullet.remove(i-1);
        this.notify();         //唤醒等待池的装弹线程
    }

    public synchronized void addBullet(int i) {
        if (Bullet.size()==5) {
            try {
                wait();        //超出最多容量后,装弹线程进入等待池
            } catch(InterruptedException e) {
                e.printStackTrace();
            }
        }
        System.out.println("压入第" + i + "颗子弹");
        Bullet.add(i);
        this.notify();         //唤醒等待池的射击线程
    }
```

```java
}

class AddBullet extends Thread {
    Gun aGun;
    public AddBullet(Gun aGun) {
        this.aGun=aGun;
    }
    public void run() {
        for (int i=1; i < 13; i++) {
            aGun.addBullet(i);
            try {
                sleep(100);
            } catch(InterruptedException e) {
                e.printStackTrace();
            }
        }
    }
}

class ShootBullet extends Thread {
    Gun aGun;
    public ShootBullet(Gun aGun) {
        this.aGun=aGun;
    }
    public void run() {
        for (int i=0; i < 12; i++) {
            try {
                sleep(100);
            } catch(InterruptedException e) {
                e.printStackTrace();
            }
            System.out.println("aGun.Bullet.size: " + aGun.Bullet.size());
            aGun.shootBullet(aGun.Bullet.size());
        }
    }
}

public class Test {
    public static void main(String[] args) {
        Gun aGun=new Gun();
        AddBullet add=new AddBullet(aGun);          //压入子弹线程
        ShootBullet shoot=new ShootBullet(aGun);    //子弹射击线程
        add.start();
```

            shoot.start();
        }
    }
运行结果如图 10.11 所示。

图 10.11　模拟手枪射击运行结果

10.5.6　死锁

死锁是指两个或更多线程阻塞着等待其他处于死锁状态的线程所持有的锁。死锁通常发生在多个线程以不同的顺序请求同一组锁的时候。

例如，如果线程 1 锁住了 A，然后尝试对 B 进行加锁，同时线程 2 已经锁住了 B，接着尝试对 A 进行加锁，这时死锁就发生了。线程 1 永远得不到 B，线程 2 也永远得不到 A，并且它们永远也不会知道发生了这种情况。为了得到彼此的对象（A 和 B），它们将永远阻塞下去。这种情况就是一个死锁。

【例 10.7】 两个线程间产生死锁的示例。

```
public class Deadlock extends Object {
    private String objID;

    public Deadlock(String id) {
        objID=id;
    }

    public synchronized void checkOther(Deadlock other) {
        print("entering checkOther()");
        try { Thread.sleep(2000); }
        catch (InterruptedException x) { }
        print("in checkOther() — about to " + "invoke 'other.action()'");

        //调用 other 对象的 action 方法，由于该方法是同步方法，
        //因此会试图获取 other 对象的对象锁
        other.action();
        print("leaving checkOther()");
    }
```

```java
public synchronized void action() {
    print("entering action()");
    try { Thread.sleep(500); }
    catch (InterruptedException x ) { }
    print("leaving action()");
}

public void print(String msg) {
    threadPrint("objID=" + objID + " - " + msg);
}
public static void threadPrint(String msg) {
    String threadName=Thread.currentThread().getName();
    System.out.println(threadName + ": " + msg);
}

public static void main(String[] args) {
    final Deadlock obj1=new Deadlock("obj1");
    final Deadlock obj2=new Deadlock("obj2");

    Runnable runA=new Runnable() {
        public void run() {
            obj1.checkOther(obj2);
        }
    };

    Thread threadA=new Thread(runA, "threadA");
    threadA.start();

    try { Thread.sleep(200); }
    catch (InterruptedException x ) { }

    Runnable runB=new Runnable() {
        public void run() {
            obj2.checkOther(obj1);
        }
    };

    Thread threadB=new Thread(runB, "threadB");
    threadB.start();

    try { Thread.sleep(5000); }
    catch (InterruptedException x ) { }
```

threadPrint("finished sleeping");

threadPrint("about to interrupt() threadA");
threadA.interrupt();

try { Thread.sleep(1000); }
catch (InterruptedException x) { }

threadPrint("about to interrupt() threadB");
threadB.interrupt();

try { Thread.sleep(1000); }
catch (InterruptedException x) { }

threadPrint("did that break the deadlock?");
　}
}

程序运行结果如图 10.12 所示。

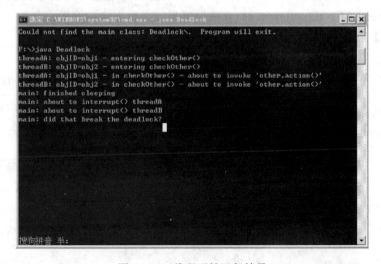

图 10.12　线程死锁运行结果

从运行结果中可以看出，在执行到 other.action()时，由于两个线程都在试图获取对方的锁，但对方都没有释放自己的锁，因而产生了死锁，在主线程中试图中断两个线程，但都无果。

大部分代码并不容易产生死锁，死锁可能会在代码中隐藏相当长的时间，等待不常见的条件的发生。但即使是很小的概率，一旦发生，便可能造成毁灭性的破坏。避免死锁是一件困难的事，遵循以下原则有助于规避死锁：

（1）只在必要的最短时间内持有锁，考虑使用同步语句块代替整个同步方法；

（2）尽量编写不在同一时刻需要持有多个锁的代码，如果不可避免，则确保线程持有第二个锁的时间尽量短暂；

(3) 创建和使用一个大锁来代替若干小锁,并把这个锁用于互斥,而不是用作单个对象的对象锁。

10.6 Daemon 线程

Java 中有两类线程:User Thread(用户线程)、Daemon Thread(守护线程)。

用户线程即运行在前台的线程,而守护线程是运行在后台的线程。守护线程的作用是为其他前台线程的运行提供便利服务,而且仅在用户或非守护线程仍然运行时才有存在的必要。

根据这些特点,守护线程通常用于在同一程序里给用户线程提供服务。它们通常无限循环地等待服务请求或执行线程任务。守护线程不能做重要的任务,因为不知道什么时候会被分配到 CPU 时间片,并且只要没有其他线程在运行,它们可能随时被终止。Java 垃圾回收线程就是一个典型的守护线程,当程序中不再有任何运行中的 Thread,程序就不会再产生垃圾,垃圾回收器也就无事可做,所以当垃圾回收线程是 Java 虚拟机上仅剩的线程时,Java 虚拟机会自动离开。守护线程始终在低级别的状态中运行,用于实时监控和管理系统中的可回收资源。

守护线程并非只有虚拟机内部提供,用户在编写程序时也可以自己设置守护线程。用户可以用 Thread 的 setDaemon(true)方法设置当前线程为守护线程。

【例 10.8】 Daemon 线程示例。

```
/**
* Java 线程:守护线程
*/
public class Test {
    public static void main(String[] args) {
        Thread t1=new MyCommon();
        Thread t2=new Thread(new MyDaemon());
        t2.setDaemon(true);      //设置为守护线程
        t1.start();
        t2.start();
    }
}

/**
* Java 线程:用户线程
*/
class MyCommon extends Thread {
    public void run() {
        for (int i=1; i<=5; i++) {
            System.out.println("用户线程:第" + i + "次执行!");
            try {
                Thread.sleep(7);
```

            } catch (InterruptedException e) {
                e.printStackTrace();
            }
        }
    }
}

/**
 * Java 线程：守护线程
 */
class MyDaemon implements Runnable {
    public void run() {
        for (int i=1; i<=100; i++) {
            System.out.println("守护线程：第" + i + "次执行!");
            try {
                Thread.sleep(7);
            } catch (InterruptedException e) {
                e.printStackTrace();
            }
        }
    }
}
```

程序运行结果如图 10.13 所示。

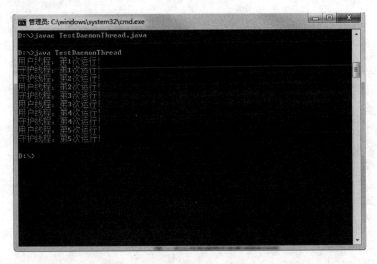

图 10.13　守护线程和用户线程运行结果

从运行结果可以看到，虽然守护线程的代码是执行 100 次循环打印，但是当用户线程执行完毕(5 次)后，守护线程也跟着自动退出。

虽然守护线程非常有用，但必须小心确保其他所有非守护线程消亡时，不会由于它的终止而产生任何危害。因为不可能知道在所有的用户线程退出运行前，守护线程是否已经完成了预期的服务任务。一旦所有的用户线程退出了，虚拟机也就退出运行了。因此，不要
```

在守护线程中执行业务逻辑操作。

另外还需要注意以下几点：

（1）在守护线程中产生的新线程也是守护线程。

（2）不是所有的应用都可以分配给守护线程来进行服务，比如读写操作或者计算逻辑。

（3）setDaemon(true)必须在调用线程的start()方法之前设置，否则会抛出IllegalThreadStateException异常。

思考与练习

10.1　进程和线程之间有什么不同？

10.2　多线程编程有哪些好处？

10.3　如何创建一个线程？

10.4　简述线程的生命周期。

10.5　为什么线程通信方法wait()，notify()，notifyall()被定义在Object类里？

10.6　同步方法和同步语句，哪个是更好的选择？

10.7　用户线程和守护线程有什么区别？

第 11 章 数组和集合类

数组与集合都是用来存储一组数据的对象。在 Java 中,数组也是 Java 对象。数组中的元素可以是任意类型(包括基本类型和引用类型),但同一个数组里只能存放类型相同的元素。同时,Java 数组的长度是固定的。

JDK 类库提供了 Java 集合类,这些类都位于 java.util 包中。与数组不同,Java 集合类能方便地存储和操纵数目不固定的一组数据,但不能存放基本类型数据,只能存放对象的引用。

11.1 Java 数组

11.1.1 数组的声明、创建与初始化

一维数组的声明方式为 type var[],例如:

```
int a[];
```

或者 type[] var,例如:

```
int[] a;
```

声明数组时不能指定其长度(数组中元素的个数),以下声明方式是非法的:

```
int x[1];        //编译出错
float y[2][3];   //编译出错
```

Java 中使用关键字 new 创建数组对象,格式为

数组名=new 数组元素的类型[数组元素的个数]。

【例 11.1】 创建数组对象。

```java
public class TestNew {
    public static void main(String args[]) {
        int[] s ;
        int i ;
        s=new int[5] ;     //创建一个 int 数组,存放 5 个 int 类型的数据
        for(i=0; i<5; i++) {
            s[i]=i;
        }
        for(i=4; i>=0; i--) {
            System.out.println(""+s[i]) ;
        }
    }
}
```

215

数组的初始化可以分为三类：

(1) 动态初始化：数组定义与为数组分配空间和赋值的操作分开进行。例如：

【例 11.2】 数组的动态初始化。

```java
public class TestD {
    public static void main(String args[]) {
        int a[];                    //声明
        a=new int[3];               //分配空间
        a[0]=0;                     //初始化
        a[1]=1;
        a[2]=2;
        Date days[];                //声明
        days=new Date[3];           //分配空间
        days[0]=new Date(2008, 4, 5);   //初始化
        days[1]=new Date(2008, 2, 31);
        days[2]=new Date(2008, 4, 4);
    }
}
class Date {
    int year, month, day;
    Date(int year, int month, int day) {
        this.year=year;
        this.month=month;
        this.day=day;
    }
}
```

(2) 静态初始化：在定义数组的同时就为数组元素分配空间并赋值。

【例 11.3】 数组的静态初始化。

```java
public class TestS {
    public static void main(String args[]) {
        int a[]={0, 1, 2};   //声明、分配空间并初始化
        Time times[]={new Time(19, 42, 42), new Time(1, 23, 54), new Time(5, 3, 2)}; //声明、分配空间并初始化
    }
}
class Time {
    int hour, min, sec;
    Time(int hour, int min, int sec) {
        this.hour=hour;
        this.min=min;
        this.sec=sec;
    }
}
```

（3）默认初始化：数组是引用类型，它的元素相当于类的成员变量，因此数组分配空间后，每个元素也按照成员变量的规则被隐式初始化（也就是调用成员变量的默认构造函数）。

【例 11.4】 数组的默认初始化。

```
public class TestDefault {
    public static void main(String args[]) {
        int a[]=new int[5];    //声明、分配空间并初始化
        System.out.println("" + a[3]);
    }
}
```

11.1.2 多维数组

Java 语言中，数组是一种最简单的复合数据类型。数组是有序数据的集合，数组中的每个元素具有相同的数据类型，可以用一个统一的数组名和下标来唯一地确定数组中的元素。数组有一维数组和多维数组。

与一维数组类似，二维数组的声明方式为 type var[][]或者 type[][] var，例如：

  int a[][];

  int[][] a;

多维数组的初始化也可以分为动态初始化和静态初始化。

1．动态初始化

动态初始化直接为每一维分配空间，格式如下：

  arrayName=new type[arrayLength1][arrayLength2];

例如：

  int a[][]=new int[2][3];

也可以从最高维开始，分别为每一维分配空间：

  arrayName=new type[arrayLength1][];

  arrayName[0]=new type[arrayLength20];

  arrayName[1]=new type[arrayLength21];

  ⋮

  arrayName[arrayLength1-1]=new type[arrayLength2n];

二维简单数据类型数组的动态初始化如下：

  int a[ ][ ]=new int[2][ ];

  a[0]=new int[3];

  a[1]=new int[5];

对二维复合数据类型的数组，必须首先为最高维分配引用空间，然后再顺次为低维分配空间。而且，必须为每个数组元素单独分配空间。例如：

  String s[ ][ ]=new String[2][ ];

  s[0]=new String[2];   //为最高维分配引用空间

```
s[1]=new String[2];        //为最高维分配引用空间
s[0][0]=new String("Good");   //为每个数组元素单独分配空间
s[0][1]=new String("Luck");   //为每个数组元素单独分配空间
s[1][0]=new String("to");     //为每个数组元素单独分配空间
s[1][1]=new String("You");    //为每个数组元素单独分配空间
```

2. 静态初始化

静态初始化格式如下：

```
int intArray[ ][ ]={{1, 2}, {2, 3}, {3, 4, 5}};
```

Java 语言中，由于把二维数组看作是数组的数组，数组空间不是连续分配的，所以不要求二维数组每一维的大小相同。

11.1.3 数组实用类 Arrays

在 java.util 包中，有一个用于操纵数组的实用类 java.util.Arrays。它提供了如下一系列静态方法：

int binarySearch(type[] a, type key)：该方法查询 key 元素值在 a 数组中出现的索引；如果 a 数组不包含 key 元素值，则返回 −1。调用该方法时要求数组中元素已经按升序排列，这样才能得到正确结果。

binarySearch(type[] a, intfromIndex, int toIndex, type key)：该方法与前一个方法类似，但它只搜索 a 数组中 formIndex 到 toIndex 索引的元素。调用该方法时要求数组中元素已经按升序排列，这样才能得到正确结果。

type[] copyOf(type[] original, int newLength)：该方法会把 original 数组复制成一个新数组，其中 length 是新数组的长度。如果 length 小于 original 数组的长度，则新数组就是原数组的前面 length 个元素；如果 length 大于 original 数组的长度，则新数组的前面元素就是原数组的所有元素，后面补充 0（数值型）、false（布尔型）或者 null（引用型）。

type[] copyOfRange(type[] original, int from, int to)：该方法与前面方法相似，但这个方法只复制 original 数组的 from 索引到 to 索引的元素。

boolean equals(type[] a, type[] a2)：如果 a 数组和 a2 数组的长度相等，而且数组元素也一一相同，该方法将返回 true。

void fill(type[] a, type val)：该方法会把 a 数组所有元素值都赋值为 val。

void fill(type[] a, int fromIndex, int toIndex, type val)：该方法与前一个方法的作用相同，区别只是该方法仅仅将 a 数组的 fromIndex 到 toIndex 索引的数组元素赋值为 val。

void sort(type[] a)：该方法对 a 数组的数组元素进行排序。

void sort(type[] a, int fromIndex, int toIndex)：该方法与前一个方法相似，区别是该方法仅仅对 fromIndex 到 toIndex 索引的元素进行排序。

String toString(type[] a)：该方法会将一个数组转换成一个字符串，按顺序把多个数组元素连缀在一起，多个数组元素使用英文逗号(,)和空格隔开(利用该方法可以很清楚地看到各数组元素)。

【例 11.5】 Arrays 类的用法。

```java
import java.util.Arrays;

public class TestArrays {
    public static void main(String[] args) {
        //定义一个 a 数组
        int[] a=new int[]{3,4,5,6};
        //定义一个 a2 数组
        int[] a2=new int[]{3,4,5,6};
        //a 数组和 a2 数组的长度相等,每个元素依次相等,将输出 true
        System.out.println("a 数组和 a2 数组是否相等:" + Arrays.equals(a,a2));
        //通过复制 a 数组,生成一个新的 b 数组
        int[] b=Arrays.copyOf(a,6);
        System.out.println("a 数组和 b 数组是否相等:" + Arrays.equals(a,b));
        System.out.println("b 数组的元素为:" + Arrays.toString(b));
        //将 b 数组的第 3 个元素(包括)到第 5 个元素(不包括)赋值为 1
        Arrays.fill(b,2,4,1); // fill 方法可一次对多个数组元素进行批量赋值
        System.out.println("b 数组的元素为:" + Arrays.toString(b));
        //对 b 数组进行排序
        Arrays.sort(b);
        System.out.println("b 数组的元素为:" + Arrays.toString(b));
    }
}
```

程序执行后,输出为:

a 数组和 a2 数组是否相等:true
a 数组和 b 数组是否相等:false
b 数组的元素为:[3,4,5,6,0,0]
b 数组的元素为:[3,4,1,1,0,0]
b 数组的元素为:[0,0,1,1,3,4]

除此之外,在 System 类里也包含了一个 static void arraycopy(Object src,int srcPos,Object dest,int destPos,int length)方法,该方法可以将 src 数组里的元素值赋给 dest 数组的元素,其中,srcPos 指定从 src 数组的第几个元素开始赋值,length 参数指定将 src 数组的多少个元素赋给 dest 数组的元素。

11.2　Java 集合

11.2.1　Java 中的集合概述

集合是存放一组数据的容器,能够实现对数据的存储、检索和操纵。

集合的最大特点就是长度不固定,相对于长度固定的数组来说集合的应用就显得游刃有余了。集合的另一个特性就是集合中必须存放对象。

图 11.1 显示了 Java 的主要集合类的类框图。

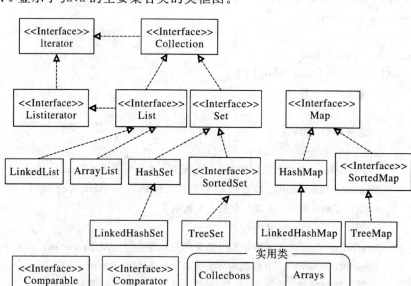

图 11.1　Java 主要集合类的类框图

11.2.2　Collection 接口

Collection 接口定义了一系列方法，当可以用常规方式处理一组元素时，就使用这一接口。该接口中定义了以下方法：

(1) 单元素添加、删除操作：

boolean add(Object o)：将对象添加给集合；

boolean remove(Object o)：如果集合中有与 o 相匹配的对象，则删除该对象。

(2) 查询操作：

int size()：返回当前集合中元素的数量；

boolean isEmpty()：判断集合中是否有任何元素；

boolean contains(Object o)：查找集合中是否含有对象 o；

Iterator iterator()：返回一个迭代器，用来访问集合中的各个元素。

(3) 组操作：作用于元素组或整个集合。

boolean containsAll(Collection c)：查找集合中是否含有集合 c 中的所有元素；

boolean addAll(Collection c)：将集合 c 中所有元素添加给该集合；

void clear()：删除集合中所有元素；

void removeAll(Collection c)：从集合中删除集合 c 中的所有元素；

void retainAll(Collection c)：从集合中删除集合 c 中不包含的元素。

(4) Collection 转换为 Object 数组：

Object[] toArray()：返回一个数组，该数组包含集合中所有元素。

此外，还可以把集合转换成其他任何类型的数组。但是，不能直接把集合转换成基本数据类型的数组，因为集合必须持有对象。以上所有方法在 List 和 Map 中均适用。

【例 11.6】 Collection 接口示例。

```java
import java.util.*;

public class CollectionTest{
    public static void main (String[] args) {
        Collection c=new ArrayList();
        c.add ("hello");

        // 可以放入不同类型的对象
        c.add(new Boolean(true));
        c.add(new Integer(100));
        System.out.println("size" + c.size() + ": " + c);

        System.out.println("contains: " + c.contains(new Integer(100)));
        System.out.println(c.remove(new Boolean(true)));
        System.out.println ("isEmpty: " + c.isEmpty());
        System.out.println("size" + c.size() + ": " + c);
    }
}
```

输出为：

  size3：[hello，true，100]

  contains：true

  true

  isEmpty：false

  size2：[hello，100]

11.2.3 Iterator 接口

Collection 接口的 iterator()方法返回一个 Iterator 对象。Iterator 接口方法能以迭代方式逐个访问集合中各个元素，并安全地从 Collection 中删除适当的元素。方法如下：

boolean hasNext()：判断是否存在另一个可访问的元素。

Object next()：返回要访问的下一个元素。如果到达集合结尾，则抛出 NoSuchElementException 异常。

void remove()：删除上次访问返回的对象。本方法必须紧跟在一个元素的访问后执行。如果上次访问后集合已被修改，方法将抛出 IllegalStateException 异常。需要注意的是，Iterator 中删除操作对底层 Collection 也有影响。

【例 11.7】 Iterator 的添加操作：

```java
public class IteratorTest {
    public static void main(String[] args) {
        Collection c=new ArrayList();
        c.add(new Integer(1));
```

```
            c.add(new Integer(2));
            c.add(new Integer(3));
            c.add(new Integer(4));
            Iterator it=c.iterator();
            while (it.hasNext()) {
                Object tem=it.next();  // next()的返回值为 Object 类型,需要转换为相应类型
                System.out.println(((Integer) tem).intValue() + " ");
            }
        }
    }
```

【例 11.8】 Iterator 的删除操作:

```
    public class IteratorTest1 {
        public static void main(String[] args) {
            Collection c=new ArrayList();
            c.add("good");
            c.add("morning");
            c.add("key");
            c.add("happy");
            for (Iterator it=c.iterator(); it.hasNext();) {
                String tem=(String) it.next();
                if (tem.trim().length()<=3) {
                    it.remove();
                }
            }
            System.out.println(c);
        }
    }
```

输出为:

[good, morning, happy]

11.3 Set 集 合

11.3.1 Set 集合概述

Java 中的 Set 集合与数学上直观的集合(set)的概念是相同的。Set 最大的特性就是不允许在其中存放的元素是重复的。Set 也可以被用来过滤在其他集合中存放的元素,从而得到一个不包含重复元素的新集合。

Set 接口继承 Collection 接口,所有原始方法都是现成的,没有引入新方法。具体的 Set 实现类依赖添加的对象的 equals() 方法来检查等同性。

集合框架支持 Set 接口三种普通的实现:HashSet 和 TreeSet 以及 LinkedHashSet。表 11.1 中是 Set 的常用实现类的描述。

表 11.1 Set 的常用实现类

	简述	实现	操作特性	成员要求
Set	成员不能重复	HashSet	外部无序地遍历成员	成员可为任意 object 子类的对象,但如果覆盖了 equals 方法,同时注意修改 hashCode 方法
		TreeSet	外部有序地遍历成员;附加实现了 SortedSet,支持子集等要求顺序的操作	成员要求实现 Comparable 接口,或者使用 Comparator 构造 TreeSet。成员一般为同一类型
		LinkedHashSet	外部按成员的插入顺序遍历成员	成员与 HashSet 成员类似

Set 采用对象的 equals() 方法比较两个对象是否相等,而不是采用"=="比较运算符,以下程序代码尽管两次调用了 Set 的 add() 方法,但实际上只加入了一个对象。

```
Set set=new HashSet();
String s1=new String("hello");
String s2=new String("hello");
set.add(s1);
set.add(s2);
```

虽然变量 s1 和 s2 实际上引用的是两个内存地址不同的字符串对象,但是由于 s2.equals(s1) 的比较结果为 true,因此 Set 认为它们是相等的对象。当第二次调用 Set 的 add() 方法时,add() 方法不会把 s2 引用的字符串对象加入到集合中。

11.3.2 HashSet

HashSet 按照哈希算法来存取集合中的对象,具有很好的存取性能。当 HashSet 向集合中加入一个对象时,会调用对象的 hashCode() 方法获得哈希值,然后根据这个哈希值进一步计算出对象在集合中的存放位置。在 Object 类中定义了 hashCode() 和 equals() 方法,Object 类的 equals() 方法按照内存地址比较对象是否相等。因此,如果 object1.equals(object2) 为 true,表明 object1 变量和 object2 变量实际上引用的是同一个对象,那么 object1 和 object2 的哈希值也应该相同。

如果用户定义的类覆盖了 Object 类的 equals() 方法,但是没有覆盖 Object 类的 hashCode() 方法,就会导致当 object1.equals(object2) 为 true 时,object1 和 object2 的哈希值不一定相同,这样使 HashSet 无法正常工作。

11.3.3 TreeSet

TreeSet 实现了 SortedSet 接口,能够对集合中的对象进行排序。

【例 11.9】 用 TreeSet 对对象进行排序。

```
Set set=new TreeSet();
set.add(new Integer(7));
set.add(new Integer(9));
set.add(new Integer(8));
```

```
Iterator it=set.iterator();
while(it.hasNext())  {
    System.out.println(it.next());
}
```
输出为：6 7 8

当 TreeSet 向集合中加入一个对象时，会把它插入到有序的对象序列中，那么 TreeSet 是如何对对象进行排序的呢？TreeSet 支持两种排序方式：自然排序和客户化排序，默认情况下是自然排序。

在 JDK 中，有一部分类实现了 Comparable 接口，如 Integer、Double 和 String 等类型。Comparable 接口有一个 compareTo(Object o)方法，它返回整数类型。对于表达式 x.compareTo(y)，如果返回值为 0，表示 x 和 y 相等，如果返回值大于 0，表示 x 大于 y，如果小于 0，表示 x 小于 y。TreeSet 调用对象的 compareTo()方法比较集合中对象的大小，然后进行升序排序，这种方式称为自然排序，如例 11.9 所示。

java.util.Comparator 接口用于指定具体的排序方式，它有个 compare(Object obj1, Object obj2)方法，用于比较两个对象的大小。当表达式 compare(x, y)的值大于 0，表示 x 大于 y，小于 0，表示 x 小于 y，等于 0，表示 x 等于 y。如果想让 TreeSet 按照 Customer 对象的 name 属性进行降序排列，可以先创建实现 Comparator 接口的类 CustomerComparator，如：

【例 11.10】 用 TreeSet 进行降序排列。
```
public class CustomerComparator implements Comparator {
    public int compare(Object o1, Object o2) {
        Customer c1=(Custoemr)o1;
        Customer c2=(Customer)o2;
        if (c1.getName().compareTo(c2.getName())>0) return -1;
        if (c1.getName().compareTo(c2.getName())<0) return 1;
        return 0;
    }
}
```
接下来在构造 TreeSet 的实例时调用它的 TreeSet(Comparator comparator)构造方法。
```
Set set=new TreeSet(new CustomerComparator());
Customer c1=new Customer("TOM", 15);
Customer c2=new Customer("JACK", 20);
Customer c3=new Customer("MIKE", 38);
set.add(c1);
set.add(c2);
set.add(c3);
Iterator it=set.iterator();
while(it.hasNext()) {
    Custoemr customer=(Customer)it.next();
    System.out.println(customer.getName()+" "+customer.getAge();)
}
```

当 TreeSet 向集合中加入 Customer 对象时，会调用 CustomerComparator 类的 compare()方法进行排序，以上 TreeSet 按照 Customer 对象的 name 属性进行降序排列，最后输出为：

TOM 15
MIKE 38
JACK 16

11.4　List 列 表

11.4.1　List 列表概述

List 是容器的一种，表示列表的意思。当不知道存储的数据有多少时，就可以使用 List 来完成存储数据的工作。例如想要保存一个应用系统当前在线用户的信息，就可以使用一个 List 来存储，因为 List 的最大的特点就是能够自动地根据插入的数据量来动态改变容器的大小。

List 接口继承了 Collection 接口，以定义一个允许重复项的有序集合，不但能够对列表的一部分进行处理，还具有面向位置的操作。List 按对象的进入顺序进行对象的保存，而不做排序或编辑操作。它除了拥有 Collection 接口的所有方法外还拥有一些其他的方法。如下所示为 List 接口的一些常用方法：

void add(int index，Object element)：添加对象 element 到位置 index 上；

boolean addAll(int index，Collection collection)：在 index 位置后添加容器 collection 中所有的元素；

Object get(int index)：取出下标为 index 的位置的元素；

int indexOf(Object element)：查找对象 element 在 List 中第一次出现的位置；

int lastIndexOf(Object element)：查找对象 element 在 List 中最后出现的位置；

Object remove(int index)：删除 index 位置上的元素；

Object set(int index，Object element)：将 index 位置上的对象替换为 element 并返回老的元素。

List 的常用实现类如表 11.2 所示。

表 11.2　**List 的常用实现类**

	简述	实现	操作特性	成员要求
List	提供基于索引的对成员的随机访问	ArrayList	提供快速的基于索引的成员访问，对尾部成员的增加和删除支持较好	成员可为任意 Object 子类的对象
		LinkedList	对列表中任何位置的成员的增加和删除支持较好，但对基于索引的成员访问支持性能较差	成员可为任意 Object 子类的对象

11.4.2　List 的实现类

List 接口有两种常规实现：ArrayList 和 LinkedList。使用两种 List 实现的哪一种取决于实际需求。如果要支持随机访问，而不必在除尾部的任何位置插入或删除元素，那么 ArrayList 较为合适；如果要频繁地从列表中间位置添加和删除元素，或者需要顺序地访问列表元素，那么使用 LinkedList 则更为恰当。

【例 11.11】 使用 LinkedList 实现一个简单的队列。

```java
import java.util.*;
public class ListExample {
    public static void main(String args[]) {
        LinkedList queue=new LinkedList();
        queue.addFirst("Bernadine");
        queue.addFirst("Elizabeth");
        queue.addFirst("Gene");
        queue.addFirst("Elizabeth");
        queue.addFirst("Clara");
        System.out.println(queue);
        queue.removeLast();
        queue.removeLast();
        System.out.println(queue);
    }
}
```

运行程序产生了以下输出。请注意，与 Set 不同的是 List 允许重复。

[Clara, Elizabeth, Gene, Elizabeth, Bernadine]
[Clara, Elizabeth, Gene]

该程序演示了具体 List 类的使用。第一部分，创建一个由 ArrayList 支持的 List。填充完列表以后，就得到了特定条目。示例的 LinkedList 部分把 LinkedList 当作一个队列，从队列头部添加元素，从尾部删除元素。

List 接口不但以位置友好的方式遍历整个列表，还能处理集合的子集。

ListIterator listIterator()：返回一个 ListIterator 迭代器，默认开始位置为 0；

ListIterator listIterator(int startIndex)：返回一个 ListIterator 迭代器，开始位置为 startIndex；

List subList(int fromIndex, int toIndex)：返回一个子列表 List，元素存放为从 fromIndex 到 toIndex 之前的一个元素。

需要注意的是，子列表的更改（如 add()、remove() 和 set() 调用）对底层 List 也有影响。

11.4.3　List 的 List Iterator 接口

ListIterator 接口继承 Iterator 接口以支持添加或更改底层集合中的元素，还支持双向访问。

以下代码演示了列表中的反向循环。请注意 ListIterator 最初位于列表尾之后(list.size())，因为第一个元素的下标是 0。

【例 11.12】 例表中的反向循环。

```
List list=...;
ListIterator iterator=list.listIterator(list.size());
while (iterator.hasPrevious()) {
    Object element=iterator.previous();
    // Process element
}
```

正常情况下，不用 ListIterator 改变某次遍历集合元素的方向——向前或者向后。虽然在技术上可能会实现，但在 previous() 后立刻调用 next()，返回的是同一个元素。把调用 next() 和 previous() 的顺序颠倒一下，结果相同。

【例 11.13】 List 的 Iterator 接口的调用。

```
import java.util.*;
public class ListIteratorTest {
    public static void main(String[] args) {
        List list=new ArrayList();
        list.add("aaa");
        list.add("bbb");
        list.add("ccc");
        list.add("ddd");
        System.out.println("下标 0 开始："+list.listIterator(0).next());//next()
        System.out.println("下标 1 开始："+list.listIterator(1).next());
        System.out.println("子 List 1-3："+list.subList(1,3));//子列表
        ListIterator it=list.listIterator();//默认从下标 0 开始
        //隐式光标属性 add 操作，插入到当前下标的前面
        it.add("sss");
        while(it.hasNext()){
            System.out.println("next Index="+it.nextIndex()+", Object="+it.next());
        }
        //set 属性
        ListIterator it1=list.listIterator();
        it1.next();
        it1.set("ooo");
        ListIterator it2=list.listIterator(list.size());//下标
        while(it2.hasPrevious()){
            System.out.println("previous
                Index="+it2.previousIndex()+", Object="+it2.previous());
        }
    }
}
```

程序的执行结果为：
　　下标 0 开始：aaa
　　下标 1 开始：bbb
　　子 List 1－3：[bbb, ccc]
　　next Index＝1, Object＝aaa
　　next Index＝2, Object＝bbb
　　next Index＝3, Object＝ccc
　　next Index＝4, Object＝ddd
　　previous Index＝4, Object＝ddd
　　previous Index＝3, Object＝ccc
　　previous Index＝2, Object＝bbb
　　previous Index＝1, Object＝aaa
　　previous Index＝0, Object＝ooo

11.5　Map 映 射

11.5.1　Map 映射概述

数学中的映射关系在 Java 中就是通过 Map 来实现的。Map 映射表示，里面存储的元素是由键对象和值对象组成的对(pair)。通过一个键对象，可以在这个映射关系中找到另外一个和该键对象相关联的值对象。

比如某网站对账户名和人员信息作了一个映射关系，也就是说，把账户名和人员信息当成了一个"键值对"，"键"就是账户名，"值"就是人员信息。

Map 接口不是从 Collection 接口继承而来的，而是从自身用于维护键-值关联的接口层次结构入手。按定义，该接口描述了从不重复的键到值的映射。

Map 接口方法可以分成三组操作：改变、查询和提供可选视图。

(1) 改变操作允许添加和删除键-值对。键和值都可以为 null。但是，不能把 Map 作为一个键或值添加给自身。

Object put(Objectkey, Object value)：用来添加一个键-值对到 Map 中；
Object remove(Object key)：根据指定键，移除一个键-值对，并将值返回；
void putAll(Map mapping)：将另外一个 Map 中的元素存入当前的 Map 中；
void clear()：清空当前 Map 中的元素。

(2) 查询操作检查映射内容：

Object get(Object key)：根据键对象取得对应的值对象；
boolean containsKey(Object key)：判断 Map 中是否存在某键；
boolean containsValue(Object value)：判断 Map 中是否存在某值；
int size()：返回 Map 中键-值对的个数；
boolean isEmpty()：判断当前 Map 是否为空。

(3) 最后一组方法允许把键或值的组作为集合来处理。

public Set keySet()：返回所有的键，并使用 Set 容器存放；

public Collection values()：返回所有的值,并使用 Collection 存放；

public Set entrySet()：返回一个实现 Map.Entry 接口的元素 Set。

由于映射中键的集合必须是唯一的,因此使用 Set 来支持,而映射中值的集合可能不唯一,则使用 Collection 来支持。

Map 常用实现类的比较如表 11.3 所示：

表 11.3 Map 常用实现类的比较

	简述	实现	操作特性	成员要求
Map	保存键-值对,基于键找值操作,使用 compareTo 或 compare 方法对键进行排序	HashMap	能满足用户对 Map 的通用需求	键成员可为任意 Object 子类的对象,但如果覆盖了 equals 方法,同时注意修改 hashCode 方法
		TreeMap	支持对键有序地遍历,实现了 SortedMap 接口	键成员要求实现 Comparable 接口,或者使用 Comparator 构造,TreeMap 键成员一般为同一类型
		LinkedHashMap	保留键的插入顺序,用 equals 方法检查键和值的相等性	成员可为任意 Object 子类的对象,但如果覆盖了 equals 方法,同时注意修改 hashCode 方法

11.5.2 Map 的实现类

关于 Map 的实现类先来分析一个简单的例子：

【例 11.14】 创建 HashMap。

```
public class MapTest {
    public static void main(String[] args) {
        Map map1=new HashMap();
        Map map2=new HashMap();
        map1.put("1", "aaa1");
        map1.put("2", "bbb2");
        map2.put("10", "aaaa10");
        map2.put("11", "bbbb11");
        // 根据键 "1" 取得值："aaa1"
        System.out.println("map1.get(\"1\")=" + map1.get("1"));
        // 根据键 "1" 移除键值对"1"－"aaa1"
        System.out.println("map1.remove(\"1\")=" + map1.remove("1"));
        System.out.println("map1.get(\"1\")=" + map1.get("1"));
        map1.putAll(map2);// 将 map2 全部元素放入 map1 中
        map2.clear();// 清空 map2
        System.out.println("map1 IsEmpty? =" + map1.isEmpty());
        System.out.println("map2 IsEmpty? =" + map2.isEmpty());
        System.out.println("map1 中的键值对的个数 size=" + map1.size());
        System.out.println("KeySet=" + map1.keySet());// set
        System.out.println("values=" + map1.values());// Collection
```

```java
            System.out.println("entrySet=" + map1.entrySet());
            System.out.println("map1 是否包含键:11=" + map1.containsKey("11"));
            System.out.println("map1 是否包含值:aaa1=" + map1.containsValue("aaa1"));
        }
    }
```

输出结果为

```
map1.get("1")=aaa1
map1.remove("1")=aaa1
map1.get("1")=null
map1 IsEmpty? =false
map2 IsEmpty? =true
map1 中的键值对的个数 size=3
KeySet=[10, 2, 11]
values=[aaaa10, bbb2, bbbb11]
entrySet=[10=aaaa10, 2=bbb2, 11=bbbb11]
map1 是否包含键:11=true
map1 是否包含值:aaa1=false
```

在该例子中,创建了一个 HashMap,并使用了 Map 接口中的各个方法。

接下来分析排序的 Map 是如何使用的:

【例 11.15】 对 Map 排序。

```java
public class MapSortExample {
    public static void main(String args[]) {
        Map map1=new HashMap();
        Map map2=new LinkedHashMap();
        for(int i=0;i<10;i++){
            double s=Math.random()*100;//产生一个随机数,并将其放入 Map 中
            map1.put(new Integer((int) s), "第 "+i+" 个放入的元素:"+s+"\n");
            map2.put(new Integer((int) s), "第 "+i+" 个放入的元素:"+s+"\n");
        }
        System.out.println("未排序前 HashMap:"+map1);
        System.out.println("未排序前 LinkedHashMap:"+map2);
        //使用 TreeMap 来对另外的 Map 进行重构和排序
        Map sortedMap=new TreeMap(map1);
        System.out.println("排序后:"+sortedMap);
        System.out.println("排序后:"+new TreeMap(map2));
    }
}
```

该程序的一次运行结果为

```
未排序前 HashMap:{64=第 1 个放入的元素:64.05341725531845
, 15=第 9 个放入的元素:15.249165766266382
, 2=第 4 个放入的元素:2.66794706854534
, 77=第 0 个放入的元素:77.28814965781416
```

,97=第 5 个放入的元素:97.32893518378948

,99=第 2 个放入的元素:99.99412014935982

,60=第 8 个放入的元素:60.91451419025399

,6=第 3 个放入的元素:6.286974058646977

,1=第 7 个放入的元素:1.8261658496439903

,48=第 6 个放入的元素:48.736039522423106

}

未排序前 LinkedHashMap:{77=第 0 个放入的元素:77.28814965781416

,64=第 1 个放入的元素:64.05341725531845

,99=第 2 个放入的元素:99.99412014935982

,6=第 3 个放入的元素:6.286974058646977

,2=第 4 个放入的元素:2.66794706854534

,97=第 5 个放入的元素:97.32893518378948

,48=第 6 个放入的元素:48.736039522423106

,1=第 7 个放入的元素:1.8261658496439903

,60=第 8 个放入的元素:60.91451419025399

,15=第 9 个放入的元素:15.249165766266382

}

排序后:{1=第 7 个放入的元素:1.8261658496439903

,2=第 4 个放入的元素:2.66794706854534

,6=第 3 个放入的元素:6.286974058646977

,15=第 9 个放入的元素:15.249165766266382

,48=第 6 个放入的元素:48.736039522423106

,60=第 8 个放入的元素:60.91451419025399

,64=第 1 个放入的元素:64.05341725531845

,77=第 0 个放入的元素:77.28814965781416

,97=第 5 个放入的元素:97.32893518378948

,99=第 2 个放入的元素:99.99412014935982

}

排序后:{1=第 7 个放入的元素:1.8261658496439903

,2=第 4 个放入的元素:2.66794706854534

,6=第 3 个放入的元素:6.286974058646977

,15=第 9 个放入的元素:15.249165766266382

,48=第 6 个放入的元素:48.736039522423106

,60=第 8 个放入的元素:60.91451419025399

,64=第 1 个放入的元素:64.05341725531845

,77=第 0 个放入的元素:77.28814965781416

,97=第 5 个放入的元素:97.32893518378948

,99=第 2 个放入的元素:99.99412014935982

}

从运行结果可以看出,HashMap 的存入顺序和输出顺序无关。而 LinkedHashMap 则保留了键-值对的存入顺序。TreeMap 则是对 Map 中的元素进行排序。在实际的使用中也经常这样做:使用 HashMap 或者 LinkedHashMap 来存放元素,当所有的元素都存放完成后，如果需要使用一个经过排序的 Map 的话，可以再使用 TreeMap 来重构原来的 Map 对象。这样做的好处是，HashMap 和 LinkedHashMap 存储数据的速度比直接使用 TreeMap 要快，存取效率要高。当完成了所有的元素的存放后，再对整个的 Map 中的元素进行排序。这样可以提高整个程序的运行效率，缩短执行时间。

这里需要注意的是，TreeMap 中是根据键（Key）进行排序的。而如果要使用 TreeMap 来进行正常的排序的话，Key 中存放的对象必须实现 Comparable 接口。

思考与练习

11.1 Set 和 List 有哪些区别？

11.2 数组、ArrayList 和 LinkedList 有什么区别？比较三者在查询和存取元素方面的性能。

11.3 编写代码，将 1~100 之间的所有正整数存放在一个 List 集合中，并将索引位置是 10 的对象从集合中移除。

第 12 章　Java 网络编程

Java 的网络编程包含两方面的内容，一方面主要是指用 Java 中提供的相关网络通信类 API 来进行网络通信程序的设计与实现，目的是用于计算机中的进程与其他计算机或本地计算机中进程之间的通信等，类似于 QQ、飞秋、P2P(点对点传输)等客户端通信工具、软件等。另一方面主要就是 B/S 结构的网络应用，如利用 JSP(Java Server Page)、Java 以及其他一些 Web 开发框架及其相关技术来实现网站、网页等基于浏览器的应用。

12.1　网络编程基础

12.1.1　网络的基本概念

网络编程的实质就是两个(或多个)设备(例如计算机)之间的数据传输。按照计算机网络的定义，通过一定的物理设备将处于不同位置的计算机连接起来组成网络，这个网络中包含的设备有计算机、路由器、交换机等。路由器和交换机组成了核心的计算机网络，计算机只是这个网络上的节点以及控制端等，通过光纤、网线等将设备连接起来，从而形成了一张巨大的计算机网络。

网络最主要的优势在于共享：共享设备和数据。共享设备最常见的是打印机，一个公司一般一个打印机即可。共享数据就是将大量的数据存储在一组机器中，其他的计算机可通可过网络访问这些数据，例如网站、银行服务器等。

从软件编程的角度来看，对于物理设备的理解不需要很深刻，就像打电话时不需要很熟悉电话交换网络的原理一样。但是当深入到网络编程的底层时，这些基础知识是必须要掌握的，这有助于解决网络编程中需要自定义数据传输协议问题，以及基于应用层上的数据可靠性、网络安全等问题，也有助于对网络编程中的 bug 进行问题排查和修正。

12.1.2　IP 地址与端口

对于网络编程来说，最主要的是计算机和计算机之间的通信，这样首要的问题就是如何找到网络上的计算机，这就需要了解 IP 地址的概念。

为了能够方便地识别网络上的每个设备，网络中的每个设备都会有一个唯一的数字标识，即 IP 地址。在计算机网络中，命名 IP 地址的规定是 IPv4 协议。该协议规定每个 IP 地址由 4 个 0～255 之间的数字组成，例如 10.0.120.34。每个接入网络的计算机都拥有唯一的 IP 地址，这个 IP 地址可以是固定的，例如网络上各种各样的服务器；也可以是动态的，例如使用 ADSL 拨号上网的宽带用户。无论以何种方式获得或是否为固定 IP，每个计算机在联网以后都拥有一个唯一的合法 IP 地址，就像每个手机号码一样。

但是由于 IP 地址不容易记忆，所以又创造了另外一个概念——域名（Domain Name），例如 sohu.com 等。一个 IP 地址可以对应多个域名，但一个域名只能对应一个 IP 地址。域名的概念可以类比手机中的通讯簿，由于手机号码不方便记忆，所以添加一个姓名标识号码，在实际拨打电话时选择该姓名，然后拨打即可。

在网络中传输的数据全部是以 IP 地址作为地址标识，所以在实际传输数据以前需要将域名转换为 IP 地址，实现这种功能的服务器称之为 DNS 服务器，即域名解析服务器。例如，当用户在浏览器中输入域名时，浏览器首先请求 DNS 服务器，将域名转换为 IP 地址，然后将转换后的 IP 地址反馈给浏览器，最后再进行实际的数据传输。当 DNS 服务器正常工作时，使用 IP 地址或域名都可以很方便地找到计算机网络中的某个设备，例如服务器计算机。当 DNS 不正常工作时，只能通过 IP 地址访问该设备，所以 IP 地址的使用要比域名通用一些。

IP 地址和域名很好地解决了在网络中找到一个计算机的问题，但是往往在一个计算机中，会同时运行多个网络应用，比如一边下载音乐，一边在同朋友聊天等。那么这些不同应用的数据到了同一个计算机上，又如何进行区分呢？

为了让一个计算机可以同时运行多个网络程序，就引入了另外一个概念——端口（Port）。

在介绍端口的概念以前，首先来看一个例子。一般一个公司前台会有一部电话，每个员工会有一个分机，这样如果需要找到某个员工的话，首先拨打前台总机，然后转该分机号即可。这样既减少了公司的开销，也方便了每个员工的通信。在该示例中，前台总机的电话号码就相当于 IP 地址，而每个员工的分机号就相当于端口。

在同一个计算机中每个程序对应唯一的端口，这样一个计算机上就可以通过端口区分发送给每个端口的数据了。换句话说，也就是一个计算机上可以并发运行多个网络程序，而不会在互相之间产生干扰。

依据网络中传输层协议，端口的号码定义必须位于 0～65535 之间，每个端口唯一地对应一个网络程序，一个网络程序可以使用多个端口。这样一个网络程序运行在一台计算机上时，不管是客户端还是服务器，都至少占用一个端口进行网络通讯。在接收数据时，首先发送给对应的计算机，然后计算机根据端口把数据转发给对应的程序。

那么，两个不同的网络应用程序可以工作在同一个端口上吗？现实生活中是否遇到这样的场景？该如何解决？

有了 IP 地址和端口的概念以后，在进行网络通讯交换时，就可以通过 IP 地址查找到该台计算机，然后通过端口标识这台计算机上的一个唯一的程序。这样就可以进行网络数据的交换了。

但是，进行网络编程时只有 IP 地址和端口的概念还是不够的，下面将介绍网络编程相关的软件基础知识。

12.1.3 TCP/IP 的传输层协议

在现有的网络中，网络通信的方式主要有两种：TCP（传输控制协议）方式与 UDP（用户数据报协议）方式。

为了方便理解这两种方式，先来看一个例子。在使用手机时，向别人传递信息有两种方式：拨打电话和发送短信。使用拨打电话的方式可以保证将信息传递给对方，因为别人接听电话时本身就确认接收到了该信息。而发送短信的方式价格低廉，使用方便，但是接收人有可能接收不到。

在网络通信中，TCP 方式就类似于拨打电话，使用该方式进行网络通信时，需要建立专门的虚拟连接，然后进行可靠的数据传输，如果数据发送失败，则客户端会自动重发该数据。而 UDP 方式就类似于发送短信，使用这种方式进行网络通信时，不需要建立专门的虚拟连接，传输也不是很可靠，如果发送失败则客户端无法获得。

这两种传输方式都在实际的网络编程中使用，重要的数据一般使用 TCP 方式进行数据传输，而大量的非核心数据则都通过 UDP 方式进行传递，在一些程序中甚至结合使用这两种方式进行数据的传递。由于 TCP 需要建立专用的虚拟连接以及确认传输过程是否可靠正确，所以使用 TCP 方式的速度稍慢，而且传输时产生的数据量要比 UDP 略大。

12.2　URL 应用

12.2.1　统一资源定位器

在因特网的历史上，统一资源定位器(URL，Uniform Resource Locator)的发明是一个非常重要的事件，统一资源定位器也被称为网页地址，是因特网上标准的资源地址。它最初是由蒂姆·伯纳斯·李发明用来作为万维网的地址的，现在已经被万维网联盟编制为因特网标准 RFC1738。

统一资源定位器的语法是一般的、可扩展的，它使用 ASCII 代码的一部分来表示因特网的地址。一般统一资源定位器的开始标志着一个计算机网络所使用的网络协议。

URL 从左到右由下述部分组成：

Internet 资源类型(scheme)：指出 WWW 客户程序用来操作的工具。如"http：//"表示 WWW 服务器，"ftp：//"表示 FTP 服务器，"gopher：//"表示 Gopher 服务器，而"new："表示 Newgroup 新闻组。

服务器地址(host)：指出 WWW 页所在的服务器域名。

端口(port)：有时(并非总是这样)，对某些资源的访问来说，需给出相应的服务器端口号。

路径(path)：指明服务器上某资源的位置(其格式与 DOS 系统中的格式一样，通常由目录/子目录/文件名这样的结构组成)。与端口一样，路径并非总是需要的。

URL 地址格式排列为：scheme：//host：port/path，如下为关于 URL 的格式相关示例：

(1) file：//ftp.linkwan.com/pub/files/foobar.txt

代表存放主机 ftp.linkwan.com 上的 pub/files/目录下的一个文件，文件名是 foobar.txt。

(2) file：//ftp.linkwan.com/pub

代表主机 ftp.linkwan.com 上的目录/pub。

(3) http：//www.cnd.org/pub/HXWZ

其计算机域名为 www.cnd.org，超级文本文件(文件类型为.html)是在目录/pub/

HXWZ 下。

12.2.2 URL 应用示例

使用如下 Java 程序来查看 Java 所支持的 URL 类型有哪些。

【例 12.1】 URL 应用示例。

```
import java.net.URL;
public class JavaUrlSupport {
    public static void main(String[] args) {
        String host="www.java2s.com";
        String file="/index.html";
        String[] schemes={"http", "https", "ftp", "mailto", "telnet", "file", "ldap", "gopher", "jdbc", "rmi", "jndi", "jar", "doc", "netdoc", "nfs", "verbatim", "finger", "daytime", "systemresource"};
        for (int i=0; i < schemes.length; i++) {
            try {
                URL u=new URL(schemes[i], host, file);
                System.out.println(schemes[i] + " is supported/r/n");
            } catch (Exception ex) {
                System.out.println(schemes[i] + "is not supported/r/n");
            }
        }
    }
}
```

例 12.1 构建了一个字符串数组 schemes，其中的元素包含了一些协议的名字或者其他字符串，程序通过检查是否能够成功创建 URL 对象来判断 Java 的 URL 类是否支持某个 scheme。

Java 的 URL 类可以让访问网络资源就像是访问本地的文件夹一样方便快捷，通常通过使用 Java 的 URL 类就可以经由 URL 完成读取和修改数据的操作。通过一个 URL 链接，可以确定资源的位置，比如网络文件、网络页面以及网络应用程序等。从 URL 得到的数据可以是多种多样的，这些都需要一种统一的机制来完成对 URL 的读取与修改操作。

Java 语言在 java.net 软件包里就提供了这么一种机制。URL class 是从 URL 标识符中提取出来的。它允许 Java 程序设计人员打开某个特定 URL 链接，并对数据以及首部信息进行读写操作。而且，它还允许程序员完成其他的一些有关 URL 的操作。

首先使用完整的 URL 来创建一个 URL 对象，示例如下：

URL myUrl= new URL("http://www.cuit.edu.cn:80/index.html");

在这个例子中，创建了一个 URL 对象，其中明确指出了使用的协议是 http，以及主机名称、端口号码、文件/资源名等。如果组成 URL 的语法发生了错误，那么构造器就会发出 MalformedURLException。

URL 对象创建成功后，就可以对其进行相关的操作。在访问 URL 的资源和内容之前，必须要打开到这些资源与内容上的链接。可以通过 openConnection 这个方法来完成这一操作。使用 openConnection 并不需要参数，并且在操作成功之后，它会返回一个 URLConnection 类的实例。

如何从 URL 链接中读取数据？

通常可以使用 Java I/O 中相关的流来从 URL 中读取数据，正如第 9 章中所描述，Java 的 I/O 流相关 API 可以像文件流或者其他网络流一样对 URLConnection 流返回的数据进行同样方式的操作。

对于 URL 进行写操作时同样也非常简单，一旦建立了一个成功的链接，就可以得到来自此链接的输出流并且开始进行写的操作。当然，只有对于客户所希望的数据进行写的操作才是有意义的。同样地，在获得并对 URLConnection 流进行写操作之前，还需要使用 setDoOutput(boolean) 方法把输出(Output)属性设置为真(true)来指定可以进行写操作的那些链接。

由 Java 平台所提供的 URL 类可以方便而有效地访问网络上的资源，而且可以像访问本地文件一样的简单，开发时只需要把注意力集中到自己解决的应用程序和服务上去，而不用考虑网络底层的通信细节问题。

【例 12.2】 使用 URL 类进行网页数据读取。

```
import java.io.BufferedReader;
import java.io.IOException;
import java.io.InputStream;
import java.io.InputStreamReader;
import java.net.HttpURLConnection;
import java.net.URL;
public class HttpUrlRead {
    public static void main(String[] args) {
        long begintime=System.currentTimeMillis();
        try
        {   URL url=new URL("http://www.baidu.com");
            HttpURLConnection urlcon=(HttpURLConnection)url.openConnection();
            urlcon.connect();           //获取连接
            InputStream is=urlcon.getInputStream();
            BufferedReader buffer=new BufferedReader(new InputStreamReader(is));
            StringBuffer bs=new StringBuffer();
            String data=null;
            while((data=buffer.readLine())!=null){
                bs.append(data).append("\r\n");
            }
            System.out.println(bs.toString());
            System.out.println("总共执行时间为:"+(System.currentTimeMillis()-begintime)+"毫秒");
        }catch(IOException e){
            System.out.println(e);
        }
```

}
}

上述例子使用 URL 打开了一个 HttpURLConnection 链接来获取百度网页的输出,并统计获取这些数据所开销的时间。

程序运行输出片段如图 12.1 所示。

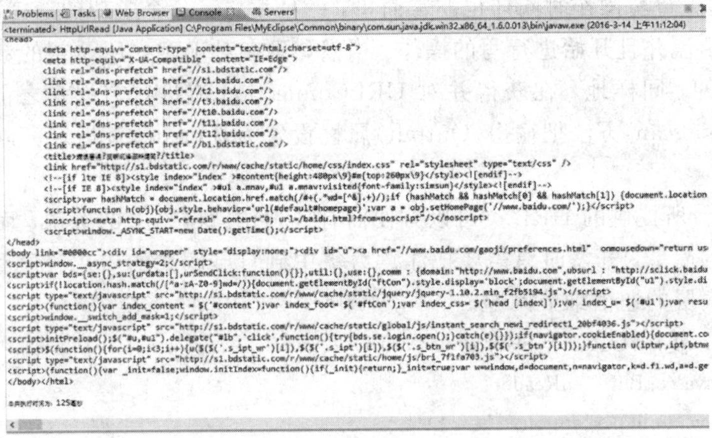

图 12.1 使用 URL 获取百度首页数据

12.3 TCP 编 程

12.3.1 Socket 的基本概念

Socket 通常也称作"套接字",用于描述 IP 地址和端口,是一个通信链的"端点"。应用程序通常通过这个"端点"向网络发出请求或应答请求。服务器程序将一个套接字绑定到一个特定的端口,并通过此套接字等待和监听客户的连接请求,客户程序根据服务器程序所在的主机名和端口号发出连接请求,如图 12.2 所示。

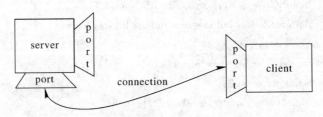

图 12.2 客户/服务器通信

TCP 协议提供的是面向连接的服务,通过它建立的是可靠的连接,可以实现可靠通信。

在 Java 的 SDK 中,Socket 和 ServerSocket 类库位于 java.net 包中。ServerSocket 用于服务器端,Socket 是建立网络连接时使用的。一个 Socket 实例则代表了 TCP 连接的一个客户端,而一个 ServerSocket 实例则代表了 TCP 连接的一个服务器端。一般在 TCP Socket 编程中,客户端有多个,而服务器端只有一个,客户端 TCP 向服务器端 TCP 发送连接请求,服务器端的 ServerSocket 实例则监听来自客户端的 TCP 连接请求,并为每个请求创建新的 Socket 实例。对于一个网络连接来说,套接字是平等的,并没有差别,不因为在服务器端或在客户端而产生不同级别。

服务器端在调用了方法 accept()后会阻塞(程序将"停"在此处等待客户端的连接请求),直到收到客户端发送的连接请求才会继续往下执行代码。因此,使用 Socket 编程时,要为每个 Socket 连接开启一个线程来处理后续的会话操作。在编程模型中,服务器端要同时处理 ServerSocket 实例和 Socket 实例,而客户端只需要使用 Socket 实例。另外,每个 Socket 实例会关联一个 InputStream 和 OutputStream 对象,通过将字节写入套接字的 OutputStream 来发送数据,并从 InputStream 来接收数据。java.net.Socket 继承于 java.lang.Object,有八个构造器,其方法并不多,下面介绍使用最频繁的三个方法,其他方法可以参考 JDK 文档。

(1) Accept 方法用于产生"阻塞",直到接收到一个连接,并且返回一个客户端的 Socket 对象实例。"阻塞"是一个术语,它使程序运行暂时"停留"在这个地方,直到一个会话产生,然后程序继续运行;通常"阻塞"是由循环产生的。

(2) getInputStream 方法获得网络连接输入,同时返回一个 IutputStream 对象实例。

(3) getOutputStream 方法连接的另一端将得到输入,同时返回一个 OutputStream 对象实例。

注意:getInputStream 和 getOutputStream 方法均会产生一个 IOException,它必须被捕获,因为它们返回的流对象通常都会被另一个流对象使用。

12.3.2 Socket 简单编程应用

客户端使用 Socket 对网络上某一个服务器的某一个端口发出连接请求后,被动地等待服务器的响应。

典型的 TCP 客户端要经过下面三步操作:

(1) 创建一个 Socket 实例:构造函数向指定的远程主机和端口(即 TCP 协议中的目的端口)建立一个 TCP 连接;

(2) 通过套接字的 I/O 流与服务端通信;

(3) 使用 Socket 类的 close 方法关闭连接。

客户端不需要指定打开的端口,通常临时、动态地分配一个 1024 以上的端口(即 TCP 协议中的源端口)。

服务端的工作是建立一个通信终端,并被动地等待客户端的连接。典型的 TCP 服务端执行如下两步操作:

(1) 创建一个 ServerSocket 实例并指定本地端口,用来监听客户端在该端口发送的 TCP 连接请求;

(2) 重复执行以下操作:

• 调用 ServerSocket 的 accept()方法以获取客户端连接,并通过其返回值创建一个 Socket 实例;

• 为返回的 Socket 实例开启新的线程,并使用返回的 Socket 实例的 I/O 流与客户端通信;

- 通信完成后，使用 Socket 类的 close() 方法关闭该客户端的套接字连接。

服务器使用 ServerSocket 监听指定的端口，端口可以随意指定（由于 1024 以下的端口通常属于保留端口，在一些操作系统中不可以随意使用，所以建议使用大于 1024 的端口），然后等待客户连接请求，客户连接后，会话产生；在完成会话后，关闭连接。

如下示例是使用 Java Socket 编程的 Client/Server 通信代码。这个服务端程序建立了一个服务器，它一直监听 8888 端口，等待用户连接。在建立连接后，接受客户端输入的信息，并处理这个信息然后返回给客户端，最后结束会话。该程序一次只能接受一个客户连接。处理完消息后程序运行完毕退出。

【例 12.3】 用 Java Socket 编程的 Client/Server 通信代码。

```java
import java.io.BufferedReader;
import java.io.IOException;
import java.io.InputStreamReader;
import java.io.PrintWriter;
import java.net.ServerSocket;
import java.net.Socket;
public class SocketServerSingle {
    private ServerSocket ss;
    private Socket socket;
    private BufferedReader in;
    private PrintWriter out;
    public SocketServerSingle()
    {
        try
        {
            ss=new ServerSocket(8888);
            socket=ss.accept();
            System.out.println("get a connection......");
            in=new BufferedReader(new
                    InputStreamReader(socket.getInputStream()));
            out=new PrintWriter(socket.getOutputStream(),true);
            String line=in.readLine();
            out.println("you input is : " + line);
            in.close();
            out.close();
            ss.close();
        }
        catch (IOException e)
        {
            try {
                ss.close();
            } catch (IOException e1) {
                // TODO Auto-generated catch block
```

```
                    e1.printStackTrace();
                }
            }
        }
        public static void main(String[] args) {
            new SocketServerSingle();
        }
    }
```

客户端程序，连接到地址为127.0.0.1的服务器，端口也为8888(这里的端口号必须跟服务端的监听端口一致)，程序建立Socket成功后，从键盘读取一行输入的信息，发送到服务器，然后从接收服务器的返回信息打印出来，最后结束会话。

【例12.4】 客户端程序。

```
    import java.io.BufferedReader;
    import java.io.IOException;
    import java.io.InputStreamReader;
    import java.io.PrintWriter;
    import java.net.Socket;
    public class SocketClient {
        Socket socket;
        BufferedReader in;
        PrintWriter out;
        public SocketClient()
        {
            try
            {
                socket=new Socket("127.0.0.1", 8888);
                in=new BufferedReader(new
                InputStreamReader(socket.getInputStream()));
                out=new PrintWriter(socket.getOutputStream(), true);
                BufferedReader line=new BufferedReader(new InputStreamReader(System.in));
                out.println(line.readLine());
                System.out.println(in.readLine());
                in.close();
                out.close();
                socket.close();
            }
            catch (IOException e)
            {
                try {
                    socket.close();
                } catch (IOException e1) {
                    // TODO Auto-generated catch block
```

```
            e1.printStackTrace();
        }
    }
}
    public static void main(String[] args)
    {
        new SocketClient();
    }
}
```

12.3.3 支持多客户的 Client/Server 应用

在实际的网络应用环境中,同一时间只对一个用户服务是不现实的。一个优秀的网络服务程序除了能处理用户的输入信息外,还必须能够同时响应多个客户端的连接请求。结合 Java 中的线程知识点,实现以上功能特点还是非常容易的。其设计原理如下:

主程序监听一端口,等待客户接入,同时构造一个线程类,准备接管会话。当一个 Socket 会话产生后,将这个会话交给线程处理,然后主程序继续监听。运用 Thread 类或 Runnable 接口来实现是不错的选择。

【例 12.5】 支持多客户端的服务端程序。

```java
import java.io.BufferedReader;
import java.io.IOException;
import java.io.InputStreamReader;
import java.io.PrintWriter;
import java.net.ServerSocket;
import java.net.Socket;
public class SocketServerMultiple {
    public static void main(String[] args) {
        try
        {
            ServerSocket ss=new ServerSocket(8888);
            while (true)
            {
                Socket socket=ss.accept();
                System.out.println("get a connection......");
                ClientProcess client=new ClientProcess(socket);
                client.start();
            }

        }
        catch (IOException e)
        {

        }
```

        }

    }

上述代码中,主程序启动后创建一个服务端 Socket,在 8888 号端口监听,将接受连接的 accept 方法置于 while 循环中,方便服务端一直可以接受来自客户端的连接。若服务端接受到一个连接,即在控制台上输出"get a connection……"表示接收到了一个客户端的连接。然后对每接受到的一个 Socket 连接都创建一个多线程类"ClientProcess"的实例来处理这个连接请求。ClientProcess 代码如下所示:

```
class ClientProcess extends Thread
{
    private Socket client;
    private BufferedReader in;
    private PrintWriter out;
    public ClientProcess(Socket s) throws IOException
    {
        client=s;
        in=new BufferedReader (new InputStreamReader
                            (client.getInputStream(),"GB2312"));
        out=new PrintWriter(client.getOutputStream(),true);
        System.out.println("network ready.....");
    }
    public void run()
    {
        try
        {
            String line=in.readLine();
            while (! line.equals("bye"))
            {
                String msg=processMessage(line);
                out.println(msg);
                line=in.readLine();
            }
            out.println("---See you, bye! ---");
            client.close();
        }
        catch (IOException e)
        {

        }
    }

    public String processMessage(String msg)
```

```
        {
            return "this is result:"+msg;
        }
}
```

ClientProcess 线程运行后,接受来自 Socket 连接中的输入信息,并将输入回应客户,直到客户输入"bye",线程结束。在 processMessage 方法中,对输入进行处理,并产生结果,然后把结果返回给客户。

服务端连接多个客户端时输出如图 12.3 所示。

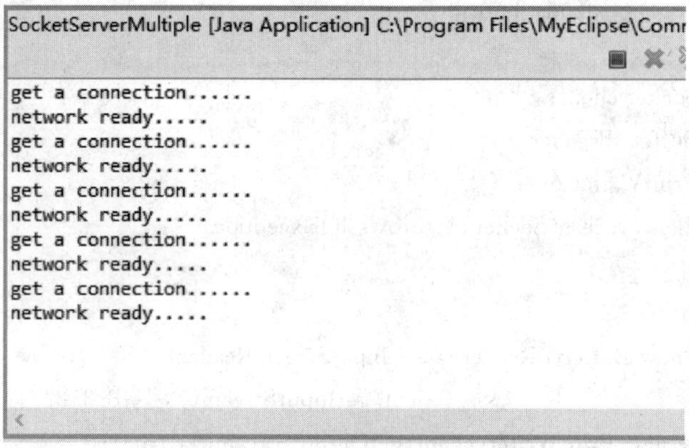

图 12.3 服务端运行效果示意

为了使客户端可以反复、连续地向服务端发送文本信息,将例 12.4 的 client 程序修改如下:

```java
import java.io.BufferedReader;
import java.io.IOException;
import java.io.InputStreamReader;
import java.io.PrintWriter;
import java.net.Socket;

public class SocketClient {
    Socket socket;
    BufferedReader in;
    PrintWriter out;
    public SocketClient()
    {
        try
        {
            socket=new Socket("127.0.0.1", 8888);
            in=new BufferedReader(new InputStreamReader(socket.getInputStream()));
            out=new PrintWriter(socket.getOutputStream(), true);
            BufferedReader line=new BufferedReader(new InputStreamReader(System.in));
```

```java
                String info=line.readLine();
                while(!info.equals("bye"))
                {
                    out.println(info);
                    out.flush();
                    System.out.println(in.readLine());
                    info=line.readLine();
                }
                //当输入bye时，发完后即断开
                out.println(info);
                out.flush();
                System.out.println(in.readLine());
                in.close();
                out.close();
                socket.close();
            }
            catch (IOException e)
            {
        try {
            socket.close();
        } catch (IOException e1) {
            // TODO Auto-generated catch block
            e1.printStackTrace();
        }
            }
        }
    public static void main(String[] args)
    {
        new SocketClient();
    }}
```

客户端运行结果如图 12.4 所示。

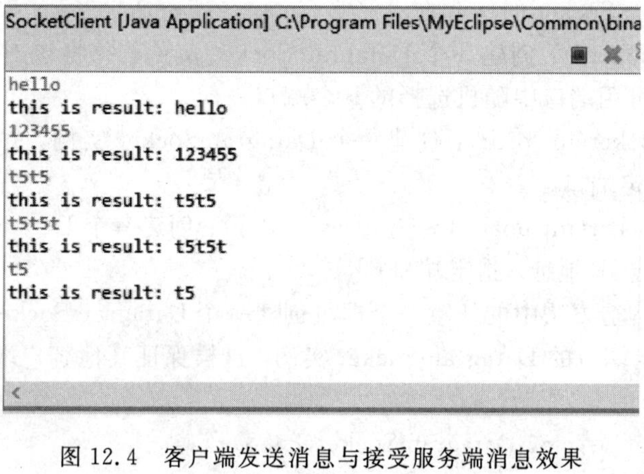

图 12.4 客户端发送消息与接受服务端消息效果

上述案例代码只是非常简单地展示了使用 Java Socket 编程的基本使用过程,实际工程中,情况远比此案例复杂和精细。上述代码传递的数据是字符串,实际上在程序通信过程中,往往需要处理一些文件数据或其他二进制流,可能这些数据还包括业务中的逻辑和结构。因此,传递的数据应该有符合业务逻辑的数据信息包装,即需要自定义数据的格式、含义与相关的业务流程状态(即业务上的协议设计)。此外,使用 TCP 通信时,由于 TCP 报文段的发送并不完全取决于程序开发者的调用意图,它有其自身的机制(比如容易受到网络流控、拥塞等带来的影响),由此,还需要注意解决 TCP 缓存可能带来的"粘包问题"(即传递的某个消息在第一次发送时可能并未完全传递完毕,而是跟后续的第二条数据合并在一起,这样接收数据端的程序需要解决如何区分这些数据的问题)。

12.4 UDP 编程

UDP(User Datagram Protocol),即用户数据报协议。UDP 跟 TCP 都是传输层协议,与 TCP 很大不同的是,UDP 协议提供的数据传输服务是不可靠的。简单来说,UDP 由于并没有采用 TCP 中确认和重传等机制来保证数据的收发,它对网络中出现的丢包没有任何处理措施,因此使用 UDP 来通信是一种不可靠的通信,需要注意的是,这种不可靠的服务并不是说 UDP 协议自己会丢包而不可靠。

但从另一方面来说,正是由于 UDP 在通信时没有采取复杂的措施和手段去解决网络中出现的丢包、流控等问题,所以它自身的协议设计和使用都比较简单,对于一些不需要很高质量的应用程序来说,UDP(数据报)通信是一个非常好的选择。另外,对于实时性要求比较高但容错性要求不高的网络应用,比如实时音频和视频,暂时的数据包的丢失和位置错乱是可以被人们所忍受的,但是为了追求数据包的完整性而要求数据包重传,在时间上对用户来说则不能接受,此时就可以考虑利用 UDP 协议来传输数据包。

在 Java 的包中有两个类:DatagramSocket 和 DatagramPacket,为应用程序中采用数据报通信方式提供了开发接口。

12.4.1 DatagramSocket 类

DatagramSocket 类位于 java.net 包中,表示用来发送和接收数据报的套接字(套接字是包投递服务的发送或接收点)。

如下为 DatagramSocket 的构造方法:

• DatagramSocket():创建一个 DatagramSocket 实例,并将该对象绑定到本机默认 IP 地址、本机所有可用端口中随机选择的某个端口。

• DatagramSocket(int prot):创建一个 DatagramSocket 实例,并将该对象绑定到本机默认 IP 地址、指定端口。

• DatagramSocket(int port, InetAddress laddr):创建一个 DatagramSocket 实例,并将该对象绑定到指定 IP 地址、指定端口。

通过上面三个构造方法中的任意一个即可创建一个 DatagramSocket 实例,通常在创建服务器时,创建指定端口的 DatagramSocket 实例,这样保证其他客户端可以将数据发送到该服务器。如:

DatagramSocket s=new DatagramSocket(8888);

获取到 DatagramSocket 实例后，可以通过如下两个方法来接收和发送数据：

(1) receive(DatagramPacket p)：从该 DatagramSocket 中接收数据报。

(2) send(DatagramPacket p)：以该 DatagramSocket 对象向外发送数据报。

从上面两个方法可以看到，使用 DatagramSocket 发送数据报时，需要一个被称之为"DatagramPacket"类的实例（用户数据报包裹），DatagramSocket 在构造时并不知道将该数据报发送到哪里，而是由 DatagramPacket 数据中的内容来决定数据报的目的地。这就像快递公司本身并不知道每个待投递的包裹的目的地，只是将这些包裹发送出去，而包裹本身包含了该包裹要去的目的地址一样。DatagramPacket 也位于 java.net 包下，Datagram-Packet 类用来创建数据报，也可通过如下 DatagramPackett 类的方法构造：

• DatagramPacket(byte[] buf, int length) //构造 DatagramPacket，用来接收长度为 length 的数据包。

• DatagramPacket(byte[] buf, int length, InetAddress address, int port) //构造数据报，用来将长度为 length 的包发送到指定主机上的指定端口号。

• DatagramPacket(byte[] buf, int offset, int length) //构造 DatagramPacket，用来接收长度为 length 的包，在缓冲区中指定了偏移量。

• DatagramPacket(byte[] buf, int offset, int length, InetAddress address, int port) //构造数据报，用来将长度为 length，偏移量为 offset 的包发送到指定主机上的指定端口号。

• DatagramPacket(byte[] buf, int offset, int length, SocketAddress address) //构造数据报，用来将长度为 length，偏移量为 offset 的包发送到指定主机上的指定端口号。

• DatagramPacket(byte[] buf, int length, SocketAddress address)//构造数据报，用来将长度为 length 的包发送到指定主机上。

如上构造方法中，buf[]为接受数据包的存储数据的缓冲区，length 为从传递过来的数据包中读取到的字节数。当采用不带 offset 的构造方法时，接收到的数据从 buf[0]开始存放，直到整个数据包接收完毕或者将 length 的字节写入 buf 为止。采用带 offset 值的构造方法时，接收到的数据从 buf[offset]开始存放。如果 SocketAddress 地址不受支持，则会触发 IllegalArgumentException。不过这是 RuntimeException，不需要用户代码捕获。

DatagramPacket 使用示范代码如下，构造一个指向特定主机的数据包：

```
//发送的内容。
String text="hi 红军!";
byte[] buf=text.getBytes();
//构造数据报，用来将长度为 length 的包发送到指定主机上的指定端口号。
DatagramPacket packet= new DatagramPacket(buf, buf.length, InetAddress.getByName("192.168.1.1"), 8080);
//从此套接字发送数据报。
socket.send(packet);
```

12.4.2 基于 UDP 的简单的 Client/Server 程序设计

本节示例程序设计思路：启动 UdpServer 后，创建在本机端口 8888 监听的 UDP 应用，接受客户端的连接并打印接受到的数据，UdpServer 连续接收数据，直到循环条件为 false（注意，本例子中并未设置其循环变量状态）。

【例 12.6】 Udp 通信示例——服务端程序。

```java
import java.io.IOException;
import java.net.DatagramPacket;
import java.net.DatagramSocket;
import java.net.InetAddress;
import java.net.SocketException;
public class UdpServer {
    static boolean isrun=true;
    /**
     * @param args
     */
    public static void main(String[] args) {
        System.out.println("---server init----");
        try {
            //创建接收方的套接字对象，注意要与发送方 send 方法中 DatagramPacket 的 ip
              地址与端口号一致
            DatagramSocket socket=new DatagramSocket(8888,
                    InetAddress.getByName("127.0.0.1"));
            //接收数据的 buf 数组并指定大小
            byte[] buf=new byte[1024];
            //创建接收数据包，存储在 buf 中
            DatagramPacket packet=new DatagramPacket(buf, buf.length);

            while(isrun)
            {
                //接收操作
                socket.receive(packet);
                System.out.println("---server receive data----");
                //显示接收到数据
                displayReciveInfo(packet);
                // 告诉发送者数据接收完毕
                String temp="server accept data success...";
                byte buffer[]=temp.getBytes();
                //创建数据报，指定发送给发送者的 socketaddress 地址
                DatagramPacket packet2=new DatagramPacket(buffer,
                        buffer.length, packet.getSocketAddress());
                //发送
                socket.send(packet2);
            }
            //关闭
            socket.close();
        } catch (SocketException e) {
            e.printStackTrace();
        } catch (IOException e) {
            // TODO Auto-generated catch block
```

```java
            e.printStackTrace();
        }

    }

    /**
     * 数据打印
     *
     * @param socket
     * @throws IOException
     */
    public static void displayReciveInfo(DatagramPacket packet)
            throws IOException {
        byte data[] = packet.getData();// 接收的数据
        InetAddress address = packet.getAddress();// 接收的地址
        System.out.println("接收的文本:" + new String(data));
        System.out.println("接收的 ip 地址:" + address.toString());
        System.out.println("接收的端口:" + packet.getPort()); // 9004
    }
}
```

UdpClient 客户端设计为连接服务端,连接成功后发送固定字符串信息,发送完毕后接受服务端的回复,然后结束客户端的程序。

```java
import java.io.IOException;
import java.net.DatagramPacket;
import java.net.DatagramSocket;
import java.net.InetAddress;
import java.net.SocketException;
public class UdpClient {
    /**
     * @param args
     */
    public static void main(String[] args) {
        System.out.println("---send----");
        // 发送端
        try {
            // 创建发送方的套接字对象,采用 9004 默认端口号
            DatagramSocket socket = new DatagramSocket(9004);
            // 发送的内容
            String text = "hello,成都信息工程大学!";
            byte[] buf = text.getBytes();// 构造数据报,用来将长度为 length 的包
                                         // 发送到指定主机上的指定端口号。
            DatagramPacket packet = new DatagramPacket(buf,
            buf.length, InetAddress.getByName("127.0.0.1"), 8888);
            // 从此套接字发送数据报
```

```java
                socket.send(packet);
                // 接收，接收者返回的数据
                reciveAndDisplay(socket);
                // 关闭此数据报套接字。
                socket.close();
            } catch (SocketException e) {
                e.printStackTrace();
            } catch (IOException e) {
                // TODO Auto-generated catch block
                e.printStackTrace();
            }
        }
        /**
         * 接收数据并打印出来
         *
         * @param socket
         * @throws IOException
         */
        public static void reciveAndDisplay(DatagramSocket socket)
                throws IOException {
            byte[] buffer = new byte[1024];
            DatagramPacket packet = new DatagramPacket(buffer, buffer.length);
            socket.receive(packet);
            byte data[] = packet.getData();// 接收的数据
            InetAddress address = packet.getAddress();// 接收的地址
            System.out.println("接收的文本：" + new String(data));
            System.out.println("接收的ip地址：" + address.toString());
            System.out.println("接收的端口：" + packet.getPort()); // 9004
        }
    }
```

程序运行结果如图12.5所示。

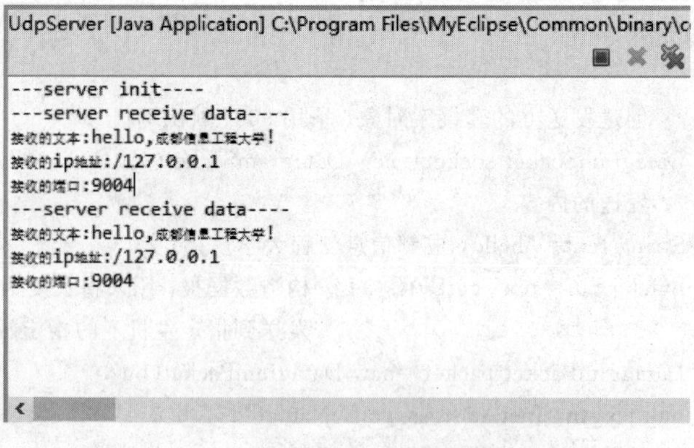

图12.5 服务端接收数据运行效果图

客户端程序运行效果如图 12.6 所示。

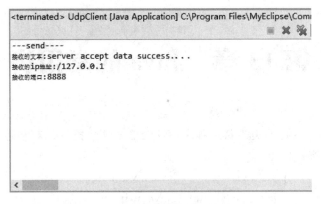

图 12.6　客户端接收数据运行效果图

12.1　Java 的网络编程主要包含哪几种类型？

12.2　网络中通过什么来区分来自不同应用程序的网络数据包？

12.3　如何理解可靠传输与不可靠传输？Java 中提供哪些类来实现可靠传输与不可靠传输的编程？

12.4　TCP 编程中，多客户端同时与一个服务端通信，服务端的程序为什么需要设计为多线程方式？

12.5　什么是 TCP 中的"粘包"问题？该如何解决？

12.6　如果使用 UDP 方式来实现网络通信，但是同时又需要数据能可靠传输，应用程序应增加什么样的设计？

第 13 章　Java 的常用类

Java 提供了丰富的标准类来帮助程序设计者更方便快捷地编写程序，并将这些标准类组成了类包，主要有：

java.lang　　　　　java.awt　　　　　java.awt.image
java.awt.peer　　　java.iojava.net　　java.util

java.lang 包是 Java 语言使用最广泛的包。它所包括的类是其他包的基础，由系统自动引入，程序中不必用 import 语句就可以使用其中的任何一个类。java.lang 中所包含的类和接口对所有实际的 Java 程序都是必要的，除了 java.lang 之外，其余类包都不是 Java 语言所必需的。本章主要介绍一些常用的类。

13.1　String 类和 StringBuffer 类

在许多编程语言中，字符串是语言固有的基本数据类型。但在 Java 语言中，Java 中的字符串不是 Java 的基本数据类型，而是一种引用类型，是通过 String 和 StringBuffer 两个类来处理有关字符串的内容。

13.1.1　String 类

Java 语言中的字符串属于 String 类，Java 程序中的所有字符串字面值（如 "abc"）都作为此类的实例来实现。虽然有其他方法表示字符串（如字符数组），但 Java 使用 String 类作为字符串的标准格式。Java 编译器把字符串转换成 String 对象。

创建字符串有多种方式，通常用 String 类的构造器来建立字符串，String 类的构造器及其简要说明如下：

String() //初始化一个新创建的 String 对象，它表示一个空字符序列

String(byte[] bytes) //构造一个新的 String，方法是使用平台的默认字符集解码字节的指定数组

String(byte[] bytes, int offset, int length) //构造一个新的 String，方法是使用指定的字符集解码字节的指定子数组

String(byte[] bytes, int offset, int length, String charsetName) //构造一个新的 String，方法是使用指定的字符集解码字节的指定子数组

String(byte[] bytes, String charsetName) //构造一个新的 String，方法是使用指定的字符集解码指定的字节数组

String(char[] value) //分配一个新的 String，它表示当前字符数组参数中包含的字符序列

String(char[] value, int offset, int count) //分配一个新的 String, 它包含来自该字符数组参数的一个子数组的字符

String(int[] codePoints, int offset, int count) //分配一个新的 String, 它包含该 Unicode 代码点数组参数的一个子数组的字符

String(String original) //初始化一个新创建的 String 对象, 表示一个与该参数相同的字符序列；换句话说，新创建的字符串是该参数字符串的一个副本

String(StringBuffer buffer) //分配一个新的字符串, 它包含当前包含在字符串缓冲区参数中的字符序列

String(StringBuilder builder)分配一个新的字符串, 它包含当前包含在字符串生成器参数中的字符序列

字符串是常量, 它们的值在创建之后不能改变。因为 String 对象是不可变的, 所以可以共享它们。例如：

String name1="hello";
String name2="hello";
System.out.println("name1==name2: "+(name1==name2));

上述例子打印的结果是：name1==name2: true

这是因为 name1 和 name2 共享一个 String 对象, 其字面值为"hello", 但实际上内存中指向的都是同一个引用(地址)。

Java 语言提供对字符串串联符号("+")和其他对象到字符串的转换的特殊支持。字符串串联实际上是通过 StringBuilder(或 StringBuffer)类及其 append 方法实现的, 最后调用 toString()方法返回拼接好的字符串。这种 JVM 隐式创建 StringBuilder 的方式在大部分情况下并不会造成效率的损失, 不过在进行大量循环拼接字符串时则需要注意, 因为大量 StringBuilder 对象创建在堆内存中, 肯定会造成效率的损失。(有关字符串串联和转换的更多信息, 请参阅 Gosling、Joy 和 Steele 合著的《The Java Language Specification》)。

由此注意, String 对象一旦被创建, 就不能被改变。如果需要进行大量的字符串操作, 应该使用 StringBuffer 类或者字符数组, 其最终结果也可以被转换成 String 格式。String 类的其他相关方法比较多, 包括检查序列的单个字符、比较字符串、搜索字符串、提取子字符串、创建字符串副本, 在创建字符串副本中, 所有的字符都被转换为大写或小写形式, 大小写映射基于 Character 类指定的 Unicode Standard 版本。列举如下：

charAt(int index)   //返回指定索引处的 char 值
compareTo(String anotherString)   //按字典顺序比较两个字符串
compareToIgnoreCase(String str)   //按字典顺序比较两个字符串, 不考虑大小写
concat(String str)   //将指定字符串连接到此字符串的结尾
endsWith(String suffix)   //测试此字符串是否以指定的后缀结束
equals(Object anObject)   //将此字符串与指定的对象比较
equalsIgnoreCase(String anotherString)   //将此 String 与另一个 String 比较, 不考虑大小写
indexOf(int ch)   //返回指定字符在此字符串中第一次出现处的索引
indexOf(String str)   //返回第一次出现的指定子字符串在此字符串中的索引

lastIndexOf(int ch)   //返回指定字符在此字符串中最后一次出现处的索引

length()   //返回此字符串的长度

replace(char oldChar, char newChar)   //返回一个新的字符串，它是通过用 newChar 替换此字符串中出现的所有 oldChar 得到的

split(String regex)   //根据给定正则表达式的匹配拆分此字符串

startsWith(String prefix)   //测试此字符串是否以指定的前缀开始

substring(int beginIndex)   //返回一个新的字符串，它是此字符串的一个子字符串。该子字符串始于指定索引处的字符，一直到此字符串末尾

substring(int beginIndex, int endIndex)   //返回一个新字符串，它是此字符串的一个子字符串。该子字符串从指定的 beginIndex 处开始，一直到索引 endIndex－1 处的字符

toCharArray()   //将此字符串转换为一个新的字符数组

toLowerCase()   //使用默认语言环境的规则将此 String 中的所有字符都转换为小写

toUpperCase()   //使用默认语言环境的规则将此 String 中的所有字符都转换为大写

trim()   //返回字符串的副本，忽略前导空白和尾部空白

valueOf(int i)   //返回 int 参数的字符串表示形式

append()   //为该 StringBuffer 对象添加字符序列，返回添加后的该 StringBuffer 对象引用

insert()   //为该 StringBuffer 对象在指定位置插入字符序列，返回修改后的该 StringBuffer 对象引用

delete(int start, int end)   //删除从 start 开始到 end－1 为止的一段字符序列，返回修改后的该 StringBuffer 对象引用

deleteCharAt(int index)   //移除此序列指定位置的 charreverse()，将字符序列逆序，返回修改后的该 StringBuffer 对象引用

reverse()   //将此字符序列用其反转形式取代

setCharAt((int index, char ch)   //将给定索引处的字符设置为 ch

13.1.2 StringBuffer 类

StringBuffer，一个类似于 String 的字符串缓冲区，但不能修改，通过某些方法调用可以改变该序列的长度和内容。字符串缓冲区可安全地用于多个线程，可以在必要时对其方法进行同步，因此任意特定实例上的所有操作就好像是以串行顺序发生的，该顺序与所涉及的每个线程进行的方法调用顺序一致。

每个字符串缓冲区都有一定的容量。只要字符串缓冲区所包含的字符序列的长度没有超出此容量，就无需分配新的内部缓冲区数组。如果内部缓冲区溢出，则此容量自动增大。从 JDK 5 开始，为该类补充了一个单个线程使用的等价类，即 StringBuilder。与该类相比，通常应该优先使用 StringBuilder 类，因为它支持所有相同的操作，但由于它不执行同步，所以速度更快。

由于 StringBuffer 的内部实现方式和 String 不同，StringBuffer 在进行字符串处理时，不生成新的对象，在内存使用上要优于 String 类。所以在实际使用时，如果经常需要对一个字符串进行修改，例如插入、删除等操作，使用 StringBuffer 要更加适合一些。在 String-

Buffer 类中存在很多和 String 类一样的方法,这些方法在功能上和 String 类中的功能是完全一样的。一个最显著的区别在于,对于 StringBuffer 对象的每次修改都会改变对象自身,这点是和 String 类最大的区别。

StringBuffer 上的主要操作是 append 和 insert 方法,可重载这些方法,以接受任意类型的数据。每个方法都能有效地将给定的数据转换成字符串,然后将该字符串的字符追加或插入到字符串缓冲区中。append 方法始终将这些字符添加到缓冲区的末端;而 insert 方法则在指定的点添加字符。例如,如果"mystring"引用一个当前内容为 "start" 的字符串缓冲区对象,则此方法调用 mystring.append("le") 会使字符串缓冲区包含 "startle",而 mystring.insert(4,"le") 将更改字符串缓冲区,使之包含 "starlet"。通常,如果"sb"引用 StringBuilder 的一个实例,则 sb.append(x) 和 sb.insert(sb.length(),x) 具有相同的效果。

StringBuffer 对象的初始化跟 String 类的初始化不一样,Java 提供有特殊的语法,通常情况下一般使用构造方法进行初始化,例如:

  StringBuffer s=new StringBuffer();

这样初始化出的 StringBuffer 对象是一个空的对象。如果需要创建带有内容的 StringBuffer 对象,则可以使用:

  StringBuffer s=new StringBuffer("abc");

这样初始化出的 StringBuffer 对象的内容就是字符串"abc"。

需要注意的是,StringBuffer 和 String 属于不同的类型,也不能直接进行强制类型转换,下面的代码都是错误的:

  StringBuffer s="abc";　//赋值类型不匹配。
  StringBuffer s=(StringBuffer)"abc";　　//不存在继承关系,无法进行强制转换

StringBuffer 对象和 String 对象之间正确的相互转换方法如下:

  String s1="abc";
  StringBuffer sb1=new StringBuffer("123");
  StringBuffer sb2=new StringBuffer(s1);　　//String 转换为 StringBuffer
  String s2=sb1.toString();　　　　　　//StringBuffer 转换为 String

StringBuffer 类中的方法主要偏重于对于字符串的变化,例如追加、插入和删除等,这也是 StringBuffer 和 String 类的主要区别。现在将 StringBuffer 类的主要方法介绍如下:

(1) public StringBuffer append(datatype para)方法。

该方法的作用是追加内容到当前 StringBuffer 对象的末尾,类似于字符串的连接,其支持的追加数据类型种类很多,如 boolean、char、char[]、int、float、double、long、String 等。调用该方法以后,StringBuffer 对象的内容也发生改变,例如:

  StringBuffer sb=new StringBuffer("abc");
  sb.append(true);

则对象 sb 的值将变成"abctrue"。

使用该方法进行字符串的连接将比 String 更加高效和节约内存,例如对于数据库编程中的 SQL 语句的拼接:

  StringBuffer sb=new StringBuffer();
  String user="zhan";

```
String pwd="123";
sb. append("select * from userInfo where username=")
sb. append(user)
sb. append("and password=")
sb. append(pwd);
```

这样对象 sb 的值就是字符串"select * from userInfo where username=test and password=123"。

（2）public StringBuffer deleteCharAt(int index)方法。

该方法的作用是删除指定位置的字符，然后将剩余的内容形成新的字符串。例如：

```
StringBuffer sb=new StringBuffer("hello");
sb. deleteCharAt(1);
```

该代码的作用是删除字符串对象 sb 中索引值为 1 的字符，也就是删除第二个字符，剩余的内容组成一个新的字符串。所以对象 sb 的值变为"hllo"。还存在一个功能类似 delete 的方法：

```
public StringBuffer delete(int start, int end)
```

该方法的作用是删除指定区间以内的所有字符，包含 start，不包含 end 索引值的区间。例如：

```
StringBuffer sb=new StringBuffer("testString");
sb. delete (1, 4);
```

该代码删除字符串索引值 1（包括）到索引值 4（不包括）之间的所有字符，剩余的字符形成新的字符串。则对象 sb 的值是"tString"。

（3）public StringBuffer insert(int offset, datatype para)方法。

该方法的作用是在 StringBuffer 对象中插入内容，然后形成新的字符串。其支持的数据类型很多，如 boolean、char、char[]、int、float、double、long、String 等，例如：

```
StringBuffer sb=new StringBuffer("testString");
sb. insert(4, false);
```

该示例代码的作用是在对象 sb 的索引值为 4 的位置插入 false 值，形成新的字符串，则执行以后对象 sb 的值是"TestfalseString"。

（4）public void trimToSize()方法。

该方法的作用是将 StringBuffer 对象中的存储空间缩小到和字符串一样的长度，以减少空间的浪费。总之，在实际使用时，String 和 StringBuffer 各有优势和不足，可以根据具体的使用环境，选择对应的类型进行使用。

13.2 基本数据类型封装类

本书第 4 章介绍，Java 有八种基本数据类型，它们分别是：int、double、long、float、short、byte、character、boolean，对应的封装类型分别是：Integer、Double、Long、Float、Short、Byte、Character、Boolea。

为什么 Java 会设计出基本数据类型和它们的封装类型？不能只用一种吗？

Java 定义了传统的面向过程语言中所采用的基本类型，主要是从性能方面来考虑的，因为即使是最简单的数学计算,如果使用对象方式来处理也会引起一些开销,而这些开销对于数学计算本来是毫无必要的。但从另一方面说,很多时候往往需要用到"引用"型(对象)的数据类型来作为参数(毕竟 Java 是一种面向对象的编程语言),如 Java 泛型类包括预定义的集合,使用的参数都是对象类型,无法直接使用这些基本数据类型来作为参数,所以 Java 又提供了这些基本类型的包装器类。

基本数据类型与其封装类的区别如下:

(1) 基本类型只能按值传递,而每个基本类型对应的封装类是按引用传递的。

(2) 从性能上说,Java 中的基本类型是在堆栈上创建的,而所有的对象类型都是在堆上创建的,(对象的引用在堆栈上创建)。

(3) 封装类的出现是为了更方便地使用一些基本类型不具备的方法,比如 valueOf()、toString()等。

如果想传递一个 int 对象的引用,而不是值,那只能用封装类。基本数据可以自动封装成封装类,基本数据类型的好处就是速度快(不涉及对象的构造和回收),封装类的目的主要是为了更好地处理数据之间的转换,使用方法很多,用起来也方便。下面对主要类的一些封装类做简要介绍,读者可以自行参考 Java API 文档。

1. Integer 类

Integer 类在对象中包装了一个基本类型 int 的值。Integer 类型的对象包含一个 int 类型的字段。此外,该类提供了多个方法,能在 int 类型和 String 类型之间互相转换,还提供了处理 int 类型时非常有用的其他一些常量和方法。部分方法摘录如下:

   intValue() //以 int 类型返回该 Integer 的值
   parseInt(String s) //将字符串参数作为有符号的十进制整数进行分析
   reverse(int i) //返回通过反转指定 int 值的二进制补码表示形式中位的顺序而获得的值
   toHexString(int i) //以十六进制的无符号整数形式返回一个整数参数的字符串表示形式
   valueOf(int i) //返回一个表示指定的 int 值的 Integer 实例
   valueOf(String s) //返回保持指定的 String 的值的 Integer 对象

2. Byte 类

Byte 类将基本类型 byte 的值包装在一个对象中。一个 Byte 类型的对象只包含一个类型为 byte 的字段。此外,该类还为 byte 和 String 的相互转换提供了几种方法,并提供了处理 byte 时非常有用的其他一些常量和方法。部分方法摘录如下:

   byte byteValue() //作为一个 byte 返回此 Byte 的值
   double doubleValue() //作为一个 double 返回此 Byte 的值
   float floatValue() //作为一个 float 返回此 Byte 的值
   in tintValue() //作为一个 int 返回此 Byte 的值
   long longValue() //作为一个 long 返回此 Byte 的值
   short shortValue() //作为一个 short 返回此 Byte 的值
   String toString() //返回表示此 Byte 的值的 String 对象
   static Byte valueOf(byte b) //返回表示指定 byte 值的一个 Byte 实例
   static Byte valueOf(String s) //返回一个保持指定 String 所给出的值的 Byte 对象

3. Short 类

Short 类在对象中包装基本类型 short 的值。一个 Short 类型的对象只包含一个 short

类型的字段。另外，该类提供了多个方法，可以将 short 转换为 String，将 String 转换为 short，同时还提供了其他一些处理 short 时有用的常量和方法。部分方法摘录如下：

  byte byteValue() //以 byte 形式返回此 Short 的值
  static Short decode(String nm) //将 String 解码为 Short
  double doubleValue() //以 double 形式返回此 Short 的值
  float floatValue() //以 float 形式返回此 Short 的值
  in tintValue() //以 int 形式返回此 Short 的值
  long longValue() //以 Long 形式返回此 Short 的值
  static short parseShort(String s) //将字符串参数分析为有符号的十进制 short
  short shortValue() //以 short 形式返回此 Short 的值
  StringtoString() //返回表示此 Short 的值的 String 对象
  static Short valueOf(short s) //返回表示指定 short 值的 Short 实例
  static Short valueOf(String s) //返回一个保持指定 String 所给出的值的 Short 对象

4. Float 类

Float 类在对象中包装了一个 float 基本类型的值。Float 类型的对象包含一个 float 类型的字段。此外，此类提供了几种方法，可在 float 类型和 String 类型之间互相转换，并且还提供了处理 float 类型时非常有用的其他一些常量和方法。部分方法摘录如下：

  double doubleValue() //返回这个 Float 对象的 double 值
  static int floatToIntBits(float value) //根据 IEEE 754 的浮点"单一形式"中的位布局，返回指定浮点值的表示形式
  static int floatToRawIntBits(float value) //根据 IEEE 754 的浮点"单一形式"中的位布局，返回指定浮点值的表示形式，并保留非数字（NaN）值
  float floatValue() //返回这个 Float 对象的 float 值
  int intValue() //返回这个 Float 值对应的 int 值(它被强制转换为一个 int)
  boolean isInfinite() //如果这个 Float 值的大小是无穷大，则返回 true，否则返回 false
  boolean isNaN() //如果这个 Float 值是一个非数字（NaN）值，则返回 true，否则返回 false
  static float parseFloat(String s) //返回一个新的 float 值，该值被初始化为用指定 String 表示的值，这与 Float 类的 valueOf 方法产生的值类似
  short shortValue() //返回这个 Float 值对应的 short 值(它被强制转换为一个 short 值)
  static String toHexString(float f) //返回 float 参数的十六进制字符串表示形式
  String toString() //返回这个 Float 对象的字符串表示形式
  static StringtoString(float f) //返回 float 参数的字符串表示形式
  static Float valueOf(float f) //返回表示指定的 float 值的 Float 实例
  static Float valueOf(String s) //返回保持用参数字符串 s 表示的 float 值的 Float 对象

5. Double 类

Double 类在对象中包装了一个基本类型 double 的值。每个 Double 类型的对象都包含一个 double 类型的字段。此外，该类还提供了多个方法，可以将 double 转换为 String，将 String 转换为 double，还提供了其他一些处理 double 时有用的常量和方法。部分方法摘录如下：

  static long doubleToLongBits(double value) //根据 IEEE 754 浮点双精度形式("double format")位布局，返回指定浮点值的表示形式

static long doubleToRawLongBits(double value) //根据 IEEE 754 的浮点"双精度形式"中的位布局，返回指定浮点值的表示形式，并保留非数字（NaN）值

double doubleValue() //返回此 Double 对象的 double 值
float floatValue() //返回此 Double 对象的 float 值
int intValue() //将此 Double 值作为 int 类型返回（通过强制转换为 int）
boolean isInfinite() //如果该 Double 值的大小是无穷大，则返回 true；否则返回 false
static boolean isInfinite(double v) //如果指定数字的大小是无穷大，则返回 true；否则，返回 false
booleanisNaN() //如果此 Double 值是非数字(NaN)值，则返回 true；否则，返回 false
static boolean isNaN(double v) //如果指定的数字是一个非数字（NaN）值，则返回 true；否则，返回 false
static double longBitsToDouble(longbits) //返回对应于给定的位表示形式的 double 值
long longValue() //将此 Double 值作为 long 类型返回（通过强制转换为 long 类型）
static double parseDouble(String s) //返回一个新的 double 值，该值被初始化为用指定 String 表示的值，这与 Double 类的 valueOf 方法产生的值类似
short shortValue() //将此 Double 值作为 short 返回（通过强制转换为 short）
static StringtoHexString(double d) //返回 double 参数的十六进制字符串表示形式
String toString() //返回 Double 对象的字符串表示形式
static StringtoString(double d) //返回 double 参数的字符串表示形式
static Double valueOf(double d) //返回表示指定的 double 值的 Double 实例
static Double valueOf(String s) //返回保持用参数字符串 s 表示的 double 值的 Double 对象

6．Long 类

Long 类在对象中封装了基本类型 long 的值。每个 Long 类型的对象都包含一个 long 类型的字段。此外，该类提供了多个方法，可以将 long 转换为 String，将 String 转换为 long，除此之外，还提供了其他一些处理 long 时有用的常量和方法。部分方法摘录如下：

static Long decode(String nm) //将 String 解码成 Long
double doubleValue() //以 double 形式返回此 Long 的值
int intValue() //以 int 形式返回此 Long 的值
long longValue() //以 long 值的形式返回此 Long 的值
static long parseLong(String s) //将 string 参数分析为有符号十进制 long
short shortValue() //以 short 形式返回此 Long 的值
static String toHexString(long i) //以十六进制无符号整数形式返回 long 参数的字符串表示形式
static String toOctalString(long i) //以八进制无符号整数形式返回 long 参数的字符串表示形式
static String toString(long i) //返回表示指定 long 的 String 对象
static Long valueOf(long l) //返回表示指定 long 值的 Long 实例
static Long valueOf(String s) //返回保持指定 String 的值的 Long 对象

7．Character 类

Character 类是 lang 包里的类，所有方法都是静态的，所以可以直接拿来使用，Character类型的对象包含类型为 char 的单个字段。此外，该类提供了几种方法，以确定字符的类别(小写字母，数字，等等)，并将字符从大写转换成小写，反之亦然。字符信息基于 Unicode 标准，版本为 4.0。Character 类中定义了许多常量来表示 Unicode 规范中的各种

常规类别,摘录部分方法及说明如下:

static int charCount(int codePoint)//确定表示指定字符(Unicode 代码点)所需的 char 值的数量。

  char charValue()//返回此 Character 对象的值

  static int getType(char ch) //返回一个指示字符的常规类别的值

  static boolean isISOControl(char ch) //确定指定字符是否为 ISO 控制字符

  static boolean isLetter(char ch) //确定指定字符是否为字母

  static boolean isLetterOrDigit(char ch) //确定指定字符是否为字母或数字

  static boolean isLowerCase(char ch) //确定指定字符是否为小写字母

  static boolean isSpaceChar(char ch) //确定指定字符是否为 Unicode 空白字符

  static boolean isTitleCase(int codePoint) //确定指定字符(Unicode 代码点)是否为首字母大写字符

  static char toUpperCase(char ch) //使用来自 UnicodeData 文件的大小写映射信息将字符参数转换为大写

  static Character valueOf(char c) //返回一个表示指定 char 值的 Character 实例

13.3 Properties 类

  应用程序的开发中,"配置文件"是一种经常用于程序初始化的手段和方法。配置文件中保存程序运行的各种变量和参数,比如数据连接信息、端口、IP 信息等任何需要在程序初始化期间所需的各种参数。这方便程序在修改配置文件的基础上保持一定的灵活部署,降低在程序中"硬编码"带来的风险。

  Java 程序中,properties 文件是一种配置文件,主要用于表达配置信息。文件类型为 *.properties,格式为文本文件,文件的内容格式是"键=值",在 properties 文件中,可以用"#"来作注释。properties 文件在 Java 编程中用到的地方很多,操作很方便。在 Java 的包中,有提供专门的操作属性文件的类,这个类就是 java.uitl.Properties 类,该类继承自 Hashtable,由于 Properties 类是一个集合类,所以 Properties 会将属性以集合的方式来进行读写。

  如下是一个程序的 Properties 文件示例:

  # User infomation
  # Ver 2.0, helinbo
  name=admin
  serverip=192.168.1.1
  serverport=2120

  Properties 类提供了几个主要的方法:

  (1) getProperty (String key)　//用指定的键在此属性列表中搜索属性。也就是通过参数 key,得到 key 所对应的 value。

  (2) load (InputStream inStream)　//从输入流中读取属性列表(键和元素对)。通过对指定的文件(比如说上面的 test.properties 文件)进行装载来获取该文件中的所有键-值对。以供 getProperty (String key) 来搜索。

(3) setProperty(String key, String value) //调用 Hashtable 的方法 put,该方法通过调用基类的 put 方法来设置键-值对。

(4) store(OutputStream out, String comments) //以适合使用 load 方法加载到 Properties 表中的格式,将此 Properties 表中的属性列表(键和元素对)写入输出流。与 load 方法相反,该方法将键-值对写入到指定的文件中去。

(5) clear() //清除所有装载的键-值对。该方法在基类中提供。

如下是使用基本方法进行配置文件读取的示例代码(配置文件内容参考前文中的 properties 示例文件):

```
import java.io.FileInputStream;
import java.io.FileNotFoundException;
import java.io.IOException;
import java.util.Enumeration;
import java.util.Properties;
public class PropertyDemo {
    public static void main(String[] args) {
        Properties pps=new Properties();
        try {
            pps.load(new FileInputStream("D:/教学事务/教学改革/面向对象程序设计java/userinfo.properties"));
            Enumeration<?> enum1=pps.propertyNames();//得到配置文件对象
            while(enum1.hasMoreElements()) {
                String strKey=(String) enum1.nextElement();
                String strValue=pps.getProperty(strKey);
                System.out.println(strKey + "=" + strValue);
            }
        } catch (FileNotFoundException e) {
            // TODO Auto-generated catch block
            e.printStackTrace();
        } catch (IOException e) {
            // TODO Auto-generated catch block
            e.printStackTrace();
        }
    }
}
```

13.4　Date 与 Calendar 类

Date 和 Calendar 是 Java 类库里提供的对时间进行处理的类,在 JDK 1.0 中,Date 类是唯一的一个代表时间的类,但是由于 Date 类不便于实现国际化,所以从 JDK 1.1 版本开始,推荐使用 Calendar 类进行时间和日期处理。

13.4.1 Date 类

Date 类，顾名思义，是和日期有关的类。该类最主要的作用就是获得当前时间，Date 类里面也有一些其他功能，由于本身设计的问题，这些功能都已移植到另外一个类里面，这就是 13.4.2 小节中的 Calendar 类。

java.util.Date 类用于表示特定的时间点，精确到毫秒，但不支持日期的国际化和分时区显示。主要功能方法如下：

boolean after(Date when) //测试此日期是否在指定日期之后

public int compareTo(Date anotherDate) //比较两个日期的顺序

public boolean equals(Object obj) //比较两个日期的相等性

public long getTime() //返回自 1970 年 1 月 1 日 00：00：00 GMT 以来此 Date 对象表示的毫秒数

void setTime(long time) //设置此 Date 对象，以表示 1970 年 1 月 1 日 00：00：00 GMT 以后 time 毫秒的时间点

public String toString() //把此 Date 对象转换为以下形式的 String：dow mon dd hh：mm：ss zzz yyyy 其中，dow 是一周中的某一天（Sun，Mon，Tue，Wed，Thu，Fri，Sat）

使用 Date 类代表当前系统时间：

Date date=new Date();

System.out.println(date);

使用 Date 类的默认构造方法创建出的对象就代表当前时间，由于 Date 类覆盖了 toString 方法，所以可以直接输出 Date 类型的对象，显示的结果如：

Tue Mar 29 14：59：25 CST 2016

在该格式中，Tue 代表星期二，Mar 代表 March（三月），29 代表 29 号，CST 代表 China Standard Time（中国标准时间，也就是北京时间（东八区））。

使用 Date 类中对应的 getXxx() 方法，可以获得 Date 类对象中相关的信息。需要注意的是，使用 getYear 获得的是 Date 对象中年份减去 1900 以后的值，所以需要显示对应的年份则需要在返回值的基础上加上 1900，月份类似。在 Date 类中还提供了 getDay 方法，用于获得 Date 对象代表的时间是星期几，Date 类规定周日是 0，周一是 1，周二是 2，依次类推。

使用代码示意如下：

```
//年份
int year=date.getYear()+1900;
//月份
int month=date.getMonth()+1;
//日期
int da=date.getDate();
//小时
int hour=date.getHours();
//分钟
```

```
int minute=date.getMinutes();
//秒
int second=date.getSeconds();
//星期几
int day=date.getDay();
System.out.println("年份："＋year);
System.out.println("月份："＋month);
System.out.println("日期："＋date);
System.out.println("小时："＋hour);
System.out.println("分钟："＋minute);
System.out.println("秒："＋second);
System.out.println("星期："＋day);
```

程序运行结果输出如图 13.1 所示。

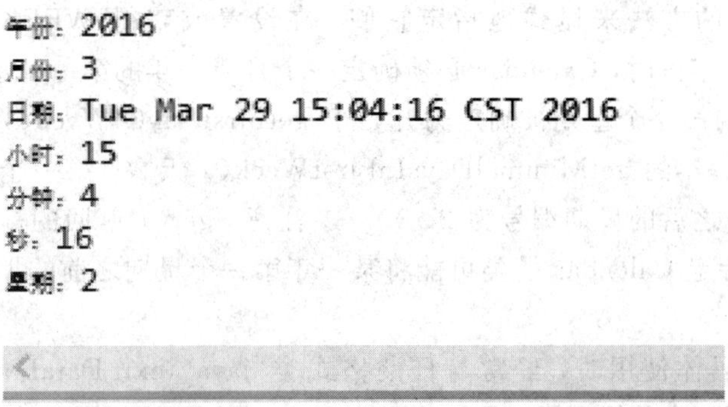

```
年份：2016
月份：3
日期：Tue Mar 29 15:04:16 CST 2016
小时：15
分钟：4
秒：16
星期：2
```

图 13.1 Date 类的使用

使用 Date 对象中的 getTime 方法，可以将 Date 类的对象转换为相对时间，使用 Date 类的构造方法，可以将相对时间转换为 Date 类的对象。经过转换以后，既方便了时间的计算，也使时间显示比较直观了。

Date 类的大部分功能已经在 JDK 1.1 版本以后宣布过时，而由 Calendar 类中的相关功能代替。

13.4.2 Calendar 类

从 JDK 1.1 版本开始，在处理日期和时间时，Java 推荐使用 Calendar 类进行实现。在设计上，Calendar 类的功能要比 Date 类强大很多，而且在实现方式上也比 Date 类要复杂一些。需要注意的是，Calendar 类是一个抽象类，因此不能使用构造方法来直接创建该类的实例，在实际使用时实现特定的子类的对象，创建对象的过程对程序员来说是透明的，需要使用到 getInstance 方法创建。与其他语言环境敏感类一样，Calendar 提供了一个类方法 getInstance，以获得此类型的一个通用的对象（当前系统），其日历字段已由当前日期和时间初始化：

```
Calendar rightNow=Calendar.getInstance();
```

getInstance 为特定瞬间与一组诸如 YEAR、MONTH、DAY_OF_MONTH、HOUR 等日历字段之间的转换提供了一些方法，也为操作日历字段（例如获得下星期的日期）提供了一些方法。瞬间可用毫秒值来表示，它是距历元(即格林威治标准时间 1970 年 1 月 1 日的 00∶00∶00.000，格里高利历)的偏移量。

Calendar 的 month 从 0 开始，也就是全年 12 个月由 0 ~ 11 进行表示，而 Calendar. DAY_OF_WEEK 定义和值如下：

  Calendar. SUNDAY＝1
  Calendar. MONDAY＝2
  Calendar. TUESDAY＝3
  Calendar. WEDNESDAY＝4
  Calendar. THURSDAY＝5
  Calendar. FRIDAY＝6
  Calendar. SATURDAY＝7

Calendar 使用两个参数定义了特定于语言环境的 7 天制星期：星期的第一天和第一个星期中的最小一天(从 1 到 7)。这些数字取自构造 Calendar 时的语言环境资源数据。还可以通过为其设置值的方法来显式地指定它们。在设置或获得 WEEK_OF_MONTH 或 WEEK_OF_YEAR 字段时，Calendar 必须确定一个月或一年的第一个星期，以此作为参考点。一个月或一年的第一个星期被确定为开始于 getFirstDayOfWeek() 的最早七天，它最少包含那一个月或一年的 getMinimalDaysInFirstWeek() 天数。第一个星期之前的各星期编号为…、－1、0；之后的星期编号为 2、3、…。注意，get() 返回的标准化编号方式可能有所不同。例如，特定 Calendar 子类可能将某一年第一个星期之前的那个星期指定为前一年的第 n 个星期。

Calendar 类在具体使用时，经常与日期格式类"java.text.DataFormat"、"java.text.SimpleDateFormat"配合使用。如下的 CalendarTime 实例程序展示了有关 Calendar 类的具体使用情况。

```java
import java.text.ParseException;
import java.text.SimpleDateFormat;
import java.util.Calendar;
import java.util.Date;

public class CalendarTime {
    public static void main(String[] args) {
        // 创建 Calendar 对象
        Calendar calendar = Calendar.getInstance();
        String str;
        // 按特定格式显示系统当前的时间
        str = (new SimpleDateFormat("yyyy-MM-dd HH:mm:ss:SSS")).format(calendar.getTime());
        System.out.println(str);
        //一种设置格式的方式：year, month, date, hourOfDay, minute, second
        calendar = Calendar.getInstance();
        calendar.set(2016, 2, 30, 13, 35, 44);
        str = (new SimpleDateFormat("yyyy-MM-dd
```

```java
HH:mm:ss:SSS")).format(calendar.getTime());
        System.out.println(str);
            try {
                // 对 calendar 设置为 date 所定的日期
                // 设置传入的时间格式
                SimpleDateFormat dateFormat=new SimpleDateFormat("yyyy-M-d H:m:s");
                // 指定一个日期
                Date date=dateFormat.parse("2016-3-30 14:32:16");
                calendar.setTime(date);
            } catch (ParseException e) {
                // TODO Auto-generated catch block
                e.printStackTrace();
            }
        //显示年份
        int year=calendar.get(Calendar.YEAR);
        System.out.println("year is=" + String.valueOf(year));
        // 显示月份（从 0 开始，实际显示要加一）
        int month=calendar.get(Calendar.MONTH);
        System.out.println("nth is=" + (month + 1));
        // 星期
        int week=calendar.get(Calendar.DAY_OF_WEEK);
        System.out.println("week is=" + week);
        // 今年的第？天
        int DAY_OF_YEAR=calendar.get(Calendar.DAY_OF_YEAR);
        System.out.println("DAY_OF_YEAR is=" + DAY_OF_YEAR);
        // 本月第？天
        int DAY_OF_MONTH=calendar.get(Calendar.DAY_OF_MONTH);
        System.out.println("DAY_OF_MONTH=" + String.valueOf(DAY_OF_MONTH));
        // 6 小时以后
        calendar.add(Calendar.HOUR_OF_DAY, 6);
        int HOUR_OF_DAY=calendar.get(Calendar.HOUR_OF_DAY);
        System.out.println("HOUR_OF_DAY + 6=" + HOUR_OF_DAY);
        // 当前分钟数
        int MINUTE=calendar.get(Calendar.MINUTE);
        System.out.println("MINUTE=" + MINUTE);
        // 15 分钟后
        calendar.add(Calendar.MINUTE, 15);
        MINUTE=calendar.get(Calendar.MINUTE);
        System.out.println("MINUTE + 15=" + MINUTE);
        // 30 分钟前
        calendar.add(Calendar.MINUTE, -30);
        MINUTE=calendar.get(Calendar.MINUTE);
```

```
            System.out.println("MINUTE - 30=" + MINUTE);
            // 格式化显示
            str=(new SimpleDateFormat("yyyy-MM-dd
        HH:mm:ss:SS")).format(calendar.getTime());
            System.out.println(str);
            //创建一个 Calendar 用于比较时间
            Calendar calendarNew=Calendar.getInstance();
            // 设定为 5 小时以前,calendarNew 比当前时间小,显示 -1
            calendarNew.add(Calendar.HOUR,-5);
            System.out.println("时间比较:" + calendarNew.compareTo(calendar));
            // 设定 16 小时以后,calendarNew 比当前时间大,显示 1
            calendarNew.add(Calendar.HOUR,+16);
            System.out.println("时间比较:" + calendarNew.compareTo(calendar));
            // 退回 1 小时,若时间相同,则显示 0
            calendarNew.add(Calendar.HOUR,-1);
            System.out.println("时间比较:" + calendarNew.compareTo(calendar));
        }
    }
```

13.5 Math 与 Random 类

java.lang.Math 类包含基本的数学计算操作,如绝对值、指数、对数、平方根和三角函数等。需要注意的是,Math 类中的这些计算方法都是以静态方法存在,可以不必创建 Math 的实例而直接使用它们。

数据截断操作:ceil(),floor(),rint(),round()

取最大、最小及绝对值操作:max(),min(),abs()

三角函数:sin(),cos(),tan(),asin(),acos(),atan(),toDegrees(),toRadians()

幂运算和对数运算:pow(),exp(),expm1(),sqrt(),cbrt(),log(),log10(),log1p(),返回带正号的 double 值,大于或等于 0.0,小于 1.0。

取得随机数:random(),返回带正号的 double 值,大于或等于 0.0,小于 1.0。

使用 Math 类的 random()方法产生的随机数,有时使用并不方便,实际使用中,对于随机数的产生,还可以使用 java.util.Random 类。Random 比 Math 的 random()方法提供了更多的方式来生成各种伪随机数。

Random 类是基于"线性同余"算法的一种伪随机数序列生成器。它有两个构造器,一个构造器使用默认的种子(以当前时间作为种子),另一个构造器需要程序员显式的传入一个 long 型整数的种子。

Random 类的主要功能方法包括:

public int nextInt()   //返回下一个伪随机数,它是此随机数生成器的序列中均匀分布的 int 值

public int nextInt(int n)   //返回一个伪随机数,它是从此随机数生成器的序列中取出的,在 0(包括)和指定值(不包括)之间均匀分布的 int 值

public double nextDouble()   //返回下一个伪随机数，它是从此随机数生成器的序列中取出的，在 0.0 和 1.0 之间均匀分布的 double 值

public boolean nextBoolean()   //返回下一个伪随机数，它是从此随机数生成器的序列中取出的，均匀分布的 boolean 值

Random 类使用范例如下：

```
import java.util.Arrays;
import java.util.Random;
public class RandomDemo {
    public static void main(String[] args) {
        // TODO Auto-generated method stub
        Random rand = new Random();
        System.out.println("随机布尔数" + rand.nextBoolean());
        //产生一个含有 16 个数组元素的随机数数组
        byte[] buffer = new byte[16];
        rand.nextBytes(buffer);
        System.out.println(Arrays.toString(buffer));
        System.out.println("Double 浮点数：" + rand.nextDouble());
        System.out.println("Float 浮点数：" + rand.nextFloat());
        System.out.println("高斯/正态分布值：" + rand.nextGaussian());
        System.out.println("随机整型：" + rand.nextInt());
        System.out.println("0~32 之间的随机整数：" + rand.nextInt(32));
        System.out.println("长整型随机数：" + rand.nextLong());
    }
}
```

程序的某一次运行结果如图 13.2 所示。

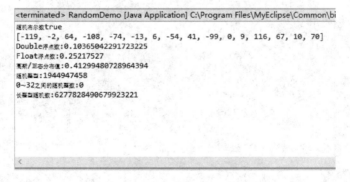

图 13.2　Random 类使用范例输出

思考与练习

13.1　java.lang 包中的类使用时需要 import 导入吗？

13.2　如下有关字符串的代码，虚拟机在堆区中创建了几个对象？

　　String name1 = "hello";

String name2="hello";

String name3=new String("hello");

13.3 Java语言中的"+"号在表达式一方是字符串时可以当成"连接符"来使用,这体现了面向对象的哪个特点?

13.4 为什么不推荐使用"+"来拼接大量字符串?

13.5 Java设计了基础数据类型,同时又设计了它们的封装类型,这主要的原因是什么?

13.6 应用程序使用配置文件来作为程序初始化的基础,这样设计有什么好处?

13.7 请掌握Java中properties配置文件的编辑格式和使用Properties类来读取配置文件的方法。

13.8 掌握有关日期类Date与Calendar的具体使用方法,配合日期格式类等完成不同的时间格式输出与时间转换。